住房和城乡建设部“十四五”规划教材
教育部高等学校建筑类专业教学指导委员会建筑学专业教学指导分委员会规划推荐教材
高等学校建筑类专业城市设计系列教材

丛书主编　王建国

Urban Design in Historic Context

历史地区城市设计

夏青　主编
杨昌鸣　主审

中国建筑工业出版社

审图号 GS（2021）3420号

图书在版编目（CIP）数据

历史地区城市设计 = Urban Design in Historic Context / 夏青主编. —北京：中国建筑工业出版社，2021.1

住房和城乡建设部“十四五”规划教材 教育部高等学校建筑类专业教学指导委员会建筑学专业教学指导分委员会规划推荐教材 高等学校建筑类专业城市设计系列教材 / 王建国主编

ISBN 978-7-112-25630-3

Ⅰ. ①历… Ⅱ. ①夏… Ⅲ. ①城市规划－建筑设计－高等学校－教材 Ⅳ. ①TU984

中国版本图书馆CIP数据核字（2020）第237713号

责任编辑：高延伟 陈 桦 王 惠
文字编辑：柏铭泽
责任校对：张 颖

住房和城乡建设部“十四五”规划教材
教育部高等学校建筑类专业教学指导委员会建筑学专业教学指导分委员会规划推荐教材
高等学校建筑类专业城市设计系列教材
丛书主编 王建国

历史地区城市设计

Urban Design in Historic Context

夏青 主编

杨昌鸣 主审

*

中国建筑工业出版社出版、发行（北京海淀三里河路9号）
各地新华书店、建筑书店经销
北京锋尚制版有限公司制版
北京中科印刷有限公司印刷

*

开本：889毫米×1194毫米 1/16 印张：17½ 字数：339千字
2021年9月第一版 2021年9月第一次印刷
定价：79.00元
ISBN 978-7-112-25630-3
（36553）

《高等学校建筑类专业城市设计系列教材》
编审委员会

#《历史地区城市设计》教材编写委员会

（以姓氏笔画为序）

主　编： 夏　青

副主编： 左　进　许熙巍　张天洁　郑　颖　侯　鑫　高　畅

编　委： 王　月　左　进　许熙巍　刘　峰　苏　薇　汤　岳
张天洁　陈　炎　郑学森　郑　颖　侯　鑫　高　畅
黄晶涛　夏　青

总序

在 2015 年 12 月 20 日至 21 日的中央城市工作会议上，习近平总书记发表重要讲话，多次强调城市设计工作的意义和重要性。会议分析了城市发展面临的形势，明确了城市工作的指导思想、总体思路、重点任务。会议指出，要加强城市设计，提倡城市修补，加强控制性详细规划的公开性和强制性。要加强对城市的空间立体性、平面协调性、风貌整体性、文脉延续性等方面的规划和管控，留住城市特有的地域环境、文化特色、建筑风格等“基因”。2016 年 2 月 6 日，中共中央、国务院印发了《关于进一步加强城市规划建设管理工作的若干意见》，提出要“提高城市设计水平。城市设计是落实城市规划、指导建筑设计、塑造城市特色风貌的有效手段。鼓励开展城市设计工作，通过城市设计，从整体平面和立体空间上统筹城市建筑布局，协调城市景观风貌，体现城市地域特征、民族特色和时代风貌。单体建筑设计方案必须在形体、色彩、体量、高度等方面符合城市设计要求。抓紧制定城市设计管理法规，完善相关技术导则。支持高等学校开设城市设计相关专业，建立和培育城市设计队伍”。

为落实中央城市工作会议精神，提高城市设计水平和队伍建设，2015 年 7 月，由全国高等学校建筑学、城乡规划学、风景园林学的三个学科专业指导委员会在天津共同组织召开“高等学校城市设计教学研讨会”，并决定在建筑类专业硕士研究生培养中增设“城市设计专业方向教学要求”，12 月制定了《高等学校建筑类硕士研究生（城市设计方向）教学要求》以及《关于加强建筑学（本科）专业城市设计教学的意见》《关于加强城乡规划（本科）专业城市设计教学的意见》《关于加强风景园林（本科）专业城市设计教学的意见》等指导文件。

本套《高等学校建筑类专业城市设计系列教材》是为落实城市设计的教学要求，专门为“城市设计专业方向”而编写，分为 12 个分册，书名分别是《城市设计基础》《城市设计理论与方法》《城市设计实践教程》《城市美学》《城市设计技术方法》《城市设计语汇解析》《动态城市设计》《生态城市设计》《精细化城市设计》《交通枢纽地区城市设计》《历史地区城市设计》《中外城市设计史纲》等。在 2016 年 12 月、2018 年 9 月和 2019 年 6 月，教材编委会召开了三次编写工作会议，对本套教材的定位、对象、内容架构和编写进度进行了讨论、完善和确定。

本套教材得到教育部高等学校建筑类专业教学指导委员会及其下设的建筑学专业教学指导分委员会以及多位委员的指导和大力支持，并已列入教育部高等学校建筑类专业教学指导委员会建筑学专业教学指导分委员会的规划推荐教材。

城市设计是一门正在不断完善和发展中的学科。基于可持续发展人类共识所提倡的精明增长、城市更新、生态城市、社区营造和历史遗产保护等学术思想和理念，以及大数据、虚拟现实、人工智能、机器学习、云计算、社交网络平台和可视化分析等数字技术的应用，显著拓展了城市设计的学科视野和专业范围，并对城市设计专业教育和工程实践产生重要影响。希望《高等学校建筑类专业城市设计系列教材》的出版，能够培养学生具有扎实的城市设计专业知识和素养、具备城市设计实践能力、创造性思维和开放视野，使他们将来能够从事与城市设计相关的研究、设计、教学和管理等工作，为我国城市设计学科专业的发展贡献力量。城市设计教育任重而道远，本套教材的编写老师虽都工作在城市设计教学和实践的第一线，但教材也难免有不当之处，欢迎读者在阅读和使用中及时提出，以便日后有机会再版时修改完善。

主任：王建国

教育部高等学校建筑类专业指导委员会

建筑学专业教学指导分委员会

2020 年 9 月

前言

本书所指的“历史地区”是一个泛义的概念，不仅是指城市特定的历史环境，也与现代社会文化、居民生活以及城市建设活动等紧密相关，因此我们将城市中“历史悠久、代表城市文化与历史沿革、始终承载人们生产、生活、文化等活动，并将持续发展和传承的地区及其环境”称之为“历史地区”。

一个有内涵、有魅力的城市一定是具有历史文化底蕴的城市，历史地区作为承载城市历史文化的重要空间，势必承担着历史文化遗产保护、传承城市历史和地域文化特色的重任，必须进行有效地保护；同时，历史地区作为城市中历史悠久，地位重要的区域，更面临设施老化、机能退化，需要通过不断维护和更新改造，使之以适应现代城市和居民生活的需求。在我国社会经济和城市建设的快速发展时期，所有历史悠久，历史文化遗存丰富的城市都会面临保护与更新的博弈与挑战，历史地区保护与更新的矛盾非常突出，并付出大量历史地区在城市建设发展中或被边缘化、或消逝、或面目皆非等受到破坏的巨大代价。城市不同程度呈现历史浅层化和风貌同质化等问题，不断降低着城市的历史和文化底蕴，带来不可弥补的缺憾。

由于历史地区的特殊性，其城市设计内容与方法与一般地区有很大不同。有效保护历史地区的文化遗产，延续城市的发展脉络，传承城市地域与文化特色，并融入城市未来的永续发展之中是历史地区城市设计的重要任务。

《历史地区城市设计》作为教育部高等学校建筑学专业教学指导委员会建筑学专业指导分委员会的城市设计系列教材之一，由天津大学主持编著。教材主要以城市设计专业的硕士研究生为对象，开设课程建议总学时为 24 学时。全书共分为 7 章，前 5 章为基础理论教学部分，第 6 章为案例研究部分，第 7 章为未来发展趋势与展望。本教材重点针对历史地区的内涵与特点，在介绍国内外历史地区保护及城市设计理论的基础上，对历史地区的城市设计要素、设计内容和方法以及实施管理等进行系统介绍与分析，使学生能够系统理解和掌握历史地区城市设计的基本理论和方法。本书还通过国内外部分历史地区城市设计典型案例的分析与研究，通过对历史地区城市设计的发展趋势进行展望，使读者能够从中得到借鉴和启发。

本书可作为建筑学、城乡规划、风景园林等硕士研究生相关课程的参考教材，亦可作为相关技术人员的参考资料。

本书各章节主要编著人员分工及所在单位如下：

第1章：夏　青　（天津大学）
王　月　（天津城建大学）
陈　炎　（University of North Carolina at Chapel Hill，U.S.A）
第2章：张天洁　（天津大学）
第3章：郑　颖　（天津大学）
高　畅　（天津大学城市规划设计研究院有限公司）
夏　青　（天津大学）
第4章：侯　鑫　（天津大学）
郑　颖　（天津大学）
第5章：许熙巍　（天津大学）
第6章：左　进　（天津大学）
汤　岳　（University of Nottingham UK）
许熙巍　（天津大学）
侯　鑫　（天津大学）
郑　颖　（天津大学）
郑学森　（英国诺丁汉大学）
刘　峰　（南京工业大学）
黄晶涛　（天津大学）
苏　薇　（天津大学城市规划设计研究院有限公司）
第7章：左　进　（天津大学）
全书统稿：夏　青

在本书编写过程中，参考和引用了大量的国内外书籍、参考文献和资料，在此向这些专家、学者表示衷心的感谢！

本教材在编写过程中，选用了部分优秀案例的精彩图片，因无法获得有效的联系方式，仍有个别图片未能联系上原作者，请图片作者或著作权人见书后及时与编写者联系沟通（作者邮箱：xiaqing408@tju.edu.cn.）。

由于编者的水平和能力所限，本书难免有许多不足和疏漏之处，敬请广大读者批评指正。

夏　青

本教材列为“天津大学研究生创新人才培养项目”重点资助项目，项目编号：YCX19070。

目录

第1章 绪论

内容提要：历史地区城市设计是针对承载城市历史和传统地域文化地区进行的城市设计，与一般地区城市设计相比，其视角、方法和内容等都有一定的区别和要求，最大限度地保护历史文化遗产，通过恰当的城市更新方法复兴历史地区活力成为城市设计的核心内容。本章分为三节，包括：历史地区的概念、历史地区保护的基本内容和方法、历史地区城市设计的内涵、特点与要求。通过本章的学习，理解历史地区及其保护的基本概念，明确和了解历史地区城市设计的研究视角、内容和方法等，为本教材后续章节学习奠定知识基础。

本章建议学时：3 学时

1.1 历史地区的概念

历史地区是城乡中长期演变并发展延续至今的区域，是城乡环境的重要组成部分。人类社会对历史地区的有效保护，不仅是对历史的负责，使人类文明的发展脉络不断延伸，也是对现代社会结构、经济活力以及空间形态多样化的促进。

1.1.1 历史地区的基本内涵

1. 历史地区

历史地区（Historic Area），顾名思义为“有历史的地区”。“历史”在汉语词典中的释义为“沿革、经历”；“地区”则指“较大的地方”。由此，历史地区可以理解为“有历史沿革，并具有一定规模的区域”。

历史地区保护概念的提出源于20世纪上半叶。随着全球第一次世界大战后经济复苏和城市建设的影响，很多历史地区遭到不同的破坏，这引起西方国家的普遍重视。1933年，在国际现代建筑协会（C.I.A.M）通过的《雅典宪章》中，首次提出了“历史价值的建筑和地区”的概念，并用一个章节专门针对保护有历史价值的古建筑和地区提出建议。作为城市规划的纲领性文件，《雅典宪章》在全世界范围产生巨大的影响，并引发对历史地区保护的重视。

1976年，联合国教育、科学及文化组织在肯尼亚首都内罗毕召开第十九届会议中通过了《关于历史地区的保护及其当代作用的建议》（简称《内罗毕建议》），该建议首次界定了历史地区的概念：“历史和建筑（包括本地的）地区系指包含考古和古生物遗址的任何建筑群、结构和空旷地，它们构成城乡环境中的人类居住地，从考古、建筑、史前史、历史、艺术和社会文化的角度看，其凝聚力和价值已得到认可。在这些性质各异的地区中，可特别划分为以下各类：史前遗址、历史城镇、老城区、老村庄、老村落以及相似的古迹群。不言而喻，后者通常应予以精心保存，维持不变。”①

无论是汉语词典释义还是《内罗毕建议》，历史地区基本定义中所包含的内容和范围均较为宽泛。

（1）从历史文脉的角度，如果城市或乡村某一地区的历史及价值得到普遍认可，并形成对公众的凝聚力，那么我们就可以称之为这个地区“有历史”。

（2）从物质环境的角度，历史地区既可以指历史悠久、保存相对完整、拥有丰富物质遗存（建筑物、构筑物等）的地区，也可以指年代久远，但历史环境保存不甚完好，物质遗存不丰富的地区；同时亦可以指虽历史年代有限，但历史与文化价值高，物质遗存丰富，并具有特定意义的地区。

（3）从非物质环境的角度，既包括历史悠久，不仅物质遗存丰富，同时有丰富的非物质文化遗存的地区；也指那些虽历史形成的物质空间环境消失殆尽，但特定的历史背景、历史事件或形成的文化特征深植于居民心中，非物质遗产丰富、拥有共同情感记忆或需求的地区。

（4）从规模的角度，历史地区没有特定的规模，既可以涵盖历史城区、古镇、乡村等，或特指某些历史区域，如文物古迹、历史街区、历史街道或建筑组群等。

（5）从保护内容的角度，历史地区既包括已经列入各类保护体系的历史地段，也包括尚未列入保护体系的历史地段。换言之，历史地区是指历史形成的人类生活区域，与是否已经列入保护体系无关。

综上所述，本书所指的历史地区是“历史形成并延续至今，有明确的地理坐标和范围，代表城乡历史发展与文化沿革，物质或非物质遗产丰富，始终承载人们的生产、生活及文化等活动，并将持续传承发展的地区。”如图 1–1 所示为英国的古老城市爱丁堡。由于保护完整，该老城和新城一起被列为世界文化遗产，也是被世界低碳城市联盟授予“年度可持续发展低碳城市奖”的城市。

2. 历史环境

“环境”（Environment）一词是极其广泛的概念，不能孤立存在，一般相对于某一中心事物而言。从环境科学角度，泛指人类及其相关物种的生存空间，或指直接或间接影响人类活动的各种生活环境。

影响人类活动的生活环境包括自然环境和人文环境。

自然环境（Natural Environment）是指未经过人类加工改造，天然物质的客观存在，如阳光、空气、陆地（山川及平原）、土壤、水体、森林、

① 《关于历史地区的保护及其当代作用的建议》（内罗毕建议），于 1976 年联合国教育、科学及文化组织大会第十九届会议，在内罗毕通过的决议。

草原、野生动物等。按照自然环境要素划分，可分为大气环境、水环境、土壤环境、地质环境和生物环境等，主要就是指地球的五大圈层——大气圈、水圈、土圈、岩石圈和生物圈。

人文环境（Cultural Environment）是指经过人类加工改造的物质与非物质成果总和，如城市、村落、园林、水库、港口、道路等物质成果和社会、历史、文化、经济、技艺、场所等非物质成果。这些成果都是经过人类创造，记载着人类从原始向文明发展的烙印，渗透着人文精神。人文环境按照其要素又可分为历史环境、文化环境、社会环境、经济环境等。

人类是环境的产物，又是环境的创造者与改造者，最终目标就是要达到人与环境之间的一种相互适应和平衡。

本书所指的历史环境（Historic Context）是人文环境中的要素之一。特指人类在依赖自然环境基础上向文明发展进程中所创造，具有一定历史，并保留至今的环境。在这一历史环境中，既包括人类创造的如城市、乡村、产业区、文物古迹、建筑、园林以及设施等物质成果，也包括社会风俗、语言文字、文化艺术、教育法律以及各种制度等非物质成果。

除此之外，从狭义角度而言，本书所指的历史环境也囊括了与城市设计相关的环境设计要素内容，如城市空间环境、建筑环境和景观环境等。

历史环境是一个城市、一个地区或一个民族的长久积淀，囊括了文明进步过程中的全部物质与非物质成果的存在，体现了社会的历史与文化，承载了历史赋予的场所人文精神。历史环境的存在有利于人类的心理安全与寄托，对精神文明起着培育和熏陶的作用。其中历史传统、文化习俗、社会关系等社会现实则是更为重要的心理环境。如图 1–2 所示为捷克的首都布拉格，这座古老城市是全球第一个整座城被列为世界文化遗产的城市。

1964 年，联合国教科文组织在威尼斯召开第二届历史古迹建筑师及技师国际会议。会议通过了著名的《国际古迹保护与修复宪章》（简称《威尼斯宪章》），在该宪章中首次提出了历史环境的概念，指出“保护一座文物建筑，意味着要适当地保护一个环境。任何地方，凡传统的环境还存在，就必须保护”“一座文物建筑不可以从它所见证的历史和它所从产生的环境中分离出来”。[①]

历史环境与历史地区属于相互依托，紧密关联，不可分割的关系，在《内罗毕建议》中统称为历史地区及其环境，认为“环境”系指影响观察历史地区的动态、静态方法自然和人工环境，“保护”系指对历史地区

① 《国际古迹保护与修复宪章》（又称《威尼斯宪章》），于 1964 年第二届历史古迹建筑师及技师国际会议，在威尼斯通过决议。

图 1–1　英国爱丁堡老城区

图 1–2　捷克首都布拉格城的历史环境

及其环境的鉴定、保护、修复、修缮、维护和复原。

在《内罗毕建议》的总则中指出：

（1）历史地区及其环境应视为不可替代的世界遗产组成部分；

（2）每一历史地区及其周围环境应从整体上视为相互联系的统一体；

（3）历史地区及其周围环境，应得到积极保护，使之避免受到损坏。

因此历史地区及其环境的城市设计中，应将其视为有机的整体进行统筹考虑，才能真正做到“看得见山，望得见水，记得住乡愁”。

1.1.2　历史地区保护的概念

历史地区作为人类文明延续至今的地区，涵盖的内容和范围非常广泛，其保护内容和方式也需要根据历史地区不同的性质和内容进行选择。

1. 历史城区的保护

历史城区（Historic Urban Area）是指历史悠久，具有丰富历史文化遗存，人类一直生活并延续至今的地区。包括通常所称的古城区或老城区。

1987年，国际古迹遗址理事会通过的《华盛顿宪章》中指出："历史城区不论规模大小，包括城市、城镇、历史中心区和居住区，也包括其自然和人造的环境。除了它们的历史文献作用之外，这些地区体现着传统的城市文化的价值。"①

一般而言，历史城区的地理位置和空间范围相对清晰。由于历史城区的范围与规模也是随着年代不断发展，所以其空间范围还需要根据其历史、文化价值和社会认同度来确定。

历史城区是历史城市中最古老、最具地域历史文化特色，文物古迹相对集中，并承载乡愁记忆的地区。历史城区在城市发展过程中对人们的生产和生活产生了深远影响，无论其现存规模大小、位置如何，物质空间环境保存完好与否，只要其历史气息犹存，神韵犹在，历史和文化的传承生生不息，就需要保护与传承。如北京市老城区主要是以故宫为核心的二环以内的地区，在《北京城市总体规划（2016—2035年）》中，确定受到重点保护的33片历史文化街区分布在老城区内，总面积达$20.6km^2$，占老城总面积$62.5km^2$的33%。旨在强化古都风韵，保护历史文化遗产，留下一个千百年积淀、底蕴深厚、独一无二的北京，如图1-3所示为北京市老城传统空间格局保护图。如天津市老城区包括老城厢和九国租界地区，总面积约$53km^2$，如图1-4所示为天津城市总体规划中确定重点保护的14片历史文化街区。这些历史街区均分布于老城区内，总面积近$10km^2$。

历史城区也是本书探讨历史地区城市设计的重点区域。

2. 历史地段的保护

历史地段（Historic Area）系指历史形成的，有丰富历史文化遗存，并应采取措施进行保护的地段和区域。

历史地段是世界历史文化遗产保护体系中最基本和最常用的概念，最早产生于20世纪中叶的法国，主要与划定历史保护区紧密相关。1943年，法国的《历史建筑保护法》中规定：将受保护的历史建筑周围500m半径之内划为历史建筑周边地区，并对该地区进行建设控制；1962年，法国颁布的《马尔罗法》（亦称《保护区法》）中，将"历史建筑周边地区"的保护控制拓展到"城市有价值的历史街区"，并通过规划规定和财政规

① 《保护历史城镇与城区宪章》（又称《华盛顿宪章》），于1987年国际古迹遗址理事会第八届全体大会，在华盛顿通过决议。

定等法律方式划定“保护区”，避免对保护区进行大规模拆除、改造，并且规定有活力的城市地区必须以现有的城市现状为基础，使保护区内的历史环境得以价值重现的同时，也使居民生活现代化。法国实行的“将有价值的历史街区划定为保护区”的方式构成了历史地段的概念基础。

随着历史地区及其环境保护体系的不断完善，历史地段不再仅限于受保护的区域，并不断拓展，凡是有历史意义的物质客观存在均属历史地段的范畴之中。

1987 年，国际古迹遗址理事会通过的《华盛顿宪章》中明确了历史地段的定义，即：“城镇中具有历史意义的大小地区，包括城镇的古老中心区或其他保存着历史风貌的地区。”如图 1–5 所示是瑞典首都斯德哥尔摩的老城核心地区，由坐落于梅拉伦湖畔的诸多岛屿构成。虽然仅有几百年历史，由于未受战争创伤，至今保留完整。

在《华盛顿宪章》中，列举出历史地段中应该保护的五项内容：

（1）地段和街道的格局和空间形式；

（2）建筑物和绿化、旷地的空间关系；

（3）历史性建筑的内外面貌，包括体量、形式、建筑风格、材料、色彩、建筑装饰等；

（4）地段与周围环境的关系，包括与自然和人工环境的关系；

（5）地段的历史功能和作用。

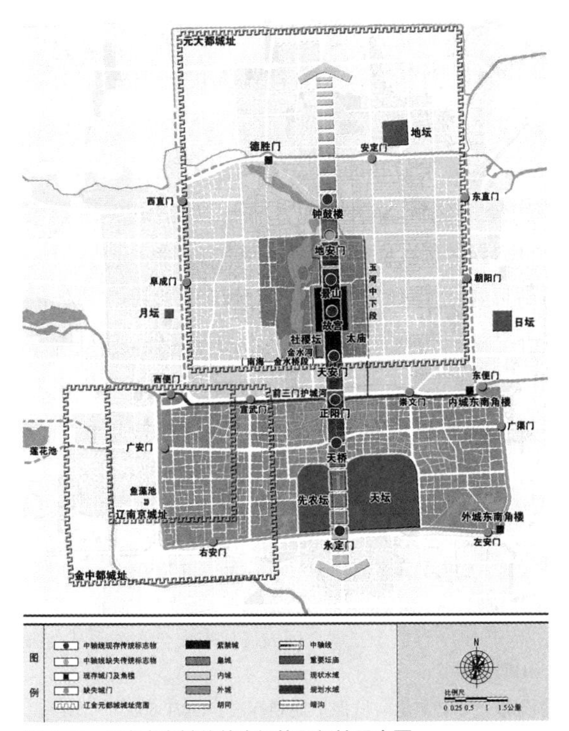

图 1–3　北京市老城传统空间格局保护示意图

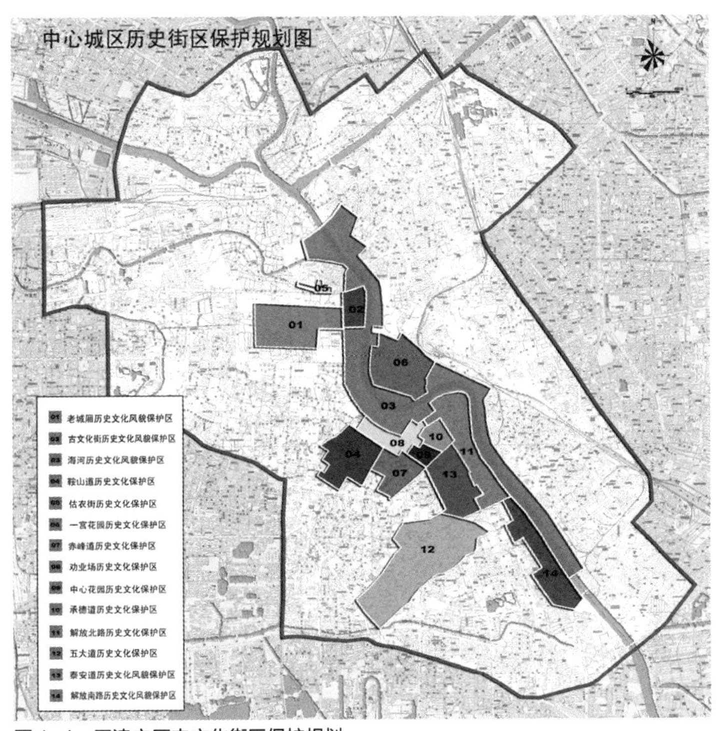

图 1–4　天津市历史文化街区保护规划

2019 年 4 月，住房和城乡建设部在正式颁布的中国《历史文化名城保护规划标准》GB/T 50357—2018，其中对历史地段的定义是：“能够真实地反映一定历史时期传统风貌和民族、地方特色的地区。”[①]

综上所述，随着世界遗产保护体系的延伸，历史地段的涵义和内容越来越宽泛。历史地段也不仅限于纳入保护体系的区域，也包括尚未列入保护体系但具有历史意义和价值的区域。

3. 历史街区的保护

历史街区（Historic Urban Quarter；Historic Quarter）也是常见的学术概念，是历史地段的重要组成之一，系指“历史延续下来，并一直是人类居住和生活的区域。”

历史街区与历史地段的涵义与定位最初有些相近，随着世界遗产保护体系的完善，历史地段与历史街区各自强调的保护重点与内容已经有了较大的差异。与历史街区相比，历史地段涵盖与分布较广，强调的是历史形成的，有意义和保护价值的物质客观存在，而历史街区则与城市居民的社会生活更加紧密相关，强调保护历史积淀并传承下来，体现人类社会活动和传统文化的生活空间。

在中国的各种法规和标准中，往往将历史街区统称为“历史文化街区（Historic Conservation Area）”，通常以命名和划定保护区的方式来确定。

2002 年，《中华人民共和国文物保护法》正式将历史文化街区列入不可移动文物范畴。2017 年，新修订的《中华人民共和国文物保护法》第二章第十四条中规定：“保存文物特别丰富并且具有重大历史价值或者革命意义的城镇、街道、村庄，由省、自治区、直辖市人民政府核定公布为历史文化街区、村镇，并报国务院备案。”[②]

2019 年，住房和城乡建设部颁布实施的《历史文化名城保护规划标准》GB/T 50357—2018 中的历史文化街区是指：“经省、自治区、直辖市人民政府核定公布的保存文物特别丰富、历史建筑集中成片、能够较完整和真实体现传统格局与历史风貌，并具有一定规模的历史地段。”[③]如图 1-6 所示为天津著名的重点历史保护街区——五大道历史街区，也是国家文物局第二批命名的中国历史文化名街。街区内分布着几百座原英租界时期的外来风格多样的近代居住建筑群，也是国家重点文物保护单位。

---

① 中华人民共和国住房和城乡建设部．历史文化名城保护规划标准：GB/T 50357—2018[S]. 北京：中国建筑工业出版社，2018.

② 《中华人民共和国文物保护法》，于 2017 年第十三届全国人民代表大会常务委员会第三十次会议决定，通过对其作出修改。

③ 中华人民共和国住房和城乡建设部．历史文化名城保护规划标准：GB/T 50357—2018[S]. 北京：中国建筑工业出版社，2018.

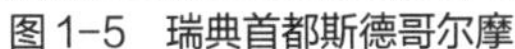

图 1-5 瑞典首都斯德哥尔摩

图 1-6 天津市五大道历史街区

无论是指一般的历史街区，还是我国以命名“历史文化街区”方式纳入法定保护体系之中的历史街区，都是支撑历史地区及其环境的重要组成部分，也是我国实行的“历史文化名城、历史文化街区、文物古迹”保护体系中的重要环节。如 2008 年国务院颁布的《历史文化名城名镇名村保护条例》中就规定：“申报历史文化名城的，在所申报的历史文化名城保护范围内还应当有两个以上的历史文化街区。”

由于历史文化街区是法定保护体系中的重要组成部分，因此，以历史文化街区为对象进行各类相关规划、城市设计是最基本的内容。

4. 历史文化遗产保护

历史文化遗产（Historical and Cultural Heritage）是指具有一定历史意义，与人类生活息息相关，存在历史价值的文化遗存。

历史文化遗产是人类在历史发展过程中遗留下来的宝贵财富。1972 年，联合国教科文组织在巴黎通过了《保护世界文化和自然遗产公约》，公约的第一条中，就明确了文化遗产的定义和内容：

（1）从历史、艺术或科学角度看具有突出的普遍价值的建筑物、碑雕和碑画、具有考古性质成分或结构、铭文、窟洞以及联合体；

（2）从历史、艺术或科学角度看在建筑式样、分布均匀或与环境景色结合方面具有突出的普遍价值的单立或连接的建筑群；

（3）从历史、审美、人种学或人类学角度看具有突出的普遍价值的人类工程或自然与人联合工程以及考古地址等地方。①

2005 年 12 月 22 日，我国《国务院关于加强文化遗产保护的通知》

---

① 《保护世界文化和自然遗产公约》于 1972 年联合国教育、科学及文化组织大会第十七届会议，在巴黎通过决议。

首次明确历史文化遗产概念，指出："文化遗产包括物质文化遗产和非物质文化遗产。物质文化遗产是具有历史、艺术和科学价值的文物……非物质文化遗产是指各种以非物质形态存在的与群众生活密切相关、世代相承的传统文化表现形式……"[①]

物质文化遗产（Material Cultural Heritage），又称"有形文化遗产"，即传统意义上的"文化遗产"，包括历史文物、历史建筑、人类文化遗址。如图 1-7 所示为人类历史文明的杰作——雅典卫城遗址。

非物质文化遗产（Intangible Cultural Heritage）又称为无形文化遗产或人类口头与非物质文化遗产代表作，进入 21 世纪后才受到重视的遗产类型。

2003 年 10 月，联合国教科文组织在第 32 届大会上通过《保护非物质文化遗产公约》，旨在保护以传统、口头表述、节庆礼仪、手工技能、音乐、舞蹈等为代表的非物质文化遗产。在公约中，明确了非物质文化遗产的定义，是指"被各社区、群体，有时是个人，视为其文化遗产组成部分的各种社会实践、观念表述、表现形式、知识、技能以及相关的工具、实物、手工艺品和文化场所"。[②]

在公约中，明确了非物质文化遗产包括以下几方面形式：

（1）口头传统和表现形式，包括作为非物质文化遗产媒介的语言；

（2）表演艺术；

（3）社会实践、仪式、节庆活动；

（4）有关自然界和宇宙的知识和实践；

（5）传统手工艺。

2011 年 6 月，《中华人民共和国非物质文化遗产法》正式颁布实施，有效推动了我国对非物质文化遗产保护的重视。

根据《中华人民共和国非物质文化遗产法》规定："本法所称非物质文化遗产，是指各族人民世代相传并视为其文化遗产组成部分的各种传统文化表现形式，以及与传统文化表现形式相关的实物和场所。"[③]

包括：

（1）传统口头文学以及作为其载体的语言；

（2）传统美术、书法（梅花篆字）、音乐、舞蹈、戏剧、曲艺和杂技；

（3）传统技艺、医药和历法；

（4）传统礼仪、节庆等民俗；

---

① 中华人民共和国国务院．国务院关于加强文化遗产保护的通知［Z］．国发〔2005〕42号，2005.

②《保护非物质文化遗产公约》于 2003 年联合国教育、科学及文化组织大会第三十二届会议，在巴黎通过决议。

③《中华人民共和国非物质文化遗产法》，由中华人民共和国第十一届全国人民代表大会常务委员会第十九次会议于 2011 年 2 月 25 日通过公布，自 2011 年 6 月 1 日起施行。

（5）传统体育和游艺；

（6）其他非物质文化遗产。

非物质文化遗产的特点就是依附民族特殊生活生产方式，是民族个性、技艺、审美和习惯的“活”的显现，它需要依托于特定人的本体所存在。如以戏曲、表演、各种技艺为表现手段，并以身口相传作为文化链得以延续。对于非物质文化遗产传承的过程来说，传承人非常重要。这也是“活”的文化及其传统中最脆弱的部分，需要传承人在新的社会时代中继续身口相传，后继有人。如图1-8所示为传统工艺传承者在用中国传统的手工艺制作紫砂壶。

5. 历史文化遗产保护区

历史文化遗产保护区（Historical and Cultural Heritage Reserve）系指已经列入各级法定保护体系之中，并有明确保护要求的地区。

为有效地保护历史文化遗产，世界各国往往采取划定法定保护区的方式，明确保护范围、保护等级、保护内容等要求以及规划建设控制等，对保护区进行管理。

我国的文化遗产保护区一般为文物保护单位和历史文化街区（保护村落）等构成，分别由文物部门和城市规划建设部门进行管理控制。

1）从文物保护管理角度

（1）确定为国家、省（市）、县等各级文物保护单位的各类文化遗产，需要文物管理部门组织编制保护规划，通过划定文化遗产的核心保护区和建设控制地带来确定历史文化遗产的保护区范围；

（2）各级文物保护单位的各类建设活动都受到严格限定，必须按照保护规划的要求进行；

（3）各级文物保护单位的日常和建设管理基本属于文物保护部门管理范畴。

图1-7 希腊雅典卫城遗址

图1-8 传统工艺传承者用中国传统手工艺制作紫砂壶

2）从城市规划与建设管理的角度

（1）按照国务院颁布的《历史文化名城名镇名村条例》中的规定，所命名的各级历史文化名城、名镇、名村以及历史文化街区等，都需要划定明确的保护区范围，并编制保护规划；

（2）保护区范围一般由划定的核心保护区、建设控制地带和环境协调区等三个级别进行保护与建设控制；

（3）历史文化名城名镇名村（含历史文化街区）等非文物保护单位类保护规划一般由城乡建设与管理部门组织。保护规划需要对划定的三个等级保护区提出相应的保护与建设控制要求；

（4）历史文化名城名镇名村（含历史文化街区）的规划与实施一般由城乡规划与建设管理部门进行控制与管理。

1.2　历史地区保护的基本内容与方法

1.2.1　历史地区的基本类型

我国历史悠久，文化资源丰富，历史地区的类型和分布极为广泛。随着岁月侵蚀和各种因素的影响，虽然同为历史地区，但实际差异很大。在评估和确定历史地区的价值、保护内容、保护范围及保护要求等问题时，需要根据历史地区的基本条件和特征来确定。

1. 按行政区划

历史地区所处的位置和行政区划不同，保护基础和条件有很大不同。

1）中心城区

我国大多数城市都是在历史形成的老城区基础上逐渐扩张、蔓延发展起来的，其与城市发展脉络和生活气息紧密相关。由于城市发展特征不同，历史地区在现城区中呈现出不同的地理位置：

（1）城区中心位置

即历史地区被逐渐扩张的新建区所包围，并处于城区中最核心的位置。由于我国大多城市均以历史形成的老城为核心圈层式发展，因此在我国城市中这类历史地区居多，例如北京、西安、成都等城市都是以历史城区为核心不断向外扩张发展（图 1–9）。

受所在城市经济、文化、城市建设等综合因素的影响，位于城市中心的历史地区所处的境遇差异较大。综合价值较高、纳入各类保护体系的历史地区往往受到重视，保护完整度较高；但一般历史地区，特别是未纳入各类保护体系之历史地区而言，保护难度很大。由于城市更新发展的需要，这些历史地区大多经过更新改造，往往造成难以集中连片，只能被划分为若干历史地段进行保护。还有许多历史地位和价值都很高，

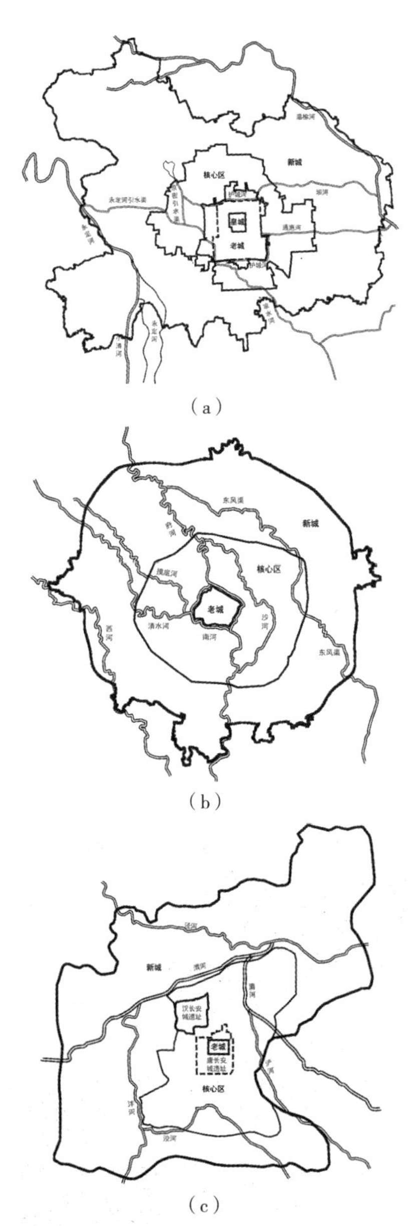

图 1–9　北京、西安、成都沿古城向外圈层式发展的城市结构示意图
（a）北京；（b）西安；（c）成都

但由于经济、建设等各方面原因影响，历史文化遗存已经荡然无存，历史环境几乎面目皆非，只能遗憾地成为史料记载中的历史地区。

（2）城市边缘地区

在现代城市空间拓展中，由于城市发展方向的选择，历史地区无论是区位关系还是空间环境相对独立，呈现一种边缘的状态。这种情况好的方面是历史地区受现代城市发展的影响小，空间形态往往保留完整。由于历史地区综合情况复杂，保护与改造难度大，维护修缮成本高等问题影响，往往会成为城市更新改造的“绕行”地区而被边缘化，这种任其自然衰败的损毁对历史地区是一种更大的伤害。如何形成新老城功能互补，通过微更新方式保持老城活力，是城市设计的重要课题。如图1-10所示为河南淮阳县的城市总体规划和城市设计，如何抢救3 000多年历史，目前面临边缘化日趋衰落的古城历史风貌是我们参与其规划设计项目重点思索的问题。

2）古（乡）镇

我国大部分乡镇都有悠久的历史和丰富的文化，很多古乡镇在区域乃至中国某一历史时期具有很重要的地位。随着城市中心区的不断扩张，部分古镇已经成为城区的一部分。大量古乡镇由于远离中心城区，与山水等自然环境关系更加紧密，所以其保护价值很高，是我国历史文化遗产保护体系的重要组成部分，也是文化旅游的重要支撑。古乡镇由于区位、交通、经济基础、古乡镇文化遗存以及价值取向差异等方面的影响，其生存状态和保护比较复杂：

（1）遗存丰富、保存完整，已经或逐渐发展成为旅游热点地或特色镇。这类古乡镇大多知名度高，保护体系完整，交通与经济较为发达。如浙江的乌镇、江苏的周庄，湖南的凤凰古镇等（图1-11）。

由于旅游发展的需要，这类古镇往往也是建设开发的热点地区，同样面临巨大的保护压力。如何处理好保护与利用的关系是古镇城市设计的重要内容。

（2）遗存丰富，由于交通以及经济因素等影响，衰败严重。这种古（乡）镇往往分布在交通不便、经济不发达的偏远地区。

这类自然损毁严重的古镇在某一历史时期有着不

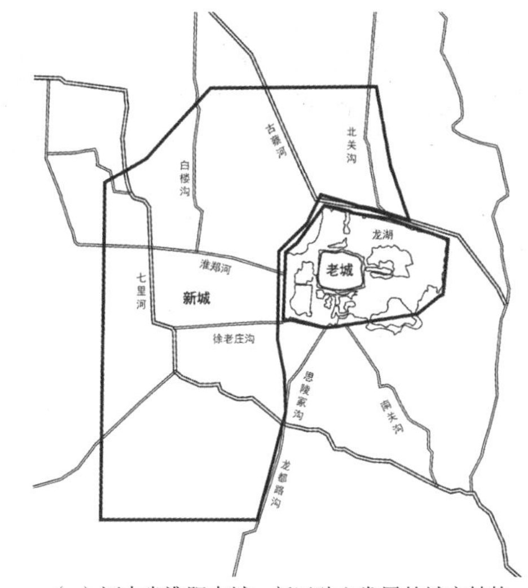

（a）河南省淮阳古城、新区独立发展的城市结构

（b）淮阳古城城市设计引导

图1-10 淮阳古城

图1-11 湖南凤凰古镇

（a）

（b）

图 1–12 福建嵩口古镇

可取代的地位和作用，虽然逐渐衰落，但仍延续着千百年积淀的传统风貌和风土民情，同样具有很高的保护价值。如福建的嵩口古镇是福州唯一的国家级历史文化名镇。古镇由于交通不便，没有大规模的旅游开发，所以其仍然保留着古老的街道格局、建筑风貌和传统的风土民情（图 1–12）。

（3）历史悠久，虽历史遗迹基本无存，但依然保留许多传承下来的历史记忆、风土人情等，我国大多古（乡）镇处于这种状态。

3）古村落

古村落是历史悠久、分布最广、自然条件、地理环境和风土人情差异最大的人类聚居地。与古（乡）镇比，规模小、分布散，对自然环境依附度更高。进入 21 世纪后，我国开始重视对古村落的保护，并将其纳入到文化遗产的保护体系之中。由于受社会经济、区位交通和自然环境等方面影响，古村落的生存状态有较大差异。

（1）保存完整、区位和交通条件较好，综合价值及知名度高，现以旅游发展为主的古村落，如安徽的西递和宏村等。

很多旅游过热的村落也面临着风貌尚存，传统风土人情逐渐消逝的尴尬。

（2）保存完整、历史价值很高，但由于地理位置偏僻、交通不便，人口流失和外迁严重，不断消亡的古村落。如图 1–13 所示为广西宾阳的上施村是当地保留较完整的古村落，不仅历史悠久、名人辈出，而且天人合一，与自然环境有机结合的形态使其具备很高的保护价值。但由于年久失修，使整个古村落现状呈现衰败不堪的状态，亟待修缮改造。

这些古村落也是目前我国消亡最多、最快的人类聚居地。亟须通过新的活力注入抢救这些体现人类文明进步的古村落。

（3）历史上延续下来，一直保持原址、原名，但历史风貌和遗存已经消失殆尽的古村落，并占目前尚存古村落的大部分。

从独立的角度看，或许这些村落历史遗存很少，已经不具有保护价值。但从古城、古镇整体保护体系而言，这些古村落依然是保护体系中的重要组成部分。如：区位环境、历史地位、史料记载、名人轶事、风土人情等都是应该注重古村落保护的基本内容。

4）其他

主要指与城市（镇、村）或与城市设计关联度高的物质文化遗存地。如各类工业遗产区、遗址地、与宗教有关的寺庙建筑群等。

2. 按职能特色

依据在历史及当代城市中的职能，历史地区功能可分为单一型和复合型。

1）单一职能型

单一职能型系指主体核心职能（物质要素或精神要素）特别突出，并形成特有的文化、风貌和风土人情特色的历史地区。如因酿酒、烧瓷、商业集散、仓储码头等而形成的历史地区。像江西的景德镇、杭州的龙井村、山西的杏花村等不仅具有千百年传承下来的鲜明产业特色，更是留有丰富并独一无二的各类历史文化遗存，承载着古老产业文化与现代社会的对接。因此在未来的发展中，需要有效保护和传承历史形成并积淀下来的功能、非物质要素和文化特色。

2）复合职能型

复合职能型的历史地区系指主体职能（物质要素或者精神要素）综合，以几种文化价值取向为依托，经过岁月积淀，派生出与之相适应的物质环境和人文环境。

一般而言，复合职能型的历史地区从古至今都是居民生活的重要区域，一直承担着城市的复合功能，所承载的城市功能变化较小，大部分城市中的历史地区均具有复合功能特征，目前也是现代中心城区的组成部分。

由于大多数历史地区处于人口密集、活力高的城市核心区内，便利的区位和公共设施的齐全、较高的土地价值往往使得历史地区成为开发的热土。所以这类历史地区也是最容易遭受建设性破坏的区域。

3. 按保护体系划分

按照中国历史文化遗产保护要求，历史地区分为被列入各级保护体系和尚未被列入保护体系之中的两部分。

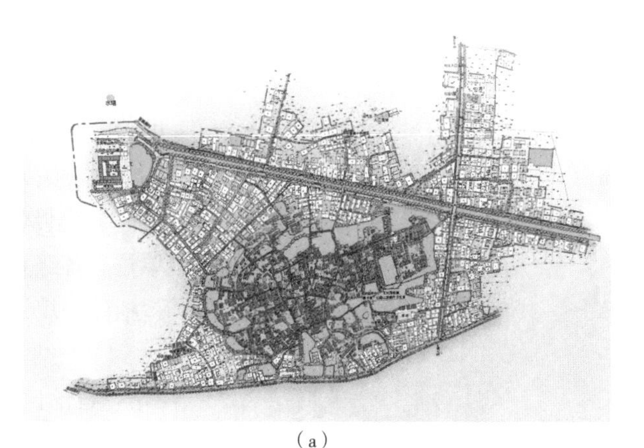

（a）

（b）

（c）

图 1-13　广西宾阳上、下施村古村落
（a）上、下施村古村落规划公示图；（b）、（c）上施村古村落现状

1）列入各级保护体系之中的历史地区

按中国文物管理和历史文化名城建设管理划分，包括两大保护体系，即：各级重点文物保护体系和历史文化名城保护体系。

（1）纳入各级重点文物保护体系的内容主要包括由国家、省（市、自治区）、县级三个级别文物管理部门审核、批准认定的各级重点文物保护单位。各级重点文物保护单位一般由国家或地方文物部门进行保护管理，包括保护规划编制、文物修缮、建设监督与实施、日常巡查及管理等。

（2）纳入各级历史文化名城保护体系的内容主要包括由国家、省（市、自治区）人民政府审核批准的国家或省（市、自治区）两个级别的历史文化名城、历史文化街区、历史文化名镇以及历史文化名村等构成，一般由地方政府的城乡建设职能部门负责管理，包括：历史文化名城、名镇、历史文化街区以及历史文化名村的保护规划编制、规划监管、建设实施与管理等。除此之外，由地方政府批准列入受保护体系的历史建筑也由城乡建设部门负责其保护、修缮和日常管理。

2）尚未列入保护体系的历史地区

在我国众多的历史城市中，能列入各级保护体系的大多是保留完整、综合价值高的少数历史地区，大多数历史地区由于种种原因，并未列入保护体系之中。但对城市而言，尚未纳入保护体系的历史地区其社会及文化意义依然重要，更需要引起城市建设、设计及管理者们的高度重视，并作为城市历史和文化的重要支撑进行保护。同时，通过积极地保护、修缮与更新，使这些历史地区成为拓展和补充保护体系的预备内容。

由于未列入各级保护体系的历史地区缺乏法律保护的支撑，其生存状态比较脆弱，容易作为旧城区或危陋旧房区成为重点更新改造的对象。如果这些历史地区采取阻断或浅化历史的更新改造模式，势必造成整个城市历史文化积淀和支撑的匮乏。因此，在实际的城市设计中，这些尚未列入保护体系的历史地区更应该受到重视。

1.2.2 历史地区保护的基本内容

岁月的流逝与变迁，历史地区势必呈现出动态变化的过程。但无论历史地区如何演变，现状如何，都会或多或少留下不同时期物质与非物质的印记，而这些印记就构成历史地区保护的基本内容。

1. 历史地区环境与风貌特色

主要体现在：

（1）自然环境特色：所处地区的地形地貌、气候条件、植物树种等自然环境特征等。自然环境特色是构成地域风貌特征的基础。

（2）城市空间特色：城市自然环境和历史文化背景有差异，城市空间、形态和规模等有较大的差异；如北京、西安均为历史都城，但地域和朝代的差异，形成不同的都城形制和空间特色。

（3）文物古迹特色：文物古迹是体现城市历史文化底蕴最直接的物质形态。历史悠久、文化底蕴厚重的历史地区，文物古迹遗存也比较丰富，构成了特定城乡历史和文化背景下的文物古迹形式和特色。如古城苏州以园林、小桥流水著称，而古都洛阳则以古城和石窟寺而闻名。

（4）建筑风格特色：代表地域特征的建筑材料、建筑色彩、建筑形式等各类传统历史建筑是历史城市特色的直接体现。如：北京的四合院住宅、云南少数民族地区的干栏式民居、山西和陕西地区的窑洞等就是地域传统建筑的直接体现。

（5）风土人情特色：主要体现在非物质要素的层面，包括地方风土民情、社会习俗、民间戏曲、菜肴、风味小吃、土特产、工艺美术等。

2. 需要保护的基本内容

1）已确定或拟确定为各级重点保护文物的古迹和自然保护地等

包括：重要的古建筑、古园林、古城墙、建筑雕饰、古城遗址、古墓、古代建筑遗址、构筑物、地下埋藏物、工程设施等人文遗产，以及列入保护体系的重要自然景观等。

2）历史形成的古城（镇、村）格局

包括：古城的平面格局、空间形态、方位轴线、道路骨架、地形地貌、河网水系以及各类历史信息等。

在很多历史地区中，虽然地上物质要素的历史信息改变较大，但历史形成的空间格局、路网骨架、与地形地貌关系等往往能够传承下来。例如北京城的中轴线不仅承载了中国传统造城的文化内涵，也体现了古都北京独有的秩序之美，因此一直是北京历史名城保护的核心内容，并列为世界遗产申报名单之中（图1-14）。

3）有历史和文化价值，体现地方特色的历史街区和建筑

（1）能够代表某一历史时期建筑技术或艺术的最高成就，或是某种建筑艺术风格的代表作品。

（2）具有较强个性特点的历史建筑或长期以来被认为是城市标志的建筑（或建筑群）。

（3）著名中外建筑师设计、在建筑史上有一定地位的优秀建筑。

（4）艺术价值较高、造型优美、对丰富城市建筑面貌有积极意义的某些外来艺术形式的建筑。

（5）代表城市发展某一历史时期传统的民居建筑，

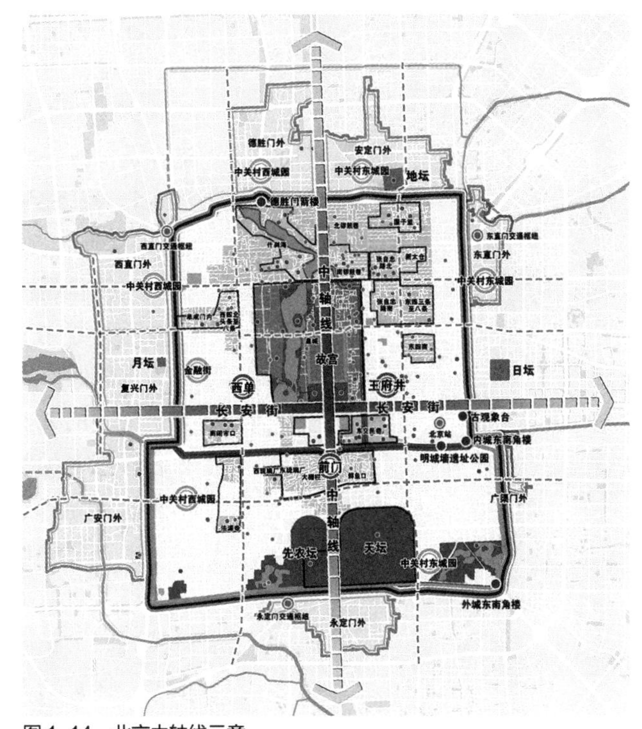

图1-14 北京中轴线示意

通常保留较完整的、具有典型地方或传统特色的街区（古镇、古村落）。

（6）城市历史上同某一重大事件或某种社会现象有关的纪念性建筑。

（7）在城市发展过程中，社会认同性高、文化艺术价值大的近现代建筑。

4）体现产业与科技进步的工业遗产

包括：代表民族传统工业技术的生产地和遗址地，有明显产业特征的厂区格局、建（构）筑物、仓储设施、工艺设施、产品类型、工（技）艺等。

工业遗产是遭到破坏或损毁最严重，并难以得到保护的一种遗产类型。所以尽可能保护尚存的、有历史文化价值的工业遗产尤为重要。

5）历史形成的传统村落、古民居等

包括历史形态保留相对完整、综合价值较高的传统村落，也包括历史环境有所损毁的传统村落。传统村落是体现地域文化和人类文明的重要组成部分，理应受到重视并最大限度地进行保护。

6）名树古木、具有地方特色的花卉、植物、树种等

7）城区及郊外的自然景观和生态环境等

包括地形地貌、山川河流、与城市发展历史和重要事件有关的自然原野特征等。

8）非物质文化遗产

包括：风土民情、名人轶事、民间传说、人文历史、地方戏曲、绘画、音乐、书法、传统工艺品、土特产等。

1.2.3 历史地区保护的基本方法

由于历史地区涵盖的范围、内容比较宽泛，需要根据其特征、文化遗存及价值等情况确定保护的基本方法。

1. 整体保护

一般而言，对历史形成并延续至今、文化遗存丰富、保存相对完整、历史文化价值高、保护意义重大并已纳入各级保护体系之中的历史地区（古城区、古镇区、古村落）及其环境等实施全方位保护的方法。

整体保护的内容既包括物质和非物质环境要素，同时包括与历史地区紧密关联的人及其社会环境。在很多历史地区实施整体保护中，往往重视物质要素的整体保护，忽略非物质要素的传承，特别是经过长期积淀形成的人文环境和社会结构最容易破坏，而造成历史地区的“物是人非”。

由于历史地区的情况往往比较复杂，如建筑老化损毁严重、设施不完善、人口老龄化、历史地区与城市功能不匹配等问题，需要进行更新改造。由于整体保护的实施难度往往很高，确定整体保护的内容也需要审慎，保护的方法更是需要不断探索，以达到最大限度保护历史环境、最大限度减少对历史环境人为扰动的目的。

2. 重点保护

主要针对历史地区中的重点文物、重点历史地段及周边环境进行重点保护的方法。与整体保护相比，保护内容和保护区域重点更加集中、针对性强。

一般而言，实施重点保护的历史地区都是依法对国家及地方命名的各级、各类重点文物保护单位和历史文化街区（名镇、名村等）实施的保护方法。

（1）各级重点文物保护单位的保护应依据国家文物保护的法律、法规及依法编制的相关保护规划实施保护；

（2）历史文化保护街区（名镇、名村）的保护应依照国家和地方的法律法规标准依法进行保护规划、建设实施及保护管理。

福州三坊七巷是福州千年古城最重要的支撑，但保护过程艰难曲折。经历最初的旧城改造之后，通过严格遵循保护规划区划的方式，分级、分类划定了各类重点保护范围，使三坊七巷的保护有了严格的法规依据（图 1–15）。

3. 主题保护

以某一文化特征为主线所确定的保护方法。

主题性保护既有局部性，其规模和范围比较明确的保护内容，如某工业遗产区的保护等；也有跨行政区域、范围模糊的大规模保护内容，如长城、运河、丝绸之路、铁路等线性特征的文化遗产。

像长城、运河等这类主题明确，涉及跨区域，但保护内容丰富的文化遗产，需要在国家统筹制定保护要求和标准的基础上，通过跨区域的多方协同与合作，通过纳入地方文化遗产的保护体系之中，才能实施有效的保护（图 1–16）。

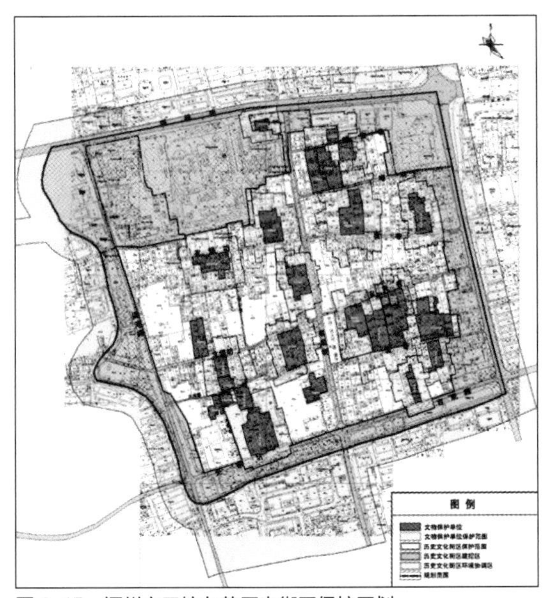

图 1–15　福州市三坊七巷历史街区保护区划

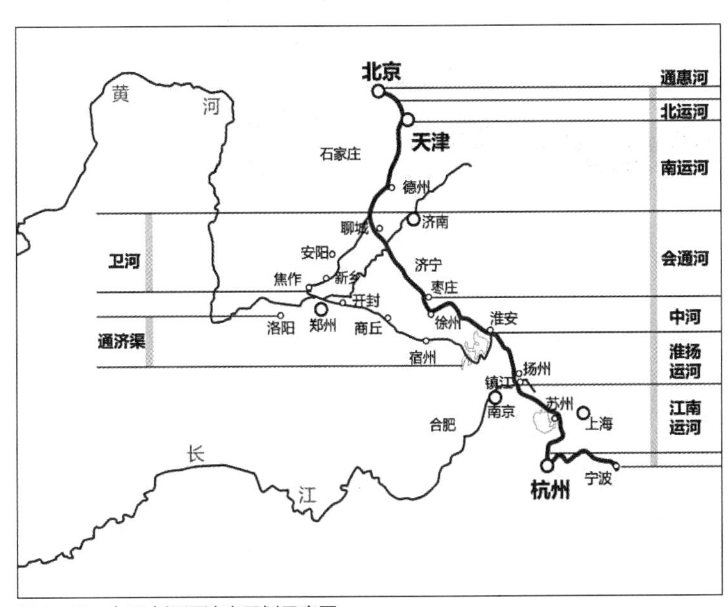

图 1–16　中国大运河遗产区划示意图

图 1–17　德国柏林保留下来的柏林墙成为柏林历史和文化的记忆

图 1–18　第二次世界大战之后重建的华沙古城

4. 局部保护

对尚存不够完整，损毁相对严重的历史地区，可通过对具有保护价值、现存较为完整的局部实施保护的方式。

局部保护方式适应范围宽，规模可大可小，所以可实施性较强。在众多遗存不多，尚未列入保护体系、需要更新改造的历史地段中，均可通过局部保护的方式最大限度地保护历史文化遗存。

5. 片段保护

整体和局部保护都难以实现的历史地区，可通过对若干片段、建筑单体、历史文化要素等的保护达到保护的目的。

片段保护的方法灵活度更高，可实施性强。可适用于任何地区对历史环境要素的保护，包括：某种历史建筑造型或外檐片段的保护，某历史街道的保护，某种特殊历史信息的保护等。如 20 世纪末，德国在东西柏林合并后的建设中，并没有将影响城市空间结构的柏林墙完全拆除，而是通过片段保护的方式，将部分柏林墙保留下来，以作为柏林历史的记忆（图 1–17）。

6. 复原性保护

复原性保护是对于历史文化价值重大、史料或记载完整，但破坏严重或不复存在的历史地段、单体建筑等通过复原的方式重新展现城市历史和传统地标建筑的方法。

复原性保护是不得已而为之的方法，需要慎之又慎。复建内容和方法需要进行严密论证，严格控制复原内容和规模，坚决防止主观臆造、拆真建假等。

1）历史地区的复建性保护

对已损毁的各级重点文物保护单位、历史城区、历史地段、古镇、古村等通过复原或重建达到展示和传承历史文化的目的。

复原性保护无论中外都有较为成功的案例。例如第二次世界大战之后，被战火摧毁的波兰首都华沙在选择古城修复方案时，毅然选择尊重历史。他们根据大量的史料、图纸和图片在原址按原貌重建古城。这一重建的古城也成为唯一古城重建的世界文化遗产（图 1–18）。

我国的丽江古城在 20 世纪末的地震中遭到严重破坏，由于采取了合理的修复重建方式，不仅使丽江古城和纳

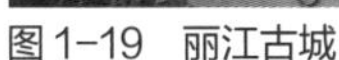
图 1-19　丽江古城

图 1-20　复建后的天津鼓楼

西文化得到传承和保护，也使之成为我国列入世界遗产较早的古城之一（图 1-19）。

为了发展旅游，我国也有很多古城复建中采取违背历史信息、主观臆造、拆真建假等方式，客观上反而导致古城的破坏。

2）历史建筑的复建性保护

一般而言，历史建筑的复建取决于其在城市中的地位与重要性。复原重建的历史建筑除了重要文物古迹建筑之外，大多为城墙、城门、钟鼓楼以及塔寺等地位重要、标志性强的历史建筑。

历史建筑的复建应最大限度地尊重历史，如与历史原貌有一定改变时需要进行严格论证。如在天津老城厢的鼓楼复建中，由于周边建筑环境的尺度加高、加大，按原尺寸复原无法体现其老城制高点作用，所以采取等比例放大的方式，使复建的鼓楼与现有老城环境相协调（图 1-20）。

7. 非物质遗产保护

历史形成的社会环境、人文精神和其他历史传承下来的各种非物质遗产离不开衍生文化的历史环境，反之历史环境没有了特定的人文和社会环境，也失去特有的文化魅力。所以在物质环境的保护中，必须注重挖掘和保护与其伴生的非物质文化遗产。

随着社会的变迁，非物质文化遗产不断面临着失传的状态，保护与传承变得异常艰难，也是最难以保护的遗产类型。

8. 记忆保护

对濒临消失或不复存在，但历史意义较大且居民认知度高的历史地区、历史建筑、各类标志物、纪念物等可通过多种灵活方式展现和恢复历史的记忆。如挖掘非物质文化遗产、设立标志性纪念物、多种形式宣传展示方式等强化记忆性保护。

1.3 历史地区城市设计的内涵、特点与要求

1.3.1 城市设计的基本内涵

1. 基本概念

城市设计（Urban Design）是人们最为熟悉和了解的专业术语，对此各类权威书籍和各国学者都从不同视角给出清晰明确的定义。

在《简明不列颠百科全书》中，城市设计的定义是："对城市环境形态所做的各种合理处理和艺术安排。"①

在《中国大百科全书：建筑园林城市规划》中，城市设计的定义是："城市设计是对城市形体环境所进行的设计。"②

著名建筑师伊利尔·沙里宁（E. Saarinen）在他的著作《城市：它的发展、衰败与未来》一书中认为："城市设计是三维空间，而城市规划是二维空间，两者都是为居民创造一个良好的，有秩序的生活环境。"③

美国著名建筑师凯文·林奇（K. Lynch）在他的著作《一种好的城市形态》（*Good City Form*）中提出："城市设计的关键在于如何从空间安排上保证城市各种活动的交织"。④

英国著名城市设计师弗·吉伯特（F. Gibberd）在其著作《市镇设计》（*Town Design*）中指出"城市是由街道、交通和公共工程等设施，以及劳动、居住、游憩和集会等活动系统所组成，把这些内容按功能和美学原则组织在一起就是城市设计的本质。"⑤

英国卡迪夫大学教授约翰·彭特在其著作《城市设计及英国城市复兴》一书中提出："城市设计是为人创造场所的艺术。它包括场所的空间功能及社区安全性等问题，以及场所的面貌。它探讨人和场所的关系、行为和城市形态的关系、自然环境和建成环境的关系，以及成功的乡村、市镇和城市的生成机理。城市设计是可持续发展和经济繁荣的关键所在，为自然资源合理利用和社会的健康发展提供保障。"⑥

东南大学王建国院士在其著作《城市设计》一书中，在分析国内外

---

① 中国大百科全书出版社《简明不列颠百科全书》. 简明不列颠百科全书：第 2 卷 [M]. 宋俊岭，陈占祥，译. 北京：中国大百科全书出版社，1986："城市设计"条目.

②《中国大百科全书（建筑、园林、城市规划）》"城市设计"条目，1988 年版。

③（美）伊利尔·沙里宁. 城市：它的发展、衰败与未来 [M]. 顾启源，译. 北京：中国建筑工业出版社，1986.

④（美）凯文·林奇. 城市形态 [M]. 林庆怡，译. 北京：华夏出版社，2003.

⑤（英）弗·吉伯特：市镇设计 [M]. 程里尧，译. 北京：中国建筑工业出版社，1983.

⑥（英）约翰·彭特. 城市设计及英国城市复兴 [M]. 孙璐，等，译. 武汉：华中科技大学出版社，2016.

专家学者对城市设计定义的基础上，针对城市设计的发展趋势，提出了城市设计的定义："城市设计是与其他城镇环境建设学科密切相关的，关于城市建设活动的一个综合性学科和专业。它以阐明城镇建筑环境中日趋复杂的空间组织和优化为目的，运用跨学科的途径，对包括人和社会因素在内的城市形体空间对象进行设计研究工作"。[①]

综上所述，城市设计的本质侧重城乡人居环境与空间形态的设计与研究，需要在研究社会经济、城市建设、人文环境、行为心理、城市美学以及视觉感受等基础上，进行创造性的空间组织与设计。

2. 基本内涵

王建国院士在他的著作《城市设计》开篇中，就引经据典，详细阐述了城市设计的内涵。结合本书的视角，归纳中外学者的基本观点，城市设计的基本内涵主要包括以下几个方面。

1）城市设计需要在多维度的视角下阅读城市，设计城市

第一，多维度视角体现在涉及城市空间形体的分析、塑造与表达，这是城市设计最核心的内涵。

第二，多维度的分析研究不仅是物质空间层面，更需要将社会、文化以及人融入物质空间之中，进而从城市空间结构上实现人类价值观的追求。正如凯文·林奇在《一种好的城市形态》一书中所说："城市设计的关键在于如何从空间安排上保证各种活动的交织。"

2）城市设计以满足可感知的城市体验为目的

美国凯文·林奇在提出城市意象理论时，用了多年时间研究人们穿梭于城市之中时如何解读和理解城市。他认为，人们对城市的认识并产生意象是通过城市形体环境来获得，城市形体的各种标志是人们识别城市的符号。为此，他提出了认知城市形态的五要素："道路、边界、区域、节点、标志物"。美国建筑师埃德蒙·培根认为，城市设计的目的就是满足市民感官可以感知的城市体验。

3）城市设计是多学科知识的综合

城市设计是对城市形体环境所做的设计，不仅与建筑学、城乡规划、风景园林以及城市基础设施等学科紧密相关，同时需要有地理学、社会学、文化学、心理学、经济学、环境生态学、城市美学等学科的支撑。

1.3.2　城市更新的基本特征

在历史地区的城市设计中，与选择城市更新的理念、方法有着极为紧密的关系。

---

① 王建国. 城市设计（第 3 版）[M]. 南京：东南大学出版社，2019.

1. 基本概念

城市更新（Urban Renewal）是一种将已形成城市中不适应现代社会生活的地区做必要的、有计划的改建活动。由于历史地区形成的年代较为久远，因此始终伴随着新陈代谢的城市更新活动。

在《简明不列颠百科全书》中，城市更新定义为“城市更新是一种重新调整城市各种复杂问题的全面的综合性计划”。[①]

在《中国大百科全书》中，城市更新定义为：“一般说来，城市总是经常不断地进行着改造和更新，经历着新陈代谢的过程。”[②]

现代城市更新的概念最早在20世纪40年代由美国学者提出，主要源于美国住宅发展转向以邻里社区为目标的城市更新政策。

随着西方国家第二次世界大战之后出现郊区化和中心城区逐渐衰败等问题，引起世界各国对战后城市大规模重建带来诸多社会问题进行反思，城市更新问题开始逐渐受到重视。

1958年8月，世界第一次城市更新会议在荷兰海牙召开。会议首次对现代城市更新的概念进行了定义。会议指出：城市更新是指生活在都市的人基于对自己所住的建筑物、周围环境或者通勤、通学、购物、游乐及其他生活更好的期望，为形成舒适生活以及美好市容，进而对自己所住房屋的修缮改造以及对街道、公园、绿地、不良住宅区的清除等环境的改善，尤其是对土地利用形态或地域地区制的改善、大规模都市计划事业的实施等所有的都市改善行为。由此可见，城市更新的提出主要基于居住生活环境改善。

英国于1977年公布的《内政政策》指出：城市更新涉及物质环境、经济、社会、文化、政治等多个方面和多个部门，是一种综合解决城市问题的方式。由此看出，英国所提出的城市更新政策已经关注各个领域的综合性。

法国于2000年公布的《社会团结与城市更新法》指出：城市更新是一种推广以节约利用空间和能源、复兴衰败城市地域、提高社会混合特性为特点的新型城市发展模式。此时的城市更新开始涉及资源能源、区域经济、社会融合等问题。

综上所述，可以认为，城市更新是城市新陈代谢的发展规律；是既有地区环境与设施提升改造的综合计划；也是一种有计划、有目的的城市建设活动。

---

① 中国大百科全书出版社《简明不列颠百科全书》编辑部. 简明不列颠百科全书：第2卷[M]. 北京：中国大百科全书出版社，1985.

② 中国大百科全书总编辑委员会本卷编辑委员会. 中国大百科全书：建筑 园林 规划[M]. 北京：中国大百科全书出版社，1988.

2. 基本方法

需要进行城市更新的区域，大多是设施陈旧、建筑老化、环境较差，功能已不适应城市发展，需要提升或改造的既有地区。这些地区既有衰败落后、亟待改造的城市“棚户区”，也有历史悠久，有一定历史文化遗存和保护价值的历史地区。需要更新的各类矛盾突出，问题复杂。特别是历史地区，保护与更新的矛盾尖锐突出：一边是千百年延续下来的文化遗产需要保护，一边是设施老化、建筑危陋，亟待更新改造。因此城市更新方法的选择是一个慎之又慎的问题，需要站在城市长久发展的高度，综合分析和评价更新地区的历史、文化、经济、建设和社会环境等因素影响，根据综合价值评估选择恰当合理的城市更新方法。

根据海牙城市更新会议的定义，城市更新的方式分为重建或再开发，整治维护和整体保护三种基本类型。

1）重建或再开发（Redevelopment）

一般而言，拆除重建或再开发主要针对现有设施和环境已经危害到居民安全和身心健康，功能全面恶化，已经严重制约和影响城市社会经济活动的地区。如自然生长蔓延、并缺乏市政和公共设施的棚户区，对原职能全面改造的居住区、工业区或仓储区等。

重建或再开发是一种最为简单、直接的更新方式，但往往对原有的空间环境、社会结构和社会环境等带来断裂式变化，并带来很多负面影响。因此只有在确定没有可行的其他方式时才可以采用。

由于重建或再开发可以使矛盾简单化，见效快，前些年我国许多城市的更新多采用这种模式，从而导致大量的历史环境遭到肢解或破坏，造成不可弥补的遗憾。

2）整治维护（Rehabitation）

整治维护方法的基本特征就是尽量维持现有的整体格局不变，针对性地进行局部更新改造。

整治维护的特点就是解决问题的针对性强，循序渐进地进行更新，对经济、社会结构以及空间环境扰动相对较小，是老城地区更新最为常见的策略与方法。

整治维护是很多发达国家普遍采取的老城更新方法，大多是保持城市的原有空间结构、风貌特色等，并在此基础上根据城市发展需要针对性地解决与城市发展存在的矛盾和问题，使之适应城市现代生活的需要。如澳大利亚的墨尔本，既保留了城市延续下来的空间形态、历史建筑，乃至早期的电车，同时为了满足现代城市的需要增加新的设施和建筑，使之成为既传统又时尚，并以举办澳网大满贯赛事著称的城市（图 1–21）。

与重建或再开发比较，整治维护方法遇到和解决的各种矛盾和问题更为多样复杂，不仅需要进行更深入的调查、研究与探讨，而更新改造更

图 1-21 古老与时尚有机融合的澳大利亚墨尔本城

是一个循序渐进，不断探索的漫长过程。

3）整体保护（Conservation）

对于历史文化遗存丰富、完整性强、保护价值高，以保护历史遗存为目的历史地段的更新改造，应以整体保护为目标，最大限度地减少对该地区的扰动，通过适当加以维护，并进行小规模、微循环式的改造，使其免于因放任而遭受破坏或恶化。可以说整体保护是一种预防性措施，实施阻力或纠纷较小的方法。欧洲能有大量的古城、小镇保留了千百年前的历史风貌，同时又使其适应现代生活的需要，正是采取整体保护的方法。如捷克著名的古老小城克鲁姆洛夫，至今依然完整保留着 13 世纪后逐渐形成的山、水、城有机融合、自然优美的古老形态，并成为最著名的欧洲旅游胜地，也是被联合国授予的文化和自然双遗产的小城（图 1-22）。

1994 年，吴良镛先生在他的著作《北京旧城与菊儿胡同》中，正式提出了有机更新概念："所谓'有机更新'即采用适当规模、合适尺度，依据改造的内容与要求，妥善处理目前与将来的关系——不断提高规划设计质量，使每一片的发展达到相对的完整性，这样集无数相对完整性之和，即能促进北京旧城的整体环境得到改善，达到有机更新的目的"。[①] 指出旧城更新包含三方面内容：

（1）改造、改建或再开发，指比较完整地剔除现有环境中的某些方面，目的是开拓空间，增加新的内容以改善环境；

（2）整治，指对现有环境进行合理的调整和小的改动；

（3）保护，对现有格局和形式加以维护，一般不许改动。

---

① 吴良镛．北京旧城与菊儿胡同 [M]．北京：中国建筑工业出版社，1994.

（a）

（b）

图 1-22　捷克小城克鲁姆洛夫
（a）小城山水城格局；（b）小城俯瞰

吴良镛先生的“有机更新”理论不仅填补中国在城市保护与城市更新之间的理论空白，应用于北京菊儿胡同的改造之中，并对我国历史地区的改造有普遍的指导意义。

综上所述，城市更新是一个持续不断、循序渐进的过程，只要城市继续生长，新的环境变化讯息不断输入，城市更新将一直持续下去。

1.3.3　历史地区城市设计的特点

历史地区既是城市空间组成部分之一，又是城市中最具历史和文化意义的特殊区域，与一般地区城市设计相比，虽然基本方法和内容有所相同，但在研究视角、设计要求等又有很大区别，其特点主要体现在以下几个方面：

1. 历史文化保护是核心内容

历史地区作为体现城市历史文化遗存和风貌特色的载体，其保护与控制要求的特殊性决定了城市设计应以保护为核心，这也是与一般地区城市设计的最本质的区别。历史地区城市设计往往也是保护与更新方法的选择与博弈，需要站在对历史敬畏、对传统和地域文化尊重，以及对城市特色传承发展的高度，对历史遗留下来的各类物质空间要素和社会人文等精神要素的综合价值进行评价，处理好历史地区保护与发展的关系，审慎选择保护与更新的内容和方法，使历史地区在历史文化遗产得到有效保护的基础上融入现代城市之中，并保持长久的生机与活力。

2. 城市设计方法的约束与限定性

城市中的历史地区既有保护区也有一般地区，综合情况比较复杂，城市设计比一般地区的难度要大很多。特别是涉及有一个或多个法定保护区的历史地区，保护区要求的特殊性和既有地区亟待更新改造的矛盾性势必给城市设计带来很多特殊要求。

（1）要从满足各类保护区的保护要求出发，既要在现状基础上综合分析研究，使历史延续下来的空间形态、格局、建筑风貌、生活习俗和社会结构等最大限度地得到有效保护，同时还要考虑该地区现代城市和社会发展之需。这必然使得历史地区城市设计在城市功能、空间组织、风貌特征、整体和谐以及社区组织形式等方面具有很大的约束性和限定性。

（2）历史地区也是既有建成区，势必存在与现代城市和生活不适应、不匹配等问题，如机能不完善、设施老化、建筑危陋亟待更新改造等，但历史地区保护又限定了更新模式与方法的选择。

3. 采用微循环与织补化的更新模式

为使得历史地区在现代城市发展中更好地“存活”下来，并焕发生机与活力，恰当的更新模式不仅能使历史地区的历史和文化信息最大限度地保留，同时也可满足现代社会的发展需要。在历史地区内，无论历史信息遗存多少，都应避免采取大规模重建开发的模式，避免将历史地区定义为“旧城区”或“棚户区”列为大拆大改的对象。根据历史地区的现状和保护要求，选取整体保护或整治更新模式，通过小规模、渐进式的微循环更新，对其基础设施、功能结构、空间环境等进行微循环和织补化的改造，让“新”与“旧”，“古”与“今”，更好地融为一体。

4. 研究与控制内容的细微性和碎片性

与一般地区城市设计比较，由于历史地区的特殊性，在基础分析、现状评价、保护控制、设计引导等方面需要更具体和深入。如，对历史地区史料的整理挖掘，对文化遗存的价值评估、基本特征，与周边及环境关系、保护要求与控制等方面的分析研究内容。与此同时，还要结合历史地区实际，针对不同区域、不同设计要素提出特殊控制要求。做到不仅在整体层面有要求和引导，细节之处控制也要具体、明确。天津五大道近代建筑群是国家级的重点文物保护单位，也是国家文物局命名的中国历史文化名街。作为天津重要的历史文化保护街区之一，五大道地区的城市设计除了整体层面的内容之外，更多体现在具体的设计引导方面。如街道界面的保护控制内容，就包括了街道环境和建筑两个层面的诸多细节要求：像退线率、贴线率、围墙、院落空间、入口形式、建筑体量、尺度、高度、外檐凸凹比、建筑材料、色彩，以及檐口、屋面、屋瓦等形式，都有具体、明确的控制要求（图 1-23）。

5. 社会形态与活力多样性的保护与维护

功能结构、文化内涵、场所精神、社会形态与区域活力等是历史地区多样性构成的基础，也是最容易遭到破坏和难以传承的内容。在历史地区城市设计中，在物质空间保护和营造的基础上需要着力保护和维护传统人文环境和活力的多样性，这样可使历史地区的人文生态达到新的平衡和稳定，避免历史地区的“文化断裂”和“生态简化”，造成历史地区新的不平衡。

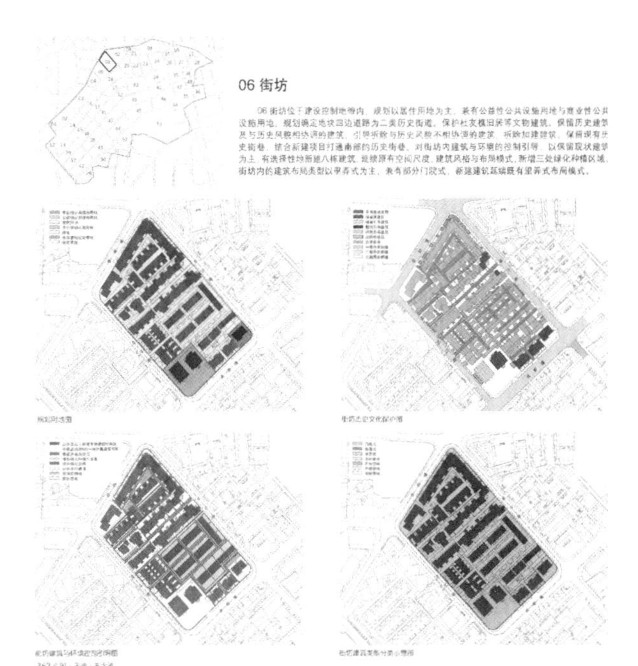

1.3.4　历史地区城市设计的基本要求

历史地区作为承载城市历史和文化的重要地区，其城市设计的最大特点是要围绕历史文化遗产的保护和传承来进行。与此同时，还应以历史地区未来的发展需要出发，通过合理有效的城市更新达到历史地区的活力复兴。

1. 保护与传承地域历史和城市文化特色

保护和传承历史文化特色是历史地区城市设计的首要目标，城市设计应最大限度体现对城市历史环境和传统文化特色的尊重，也是区别于一般地区城市设计的最重要的内容。在城市设计中，对历史文化的挖掘、有效保护和传承也是评价该地区城市设计优劣的重要标准。

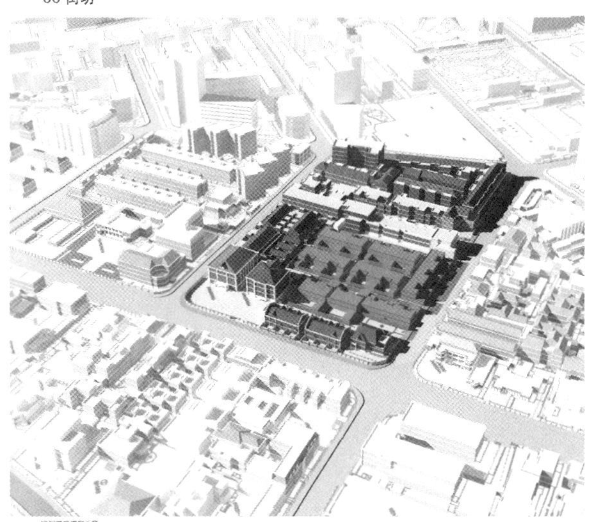

图 1-23　天津五大道 06 号街坊保护控制导则

2. 探索恰当的城市更新路径和方法

优化城市功能、保持社会与经济活力是历史地区当下亟待解决的问题。任何历史地区要在当代城市中得以“存活”并具备长久“生存能力”，都需要改善环境、融入新的城市功能，激发地区社会和经济活力，以致成为城市生活中必不可少的组成部分，始终“被需要”。因此，这就成为该地区城市设计不可或缺的基本目标之一。

3. 解决保护与更新中存在的矛盾与问题

历史地区城市设计中，应充分思考和探讨可持续职能和短效行为、历史文化保护和经济价值挖掘、人文精神传承与城市活力营造等各方面的博弈与冲突，探索历史地区与周边地区空间环境的关系，既保持历史地区的环境特色，又使其与整个城市空间融为有机整体。

4. 探索城市设计与纳入法定规划控制管理的路径与方法

将城市设计的引导内容纳入法定规划体系之中，这对历史地区尤为重要。只有通过法定规划，城市设计的内容才能得以实施、控制与管理。由于历史地区的特殊性，城市设计中需要对管理和控制内容的规定更加具体、细致及直观，为城市设计纳入到法定规划控制、土地出让以及建设实施与管理等提供基础内容。

1.3.5 历史地区与其他地区城市设计的关系

1. 相同与相通性

无论是城市历史地区还是其他地区，城市设计的内涵并没有改变，因此有城市设计解决问题的相同与相通点，具体体现在：

1）城市设计基本目标一致

在突出城市历史文化、强调城市整体空间特色、保持和维护城市活力、解决城市诸多矛盾和问题等方面的目标具有一致性。

2）城市设计研究方法基本相同

从城市设计整体而言，历史地区是城市中不可割裂的重要组成部分，因此其研究方法没有本质差异。特别是在总体城市设计中，需要从城市宏观层面统筹考虑城市各类空间的构成关系时，应保持其统一整体性。

3）成果编制的体系基本相同

从成果编制体系而言，历史地区城市设计与其他地区城市设计的差异性不大，成果的一致性有利于规划控制与城市建设管理。

2. 特殊与差异性

历史地区属于城市特殊地段的城市设计，因此与一般地区城市设计相比，具有特殊和差异性。

1）城市重点或特殊地段的城市设计

由于历史地区是城市中历史最为悠久、文化积淀最为深厚、风貌特征最为显著、固有环境最为复杂的区域，使得这个地区的城市设计具有限定性、约束性和复杂性，成为城市中最特殊地段，也是最重要地段的城市设计。

2）强调与周边区域的整体性、协调性与互补性

历史地区不仅是城市的特殊地段，也是城市空间组成部分，相互之间都有一定的制约和影响。为有效保护历史地区，往往通过设定核心保护区、建设控制地带和环境协调区的方式，既避免历史地区的环境、风貌、空间视线、视廊等遭到破坏，同时，也不希望历史地区成为城市整体空间和环境中的“孤岛”，与周边区域过度分离。这就需要在城市设计中使历史地区与其周边地区有机结合、协调统一、互为补充。

小结

历史地区是城市历史文化的象征，也是城市中非常重要的地段，因此，历史地区城市设计是慎之又慎的事情。城市设计之前，要明确历史地区的基本特征和保护

内容，并根据历史地区的各类保护要求和特点进行城市设计，既要有效地保护城市的历史文脉，同时也要使城市适应现代城市和人民生活的发展需要。

思考题

1. 历史地区的基本概念与特征是什么？
2. 历史地区保护有哪些主要概念？
3. 历史地区保护的基本内容是什么？
4. 城市更新的基本内涵与方法有哪些？
5. 历史地区城市设计的基本特点和要求有哪些？

延伸阅读推荐

[1] 王建国. 城市设计（第三版）[M]. 南京：东南大学出版社，2011.
[2] 阮仪三. 城市建设与规划基础理论 [M]. 天津：天津科学技术出版社，1992.
[3] 王景慧，阮仪三，等. 历史文化名城保护理论与规划 [M]. 上海：同济大学出版社，1999.
[4] 吴良镛. 北京旧城与菊儿胡同 [M]. 北京：中国建筑工业出版社，1994.
[5]（美）凯文・林奇. 城市形态 [M]. 林庆怡，译. 北京：华夏出版社，2003.

主要参考文献

[1] 中国大百科全书建筑 园林 城市规划编辑委员会. 中国大百科全书（建筑 园林 城市规划）[M]. 北京：中国大百科全书出版社，1988.
[2] 曲向荣. 环境学概论（第二版）[M]. 北京：科学出版社，2015.
[3] 阳建强，吴明伟. 现代城市更新 [M]. 江苏：东南大学出版社，1999.
[4]（美）伊利尔・沙里宁. 城市：它的发展、衰败与未来 [M]. 顾启源，译. 北京：中国建筑工业出版社，1986.
[5] 赵荣，等. 人文地理学（第二版）[M]. 北京：高等教育出版社，2006.
[6]（英）弗・吉伯特. 市镇设计 [M]. 程里尧，译. 北京：中国建筑工业出版社，1983.
[7]（英）约翰・彭特. 城市设计及英国城市复兴 [M]. 孙璐，等，译. 武汉：华中科技大学出版社，2016.
[8]（英）理查德・海沃德. 城市设计与城市更新 [M]. 王新军，等，译. 北京：中国建筑工业出版社，2009.

第 2 章 国内外历史地区城市设计的理论演变

内容提要：本章内容共分为三节，包括：历史地区保护体系的建立、国内外历史地区城市设计的理论演变、当前理论发展趋势。按照时间脉络，重点介绍和剖析了国际上及中国保护体系的建立过程，不同发展阶段的历史地区城市设计思想，以引导读者宏观把握历史地区城市设计的基本规律，把握理论渊源和理论发展的基本规律，理解历史地区城市设计理论的动态发展过程。

本章建议学时：4 学时

2.1 历史地区保护体系的建立

2.1.1 国际保护体系的建立

国际上对建筑遗产的认知和保护经历了长期发展与逐步演进，其中同历史地区城市设计相关的遗产保护主要由国际现代建筑协会（CIAM）、国际建筑师协会（UIA）、联合国教科文组织（UNESCO）、国际古迹遗址理事会（International Council on Monuments and Sites，简称 ICOMOS）等机构和组织推动发展。国际现代建筑协会成立于 1928 年，是第一个现代派建筑师的国际性非政府组织。1933 年该协会通过了《雅典宪章》，标志着现代主义建筑在国际建筑界统治地位的确立，其中包含了妥善保存有历史价值的古建筑的倡议，可以视为 20 世纪历史建筑保护的起步纲领性文件。

联合国教科文组织成立于 1945 年，旨在寻求通过教育、科学和文化方面的国际合作来建立和平；通过弘扬文化遗产、倡导文化平等加强各国之间的联系。联合国教科文组织协调于 1948 年成立了国际建筑师协会，简称为 UIA，不同于 CIAM 的以建筑师个人为会员单位，UIA 以国家和地区为会员单位。针对文化遗产保护，联合国教科文组织主要从遗产保护对象、保护措施、遗产管理、可持续发展等方面拟定了相关政策和条约（图 2-1）。

20 世纪上半叶世界各地专家对文物建筑保护思想日益增强，国际遗产的概念被提上日程。1964 年在威尼斯举行的第二届历史建筑专家会议上，联合国教科文组织提出建立国际古迹遗址理事会（ICOMOS）。国际古迹遗址理事会（ICOMOS）致力于推广遗产保护理论、方法和技术应用（图 2-2）。

前述的国际机构和组织推动了建筑遗产乃至城市遗产在世界范围的保护。根据对建筑和城市遗产的认知和保护理念的不同，可以大体划分为四个主要阶段：①保护起步时期（20 世纪初—60 年代中期），以单体纪念物保护为主；②保护专业化时期（20 世纪 60 年代中期—90 年代中

年份	文件	要点
2015 年	《将可持续发展愿景融入世界遗产公约进程的政策》	➢ 保护和管理战略应与可持续发展目标保持一致 ➢ 考虑后代幸福
2011 年	《关于城市历史景观的建议书》	➢ 提出城市历史景观概念 ➢ 寻求城市环境与自然环境之间、今世后代的需要与历史遗产之间可持续的平衡关系
2003 年	《保护非物质文化遗产公约》	➢ 将社区引入非物质文化遗产的定义 ➢ 强调社区、群体或个人参与非物质文化遗产保护与管理
2002 年	《关于世界遗产的布达佩斯宣言》	➢ 寻求在保护、可持续性和发展之间适当而合适的平衡 ➢ 为社会、经济的发展和提升社区生活质量做贡献
1976 年	《内罗毕建议》	➢ 确定历史地区定义及分类
1972 年	《保护世界文化和自然遗产公约》	➢ 强调保护具有"突出普适价值"的遗产 ➢ 强调使文化遗产和自然遗产在社会生活中起一定作用 ➢ 将遗产保护工作纳入全面规划纲要的总政策
1964 年	《威尼斯宪章》	➢ 确定历史文物建筑定义、保护、修复与发掘的宗旨与原则 ➢ 保护见证文物建筑历史的环境

图 2-1　联合国教科文组织提出的有关遗产保护的宪章或决议

年份	文件	要点
2011 年	《世界文化遗产影响评估指南》	➢ 规定了开展遗产影响评估的方法论
2005 年	《西安宣言》	➢ 确定古迹遗址周边环境的定义、保护准则
1999 年	《巴拉宪章》（第 5 版）	➢ 保护目标是场所的文化重要性 ➢ 公众参与遗产地保护、诠释和管理
1987 年	《华盛顿宪章》	➢ 提出对城镇和城区整体保护 ➢ 新的功能和作用与历史地区的特征相适应

图 2-2　国际古迹遗址理事会关于文化遗产保护的宪章或决议

期），保护对象扩展至历史地区，遗产保护与城市规划相结合；③保护认知多元化时期（20 世纪 90 年代中期—2011 年），对遗产价值、人与遗产的关系、文化多样性等多元认知并存；④保护与可持续发展结合时期（2011 年至今），在保护的基础上，强调活态利用遗产。

1. 保护起步时期（20 世纪初—60 年代中期）

在这一时期，建筑遗产保护的重点是对单体纪念物的保护。主张利用科学技术和材料修复建筑（表 2-1）。

1931 年 10 月，第一届历史古迹建筑师及技师国际会议在雅典通过了

表 2-1　主要国际宪章或决议（20 世纪初—60 年代中期）

倡议主体	主要国际宪章或决议	核心内容	主要意义
第一届历史古迹建筑师及技师国际会议	《关于历史性纪念物修复的雅典宪章》（1931）	纪念物修复允许采用现代技术和材料，但要保证修复后的纪念物其原有外观和特征得以保留	国际组织首次倡导对历史性纪念物进行保护的宪章
国际现代建筑协会（CIAM）	《雅典宪章》（1933）	妥善保存有历史价值的古建筑	首个获得国际公认的城市规划纲领性文件

《关于历史性纪念物修复的雅典宪章》（The Athens Charter for the Restoration of Historic Monuments），首次针对历史性纪念物提出修复及保护建议：①在修复工程中允许采用现代技术和材料，但要保证修复后的纪念物其原有外观和特征得以保留；②已发掘的遗址若不是立即修复，应回填以利于保护；③加强历史性纪念物的行政和立法措施；④重视技术及理念上的国际协作。伴随现代建筑运动的发展，一些现代建筑运动建筑师对现代城市规划进行思考。国际现代建筑协会于 1933 年 8 月在希腊雅典召开会议，提出了一个城市规划大纲，即著名的《雅典宪章》。该宪章旨在推动现代主义的建筑与城市规划，将遗产保护纳入整个城市规划框架，提出应妥善保存有历史价值的古建筑，不可以加以破坏。保护内容包括：①真能代表某时期的建筑物，可引起普遍兴趣，可以教育人民者；②保留其不妨碍居民健康者；③在所有可能条件下，将所有干道避免穿行古建筑区，并使交通不增加拥挤，亦不使之妨碍城市有机的新发展。《雅典宪章》推动了全世界关注建筑遗产并开展保护工作。

2. 保护专业化时期（20 世纪 60 年代中期—20 世纪末）

第二次世界大战后大规模的城市建设使许多文物建筑及其环境遭受破坏，城市保护与发展矛盾加剧，之前仅关于文物建筑的简单的保护原则已不能适应形势的发展需要。1945 年联合国教科文组织的成立，成为之后文化遗产保护的重要国际力量。在这一时期，建筑遗产的保护对象由单体文物建筑扩大到历史地段，遗产保护日益同城市设计结合，且这一趋势受到越来越多的重视（表 2-2）。

表 2-2　主要国际宪章或决议（20 世纪 60 年代中期—20 世纪末）

倡议主体	主要国际宪章或决议	核心内容	主要意义
联合国教科文组织	《威尼斯宪章》（1964）	确定历史文物建筑定义、保护、修复与发掘的宗旨与原则；保护见证文物建筑历史的环境	是第一部专门针对文物建筑保护的权威性文件

续表

倡议主体	主要国际宪章或决议	核心内容	主要意义
联合国教科文组织	《保护世界文化和自然遗产公约》（1972）	强调保护具有“突出普遍价值”的遗产；强调使文化遗产和自然遗产在社会生活中起一定作用；把遗产保护工作纳入全面规划纲要的总政策	世界范围内开展文化遗产保护的里程碑式的标志
联合国教科文组织	《内罗毕建议》（1976）	明确“历史地区”的定义及分类	——
国际建筑师协会（UIA）	《马丘比丘宪章》（1977）	强调保护、恢复和重新使用现有历史遗址和古建筑，必须同城市建设过程结合起来	对《雅典宪章》进行的一次重要修订
国际古迹遗址理事会（ICOMOS）	《华盛顿宪章》（1987）	提出对城镇和城区整体保护的概念；新的功能和作用应该与历史地区的特征相适应	历史上第二个国际性法规文件，是对威尼斯宪章的补充

联合国教科文组织于 1964 年通过了《国际古迹保护与修复宪章》（又称为《威尼斯宪章》），这是保护文物建筑的第一个国际宪章，表明世界范围内的共识已经形成。该宪章明确了文物建筑的概念、保护宗旨、保护内容。文物建筑不仅包含个别的建筑作品，而且包含能够见证某种文明、某种有意义的发展或某种历史事件的城市或乡村环境，这不仅适用于伟大的艺术品，也适用于因时光积淀而获得文化意义的在过去一些较为朴实的艺术品。保护和修复古迹的目的旨在把它们既作为历史见证，又作为艺术品予以保护。保护文物建筑需保护其全部的历史信息，从平面、立面，到室内的装饰、雕刻、绘画，保存各个时代的叠加物，修复时添加的部分必须保持整体的和谐一致，但又必须和原来的部分明显地区别。此外，该宪章扩大了遗产保护范围，强调“环境”的重要性，提出保护文物建筑的同时也要保护其周边环境，一座建筑不能与见证其历史的环境分离，凡传统环境还存在，就必须保护。

1976 年，联合国教科文组织通过《关于历史地区的保护及其当代作用的建议》（又称为《内罗毕建议》），首次对历史地区进行明确定义。“历史和建筑（包括本地的）地区”系指包含考古和古生物遗址的任何建筑群、结构和空旷地，它们构成城乡环境中的人类居住地，从考古、建筑、史前史、历史、艺术和社会文化的角度看，其凝聚力和价值已得到认可。历史地区可划分为：史前遗址、历史城镇、老城区、老村庄、老村落以及相似的古迹群。历史地区及其环境应被视为不可替代的世界遗产的组成部分。

1987 年，国际古迹遗址理事会（ICOMOS）召开的第八届全体会议上通过了专门针对历史城镇与城区的国际性法规文件——《保护历史城镇与城区宪章》(又称为《华盛顿宪章》)。该宪章规定了保护历史城镇和城区的原则、目标和方法。历史城镇与城区需保存的特性包括:①用地段和街道说明的城市形制;②建筑物与绿地和空地的关系;③用规模、大小、风格、建筑、材料、色彩以及装饰说明的建筑物的外貌,包括内部的和外部的;④该城镇和城区与周围环境的关系,包括自然的和人工的;⑤长期以来该城镇和城区所获得的各种作用,任何危及上述特性的威胁,都将损害历史城镇和城区的真实性。保护规划的目的旨在确保历史城镇和城区作为一个整体的和谐关系。新的作用和活动应该与历史城镇和城区的特征相适应。对历史城镇和其他历史城区的保护应成为经济与社会发展政策的完整组成部分,并应当列入各级城市和地区规划。鼓励居民参与保护计划。《华盛顿宪章》作为对《威尼斯宪章》的补充,成为世界文化遗产的共同保护准则,同时也标志着城市保护已同城市设计紧密结合。

在城市快速发展过程中,除了年久腐朽外,社会和经济条件的变化也使得全球的文化和自然遗产遭受越来越严重的威胁。鉴于此,联合国教科文组织大会于 1972 年第十七届会议上通过了《保护世界文化和自然遗产公约》(*Convention Concerning the Protection of the World Cultural and Natural Heritage*),旨在为集体保护具有突出普遍价值(Outstanding Universal Value,OUV)的文化遗产和自然遗产建立一个依据现代科学方法组织的永久性的有效制度。该公约明确提出了"文化遗产"和"自然遗产"的具体内涵,并强调要将其传与后代。此外,该公约还提出要使文化遗产和自然遗产在社会生活中发挥一定作用,并把遗产保护工作纳入全面规划纲要的总政策。

联合国教科文组织之外,国际建筑师协会(UIA)于 1977 年 12 月在秘鲁召开的国际学术会议通过了《马丘比丘宪章》(*Charter Of Machu Picchu*),基于对《雅典宪章》的修订,进一步从城市规划和设计的角度提出文物与历史遗产的保护与保存内容:①城市的个性和特性取决于城市的体型结构和社会特征。因此不仅要保存和维护好城市的历史遗址和古迹,而且还要继承一般的文化传统。一切有价值的说明社会和民族特性的文物必须保护起来。②保护、恢复和重新使用现有历史遗址和古建筑必须同城市建设过程结合起来,以保证这些文物具有经济意义并继续具有生命力。③在考虑再生和更新历史地区的过程中,应把优秀设计质量的当代建筑物包括在内。

3. 保护认知多元化时期(20 世纪 90 年代中期—2011 年)

随着全球化和城市的快速发展,建筑和城市遗产保护的内涵和外延不断拓展。自 20 世纪 90 年代起,建筑和城市遗产保护不再仅局限于结构构造与物质空间环境,遗产价值、文化多样性、公众参与、社区等内容在遗产保护中应运而生。

这一时期的建筑和城市遗产保护特点大致归纳为四个方面：①遗产保护由“历史地区”进一步扩展至“周围环境”；②非物质文化遗产的保护提上日程；③基于遗产价值的保护与管理；④强调人与遗产的关系：将社区概念引入遗产保护，指出公众参与遗产保护与管理的重要性（表 2-3）。

表 2-3　主要国际宪章或决议（20 世纪 90 年代中期—2011 年）

倡议主体	主要国际宪章或决议	核心内容	主要意义
国际古迹遗址理事会，国际文化财产保护与修复研究中心（ICCROM）	《奈良真实性文件》（1994）	价值和真实性是文化遗产评估与管理的基础；对文化遗产的责任和管理首先应该是归属于其所产生的文化社区，接着是照看这一遗产的文化社区；价值性和真实性的评判需基于文化多样性的背景	《奈良真实性文件》乃是孕育于 1964 年《威尼斯宪章》的精神，并以此为基础加以了延伸，以响应当代世界文化遗产关注与利益范围的不断拓展
国际古迹遗址理事会澳大利亚国家委员会	《巴拉宪章》（第 5 版）（1999）	场所的文化重要性是保护的目标；在遗产地保护、诠释和管理中，让与之有关的公众参与	——
联合国教科文组织	《关于世界遗产的布达佩斯宣言》（2002）	努力寻求在保护、可持续性和发展之间适当而合适的平衡；为社会、经济的发展和提升社区生活质量作贡献	——
联合国教科文组织	《保护非物质文化遗产公约》（2003）	将社区引入非物质文化遗产的定义；强调社区、群体或个人参与非物质文化遗产保护与管理	人类历史上非物质文化遗产保护的重要里程碑
欧洲委员会	《文化遗产社会价值法鲁框架公约》（2005）	强调文化遗产的保护及其可持续利用以人类发展和生活质量为目标	——
国际古迹遗址理事会	《西安宣言》（2005）	第一次系统确定古迹遗址周边环境的定义，为历史区域周边环境保护立下准则	——

1994 年，《奈良真实性文件》指出要积极推动世界文化遗产多样性的保护和强化。文化遗产的多样性存在于时间与空间之中，需要对其他文化及其信仰系统的各个方面予以尊重。在文化价值出现冲突的情况下，对文化多样性的尊重则意味着需要认可所有各方的文化价值的合理性。对文化遗产的责任和管理首先应该是归属于其所产生的文化社区，接着是照看这一遗产的文化社区。所有社区都需要尽量在不损伤其基本文化价值的情况下，在自身的要求与其他文化社区的要求之间达成

平衡。价值性和真实性的评判不可能基于固定的标准，必须在相关文化背景之下来对遗产项目加以考虑和评判。真实性的评判可能会与很多信息来源的价值有关，这些来源包括：形式与设计、材料与物质、用途与功能、传统与技术、地点与背景、精神与感情以及其他内在或外在因素。

1999年，《巴拉宪章》(第5版)提出文化重要性是文化遗产地保护的目标。文化重要性是指对过去、现在及将来的人们具有美学、历史、科学、社会和精神价值。文化重要性包含于遗产地本身、遗产地的构造、环境、用途、关联、涵义、记录、相关场所及物体之中。在遗产地保护、诠释和管理中，应当纳入那些与遗产地有特殊关联或对其有特殊意义的公众，或是对遗产地富有社会、精神或其他文化责任的人士的参与。

2002年，《关于世界遗产的布达佩斯宣言》将可持续发展与社区纳入遗产保护范畴。宣言提出要寻求在保护、可持续性和发展之间适当而合适的平衡，通过适当的工作使世界遗产资源得到保护，为社会、经济的发展和提升社区生活质量作贡献。在鉴别、保护和管理世界遗产资产方面，努力推动包括本地社区参与在内的各层面的保护活动。在全球化和社会转型进程中，除物质遗产遭受破坏外，非物质文化遗产也面临着损坏、消失和破坏的严重威胁。对此，2003年联合国教科文组织通过了《保护非物质文化遗产公约》，将物质遗产保护进一步拓展到非物质文化领域，引入社区定义非物质文化遗产，并强调公众参与。“非物质文化遗产”是指被各社区、群体，有时是个人，视为其文化遗产组成部分的各种社会实践、观念表述、表现形式、知识、技能以及相关的工具、实物、手工艺品和文化场所。这种非物质文化遗产世代相传，在各社区和群体适应周围环境以及与自然和历史的互动中，被不断地再创造，为这些社区和群体提供认同感和持续感，从而增强对文化多样性和人类创造力的尊重。保护非物质文化遗产活动应努力确保创造、延续和传承这种遗产的社区、群体，有时是个人的最大限度的参与，并吸收他们积极地参与有关的管理。

2005年，国际古迹遗址理事会(ICOMOS)通过《西安宣言》，将遗产保护对象由“历史地区”进一步扩展至“周边环境”，承认周边环境对古迹遗址重要性和独特性的贡献，为历史区域周边环境保护立下准则。“周边环境”是指紧靠历史建筑、古遗址或历史地区的和延伸的、影响其重要性和独特性或是其重要性和独特性组成部分的周围环境。除了实体和视觉方面含义外，周边环境还包括与自然环境之间的相互作用；过去或现在的社会和精神活动、习俗、传统的认知或活动，以及其他非物质文化遗产形式，创造并形成了环境空间以及当前的、动态的文化、社会和经济背景。

4. 保护与可持续发展结合时期（2011 年至今）

自 2010 年代以来，文化遗产保护领域出现了新的趋势，可持续发展被正式纳入遗产保护进程，注重活态保护与利用遗产，在遗产领域以外发挥遗产对社会和经济的重要作用（表 2–4）。

表 2–4　主要国际宪章或决议（2011 年至今）

倡议主体	主要国际宪章或决议	核心内容	意义
国际古迹遗址理事会	《世界文化遗产影响评估指南》（2011）	规定了开展遗产影响评估的方法论	有效地评估潜在的开发项目对世界文化遗产的突出普遍价值（OUV）可能造成的影响
联合国教科文组织	《关于城市历史景观的建议书》（2011）	提出城市历史景观概念；寻求城市环境与自然环境之间、今世后代的需要与历史遗产之间可持续的平衡关系	为在一个可持续发展的大框架内以全面综合的方式识别、评估、保护和管理城市历史景观打下了基础
联合国教科文组织	《将可持续发展愿景融入世界遗产公约进程的政策》（2015）	保护和管理战略应与可持续发展目标保持一致，且不损害遗产的突出普遍价值；遗产保护和管理战略考虑今世后代的幸福	实现遗产保护可持续发展

自 20 世纪后半叶世界遗产陆续登录以来，不适当的、与环境格格不入的大规模的开发、改造项目以及不适当旅游等对遗产地造成了严重的威胁。为便于充分评估这些潜在的威胁，有必要明确这些负面改变对遗产突出普遍价值造成的影响。最初的遗产影响评估（Heritage Impact Assessment，HIA），是采用环境影响评估（Environmental Impact Assessment，EIA）的程序，但其用于世界文化遗产地评估时，结果并不理想，因为这些评估缺乏与遗产突出普遍价值属性的直接关系，且常常忽略累积性的影响和渐进式的负面改变。

在此背景下，2011 年国际古迹遗址理事会（ICOMOS）编制，并与世界遗产中心合作出版了《世界文化遗产影响评估指南》（以下简称《评估指南》），用于指导有效地评估潜在的开发项目对世界文化遗产的突出普遍价值可能造成的影响。《评估指南》强调促进遗产的可持续发展极其重要，而保护遗产的突出普遍价值要素尤为重要。为有效开展影响评估，需实施世界遗产管理规划，将其纳入国家、区域及地方规划体系，并着力规定如何评估对遗产的改变。

这一时期，可持续发展理念越来越融入遗产保护之中。联合国教科文组织2011年发布《关于城市历史景观的建议书》，明确提出“城市历史景观”的概念：指文化和自然价值及属性在历史上层层积淀而产生的城市区域，其超越了“历史中心”或“整体”的概念，包括更广泛的城市背景及其地理环境。这一定义将遗产保护对象的范围进一步扩大，为在一个可持续发展的大框架内以全面综合的方式识别、评估、保护和管理城市历史景观打下了基础。城市历史景观方法超越了物质性保护的范围，其旨在维持人类环境的质量，在承认其动态性质的同时提高城市空间的生产效用和可持续利用，以及促进社会和功能方面的多样性。该方法将城市遗产保护目标与社会和经济发展目标相结合。其核心在于城市环境与自然环境之间、今世后代的需要与历史遗产之间可持续的平衡关系。

2015年11月，《世界遗产公约》（以下简称公约）缔约国第二十次大会通过了《将可持续发展愿景融入世界遗产公约进程的政策》。该政策的总体目标是通过适当的指导，协助缔约国、从业者、机构、社区和网络利用世界遗产和其他遗产的潜力，为可持续发展作出贡献，从而提高《公约》的有效性和相关性，同时尊重《公约》保护世界遗产突出普遍价值的首要宗旨和任务。纳入可持续发展视角的世界遗产保护和管理战略不仅包括保护突出普遍价值，而且还包括今世后代的幸福。保护和管理战略应与可持续发展目标保持一致，且不损害遗产的突出普遍价值。

2.1.2 国内保护体系的建立

我国历史城市和建筑保护同国际保护理念及措施的演进相互联系，也有着自己的特色，回顾其历程大致可以划分为四个主要阶段：①保护早期阶段（20世纪20—40年代）；②立法保护阶段（20世纪50—70年代）；③多层次保护体系阶段（20世纪80年代—20世纪末）；④与国际保护体系并轨并逐步完善的保护阶段（2003年之后）。

1. 保护早期阶段（20世纪20—40年代）

近现代意义上的建筑遗产保护始于20世纪20年代的考古科学研究。1922年，北京大学设立了考古学研究所，后又设立考古学会，是我国历史上最早的文物保护学术研究机构。1929年，朱启钤[①]等人创办了专门从事中国建筑艺术研究的民间学术机构——中国营造学社，并相继由梁思成、刘敦桢等人主持，运用现代科学方法对中国古建筑进行研究，使对不可移动文物的保护工作迈向科学化、系统化打下坚实的理论和实践基础。

① 朱启钤，曾任中国北洋政府国务总理、工艺美术家和古建筑学家，营造学社创办人。

1930 年，国民政府颁布了中国第一个对有形文化遗产保护的法律——《古物保护法》，明确考古学、历史学、古生物学等方面有价值的古物为保护对象，预示着中国文物保护纳入法制体系。1931 年 7 月，《古物保护法细则》颁布，对文物保护的内容、方法和要求进行了详细的规定。1932 年，第一个国家专门保护和管理文物的权威机构——“中央古物保管委员会”设立，并制定了《中央古物保管委员会组织条例》，开始了国家对文物实施保护与管理的历史。但由于当时局势动荡和战乱，立法形同虚设。

2. 立法保护阶段（20 世纪 50—70 年代）

中华人民共和国成立后，国家针对战争造成的大量文物破坏及文物流失现象，颁布了一系列相关法令、法规，设置中央和地方管理机构，设置考古研究所等。至 20 世纪 60 年代中期，已初步形成了中国文物的保护制度，这个时期的重要特点表现在保护的是单个的古建筑的文物，包括建筑物和历史遗迹，风景名胜点。

1950 年，政务院颁布《古文化遗址及古墓葬之调查发掘暂行办法》《关于保护文物建筑的指示》《禁止珍贵文物图书出口的暂行办法》等法规法令。在中央和地方设置文物保护管理专门机构。1951 年，文化部和国务院办公厅联合颁布《关于名胜古迹管理的职责、权利分担的规定》《关于保护地方文物名胜古迹的管理办法》等法规、法令。1953—1956 年，分别颁布《关于在基本建设工程中关于保护历史及革命文物的指示》及《关于在农业生产建设中保护文物的通知》，加强对遗址和地下文物的保护管理，避免生产建设对文物造成的破坏。

这一时期开展了全国范围的文物调查、登记及博物馆建设工作，包括：1961 年，国务院颁布《文物保护管理暂行条例》，同时颁布了 180 处第一批全国文物保护单位，建立了重点文物保护单位制度。1963 年，国家颁布《文物保护单位保护管理暂行办法》《关于革命纪念建筑、历史纪念建筑、古建筑石窟寺修缮暂行管理办法》等。

3. 多层次保护体系阶段（20 世纪 80 年代—20 世纪末）

1978 年以后，文物保护和城市规划管理工作逐步得到恢复，保护工作由文物保护单位进一步拓展到历史文化名城、历史街区及其他古镇、古村落等历史地段。1980 年，国务院批准并公布《关于强化保护历史文物的通知》等文件。1982 年，我国在 20 世纪 60 年代颁布的《文物保护管理暂行条例》的基础上，正式颁布实施《中华人民共和国文物保护法》。与此同时，国家级、省级历史文化名城申报命名正式启动，国务院公布首批 24 座国家级历史文化名城。1985 年，中国加入《保护世界文化和自然遗产公约》，标志中国申遗工作的启动。1986 年，又公布第二批 38 座国家级历史文化名城，且在国务院文件中规定了保护有价值的历史街区、建筑群、小镇、村落等历史地段，各省份还可以公布本地的省级名城。1989年，国家《城乡规划法》提出保护历史文化遗产、城市传统风貌、地方特色和自然景观。同年，国家《环境保护法》颁布，对自然环境和山水景观保护提出明确要求。

至此，中国历史文化遗产保护的概念由“点”的保护，扩展到“面”的保护，即以文物建筑、建筑群为中心的保护扩展到城市中某个地区或整个城区。

4. 与国际保护体系并轨并逐步完善的保护阶段（2003年之后）

进入21世纪，中国的保护体系逐步同国际理念和保护体系联系越来越密切，主要体现在：法律法规体系逐渐完善；保护观念日趋国际化，并注重本土特色，例如从单纯物质保护向关注保护中自然、社会、人文、生态、技术和经济等综合效应转化；保护内容由城市拓展至乡村，由物质遗产逐步拓展至非物质遗产；地方有关文化遗产保护的法律法规和实施细则作为国家法律法规的延伸与补充；各类文化遗产保护规划、管理与控制体系逐渐完善。

2.2 国内外历史地区城市设计的理论演变

前述建筑和城市遗产保护理念的实施，离不开城市设计。城市设计的主要目标是改进人们生存空间的环境质量和生活质量。公元前5世纪古希腊米利都城的重建规划，被视为西方城市设计理论的起点。之后，中世纪的城镇设计开始注重生活、美学价值，并在文艺复兴之后注重科学性和规范化。18—19世纪工业革命带来快速城镇化，城镇设计的必要性被进一步认知，其被用来解决居住条件日益恶化、工业污染、交通拥堵等一系列的“城市病”。19世纪末到20世纪初，现代城市设计思想萌芽，遵循“物质形体决定论”，城市设计对象主要是客观存在的城市形体环境。第二次世界大战后，因西方大规模的城市更新运动过度依循形体决定论和功能分离原则，造成了古迹遗址破坏等问题，人们开始认识到城市设计也应该尊重人的精神需求，古城保护、历史建筑保护及历史地区特色风貌保护等逐渐受到重视。

1. 视觉秩序

工业革命后，设计师们过分强调使用功能和生硬的规划，对传统的城市风貌造成了极大的打击。对此，奥地利建筑师卡米洛·西特（1843—1903）于1889年出版《城市建设艺术》一书，提出“视觉秩序”理论，这是现代城市设计学科形成的重要基础之一。

西特系统地调查、分析了欧洲古代城市建设的历史遗产及其艺术价值，针对当时城市建设的状况，指出“城镇建设除了技术问题外，还有艺术问题”。他主张将城市设计建立在对城市空间感知严格分析的基础上，并总结出一些现代建设的“视觉艺术”准则与设计规律。

西特认为中世纪城市建设遵循了自由灵活的方式，城镇的和谐主要来自建筑单体之间的相互协调，广场和街道通过空间的有机围合形成整体统一的连续空间。这些原则是欧洲中世纪城市建设的核心与灵魂，具体体现在 5 个方面：①广场与建筑和纪念物之间的整体性、边界的围合性、广场中心的开敞性、尺度的适宜性以及形态的不规则性是古代城市广场设计所遵循的共同原则。②大型建筑物一般退后布置，喷泉一般位于广场的边缘，以保持广场的开敞性。③古代公共广场与建筑物、纪念物之间有着整体性的关联关系。④古代广场通过采用大量巧妙的设计手法减少开口，从而达到边界封闭的艺术效果。⑤古代广场的尺度与周边建筑之间有着内在和谐的比例关系，并且广场与广场之间有着巧妙的组合关系。广场的最小尺寸应等于它周围的主要建筑的高度，而最大尺寸不应超过主要建筑高度的两倍，除非建筑物的形式、目的和设计，要求较大的广场尺寸。中等高度的建筑物如果是多层的，建筑上处理也较厚重，而且可以向宽度发展的话，也可以建造在较大的广场上（图 2-3）。

图 2-3 西特对欧洲广场的空间分析

丰塔纳和西克斯特斯四世教皇所做的罗马更新改造设计和斯福佐所做的米兰城改建设计，巴黎的城市改造及 20 世纪实施完成的堪培拉和巴西利亚的规划设计都运用了视觉秩序分析方法。该方法批判刻板模式的形式主义，倡导城市空间与自然环境相协调的基本原则，揭示了城镇建设的内在艺术的构成规律。

2. 有机秩序

工业革命后西方城市急剧发展，建筑抄袭行为大量涌现，公众对于城镇建设的关注度和审美力大幅度下降。在此背景下，著名美籍芬兰建筑师和教育家伊利尔·沙里宁（1873—1950），总结出所有城镇建设的成功或失败都归因于城镇的结构是否建立在有机秩序的建筑原则之上，他在西特视觉秩序的理论基础上，提出了“有机秩序”理论，强调个体与整体的统一。

在《城市：它的发展、衰败与未来》（*The City: Its Growth, It Decay, Its Future*）一书中，沙里宁总结了对城市建设的三个原则：①表现的原则：即设计要反映城市的本质和内涵。②相互协调的原则：即城市和自然之间，城市建筑群之间，城市各部分之间要相互协调。在城镇中，任何街道、广场、建筑等部分在体量和比例上形成有机的组合。③有机秩序原则：实际上是“宇宙结构的真正原则”，是协调指导一切原则的最基本原则。

沙里宁主张在城镇建设中，应建立有机和协调的空间，反对那些毫不考虑与近旁建筑相协调的建筑。城市历史地区的保护与利用就是追求

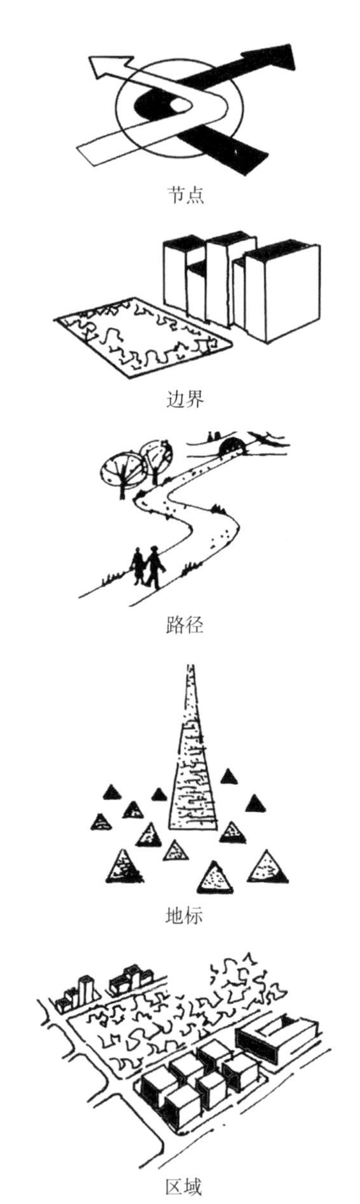

图 2-4 凯文·林奇提出的城市意象五要素

历史文化环境与城市空间的协调统一，形成有机秩序。

3. 城市意象

1960年，凯文·林奇在《城市意象》一书中提出了“城市意象”理论，开辟了城市设计中认知心理学运用的新领域。

认知意象对城市空间环境提出了两个基本要求，即可识别性（Legibility）和意象性（Imaginability）：①可识别性是意象性的保证，但并非所有易识别的环境都可导致意象性。②意象性是一种空间形态评价标准，不但要求城市环境结构脉络清晰、个性突出，而且应为不同层次、不同个性的人所共同接受。

凯文·林奇概括出城市意象五要素：路径、边界、区域、节点、标志五要素（图 2-4），具体内容如下：

（1）路径（Path）：路径是观察者习惯、偶然或是潜在的移动通道，如街道、小巷、运输线，其他要素常常围绕路来布置。设计时要注意它的特性、延续、方向、路线和交叉。

（2）边界（Edge）：边界也是线性要素，常由两个分区的分界线如河岸、铁路、围墙和栅栏所构成。

（3）区域（District）：区域是城市里的一个中等或较大的组成部分，通常观察者有进入的感觉，或者是在肌理、空间、形式、用途、细节、象征、居民、管理和地形等方面有某些共同的能够被识别的特征。

（4）节点（Node）：城市中的战略要点，如道路交叉点、方向变化处；抑或城市结构的转折点、广场，也可大至城市中的一个区域的中心和缩影。它使人有进入和离开的感觉，设计时应注意其主题、特征和所形成的空间力场。

（5）标志（Landmark）：标志是城市中的另一类点状参照物，观察者只是位于其外部，而并未进入其中。通常是明确而肯定的山峦、高大建筑物和构筑物等，有时树木、店招乃至建筑物细部也可视为一种标志。历史的联想和各种含义是突出标志的有力因素，一旦一段历史、一种象征或一种意义加上一个目标之后，它的标志价值就提高了。

上述各类构成要素并不是孤立存在的。区域由节点组成，由边界限定范围，通过道路在其间穿行，并在区域内散布一些标志物，元素之间有规律地相互重叠穿插（图 2-5）。

城市意象理论较适用于小城市或大城市中某一地段的空间结构研究。已经有许多学者将城市意象理论应用于实践，如爱坡雅将此分析手段用于委内瑞拉的圭亚那城（Guayana），帕西尼还将其推广运用于大型公共建筑的室内设计，一些学者还将其运用于博物馆观众观赏流线的空间设计中。该理论还提供了居民参与设计的独特途径，这种从居民环境体验出发的工作方法使城市设计真正体现了“人本主义”的设计原则。

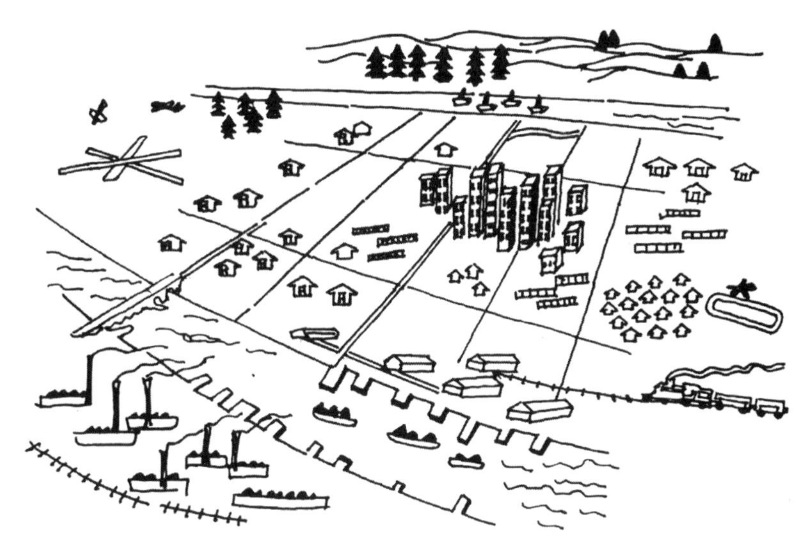

图 2-5　用五要素符号分析城市空间形态

4．场所结构

20 世纪 60 年代，房地产的经济利益和技能探索成为城市和郊区发展的驱动力，大规模的城市更新运动导致了环境不断恶化和种种社会问题。基于此，城市设计对历史文脉、人性需求和场所本质有了一些尝试。

“小组 10”（Team 10）提出的场所结构理论是在设计思想上影响最为深远的思潮之一。这是一种以现代社会生活和人为根本出发点，注重并寻求人与环境有机共存的深层结构的城市设计理论。该理论认为，城市设计思想首先应强调一种以人为核心的人际结合和聚落生态学的必要性。设计必须以人的行动方式为基础，城市形态必须从生活本身结构发展而来。不同于功能派大师注重建筑与环境的关系，“小组 10”关心的是人与环境的关系，公式为“人 + 自然 + 人对自然的观念”。而且，场所结构理论强调城市设计的文化多元论，主张从外向里设计，从外部空间向建筑物内部过渡（图 2-6、图 2-7）。“文脉主义”城市分析方法、“新陈代谢”思想、SAR 设计理论、树形理论等，都体现了场所结构分析逻辑。

此外，诺伯舒兹在《场所精神》一书中对场所进一步诠释，指出场所并不只是抽象的区位，每个场所都独一无二，体现出其周围环境的特性或“气氛”。这种特性包括：①有材料质地、形状、肌理和色彩的有形物体；②无形的文化交融，某种经过人们长期使用而获得的印记。例如，英国巴斯的环形住宅和皇家新月形住宅的弧形墙，不仅仅是空间世纪存在的一个物体，并且反映了其源自环境、融于环境和与环境共存的特殊表现。人们需要一个相对稳定的场所系统来展现自我、建立社会生活的

图 2-6 对城市空间围合度的分析

图 2-7 对城市空间断面的分析

创造文化。这些需要赋予人工空间一种感情内涵，是超物质的一种存在。

总体而言，场所精神是城市历史地区重要的美学特质，场所精神的连续性及其发展是历史地区城市设计的重点。

5. 形态学与类型学

20 世纪初现代主义理念强调功能分离原则，加上第二次世界大战后欧洲城市改造优先发展机动车交通的模式，使得历史城区遭到大面积拆除。对此，欧洲国家从 20 世纪 60 年代末普遍开始反思，1975 年兴起了欧洲城市保护运动。市民纷纷自发组织起来反对拆除历史建筑。社会各界取得了广泛的共识，各地政府纷纷重建历史地段。

在反思功能主义的理论的基础上，意大利建筑家阿尔多·罗西（Aldo Rossi）和卢森堡建筑师克里尔兄弟（Rob Krier & Leon Krier）从城市形态学和建筑类型学角度对历史城市的形态构成要素和空间设计方法进行研究。

罗西提出“类似性”思想，主要包括两个方面：①理性主义的类型学（Typology）：建筑类型来自历史中的建筑形式，从历史典型的建筑形式中抽取出来的必然是某种简化、还原的产物（抽象的产物），它不同于任何一种历史上的建筑形式，但又具有历史因素。这种建立在传统建筑基础上的抽象的几何形体，并没有背离生活的时代，获得的是传统的延续。②“类似性城市”思想（Analogical）。人对城市的总体认识不能仅停留在建筑实体的表层，而应建立在对城市场所中所发生的一系列事件（有现在的，但更多的是历史的）的记忆的基础之上。从结构主义角度来看，人们对城市的认识是基于两方面因素：①空间因素，即现存城市中建筑形态（共时性）；②时间因素，即城市中的建筑类型（历时性）。罗西的“类似性”思想强调的是两者的结合，类比同时考虑了记忆与历史，融合个体与整体，将历时性（历史）转化为共时性来表现。

克里尔兄弟的类型学理论注重阐述城市意义与其形式之间的关系。罗布·克里尔致力于对城市空间的研究，并重视保护历史文化。在 1979 年出版的《城市空间》（*Urban Typology*）一书中，他以类型学的观点将广场和街道的关系归纳为几十种类型，作为城市设计的依据。他认为城市空间总体上可分为城市广场、城市街道及其二者的交汇空间三类，并由它们派生出多种复合的空间形式。里昂·克里尔提出了“城市重建”策略。基于类型学理论，他注重分析城市形态的结构体系，把空间当作城市和建筑整体系统中的构成元素。在分析欧洲城市形态时，他将城市分为了街区、街道和广场 3 种元素，并认为街区是城市在类型学上最重要的元素。他主张恢复传统建筑在形式上的“可命名性（Nameable Object）”，即教堂看上去像教堂，剧院看上去像剧院这种规律性，以此体味细腻的人类情感。他从不把个体的建筑作为孤立的艺术品来设计，充分重视城市的整体性和延续性，将城市作为设计的焦点和目的。同时，他还积极推动欧洲民俗建筑与古典建筑复兴。

6. 城市多样性

20 世纪 50 年代美国开展城市更新计划，以恢复城市中心区活力。但大规模的城市土地开发造成了城市中心区的地价抬高、交通堵塞、环境恶化、城市现存的邻里和社区消失等各种问题。在此背景下，美国学者简·雅各布斯（Jacobs Jane，1916—2006）以调查实证为手段，通过对人的行为的观察和研究，提出“城市空间应和城市生活与城市形态相一致，城市规划应当以增进城市生活为目的”。

简·雅各布斯认为城市多样性是城市生命力、活泼和安全之源。城市需要尽可能错综复杂并且相互支持的功能，来满足人们的生活需求。现代城市规划设计必须认识到城市的多样性与空间的混合利用之间的相互支持。城市街道承载着人的活动，是城市中最富有活力的“器官”，也是最主要的公共场所。因此，街道特别是步行街区和广场构成的开敞空间体系，是评判城市空间和环境的主要基点和规模单元。为恢复街道和街区“多样性”的活力，城市设计必须满足 4 个基本条件：①街区中应混合不同的土地利用性质，并考虑不同时间、不同使用要求的共用；②大部分街道必须较短，街道的数目和拐弯转角的机会必须很多；③街区中必须混有不同年代、不同条件的建筑，老建筑应占有相当比例，城市需要多种多样的旧建筑来培育多样性的首要混合用途，以及第二类用途；④必须有足够密度的人口的集聚。

7. 拼贴城市

柯林・罗（Colin Rowe）和弗瑞德・科特（Fred Koetter）于1978年出版《拼贴城市》，强调利用拼贴的方式把割断的历史重新连接起来。拼贴是指一种根据肌理引入实体或者根据肌理产生实体的方法。城市在本质上是多元与复杂的，一个均质的城市只会变得索然无味，矛盾和冲突才是构成城市的现实基础，因此，城市不应以均质的面貌出现，而应以拼贴的方式出现，以此形成一种片段的统一。这种“拼贴”的城市设计方法，寻求把过去的与未来的统一在现实之中，在城市设计中，强调“不要割断历史”。但因拼贴城市的理论核心是和谐，所以，以“拼贴”的方式设计城市时并非为所欲为，而是会受到整个城市结构的制约。

拼贴城市理论是一种反乌托邦式的城市设计理论，这种折中主义的混合并置与传统城市的层积性与现代主义思想抽象、纯粹的特性相比，更具有城市生活的意味并且对之大有裨益。

8. 城市针灸

20世纪中期功能分离以及私人交通大幅度增长，使得城市内部活力降低，导致了郊区化及城市中心的衰落。各地政府在20世纪70年代开始着手对旧城中心进行再开发，改善公共空间系统。20世纪80年代，西班牙建筑师和城市规划学者曼努埃尔・德・索拉・莫拉雷斯（Manuel de Sola Morales）结合巴塞罗那的城市再生战略提出了“城市针灸”理论。

“城市针灸”理论主张在城市中植入点状的公共空间，通过逐步改变点状空间及其周围元素的外部属性，形成一种促进城市发展的整体激活效应，使城市逐渐实现可持续更新。这是一种“催化剂式的”小尺度介入的城市发展战略。这种小尺度的介入有一些前提：①需要加以限制和利用；②具有在短时间内实现的可能性；③具有扩大影响面和后续跟进的能力。该理念一方面直接作用于城市，另一方面又通过接触反应间接地影响和带动周边。

为恢复城市街区活力，1981—1991年，巴塞罗那政府将“城市针灸”方法应用于公共空间，通过点式切入、小规模改造，在短时间内创造了100多个小型广场，改善了城市的空间环境品质，成为享誉全球的“巴塞罗那经验”。大拆大建的更新改造方式易于破坏城市的原有肌理和历史文脉，这种小规模的点式切入的更新改造方法，通过重要节点的更新带动周边地区活力与发展，更具有灵活性和高效性，并有助于历史文脉的保护与延续。

9. 有机更新

基于对中西方城市发展历史和理论的认识基础，以及北京旧城规划建设进行长期研究，吴良镛[①]先生提出“有机更新”理论。1979—1980年什刹海规划研究中，吴良镛先生明确提出了“有机更新”的思路，主张对原有居住建筑的处理根据房屋现状区别对待，即：①质量较好、具有文物价值的予以保留；房屋部分完好者加以修缮；已破坏者拆除更新。上述各类比例根据对本地区进行调查的实际结果确定；②居住区内的道路保留胡同式街坊体系；③新建住宅将单元式住宅和四合院住宅形式相结合，探索“新四合院”体系。

1994年，吴良镛先生在《北京旧城与菊儿胡同》一书中正式提出“有机更新”理论。有机更新是指采用适当规模、合适尺度，依据改造的内容与要求，妥善处理目前与将来的关系——不断提高规划设计质量，使每一片的发展达到相对的完整性，这样集无数相对完整性之和，即能促进北京旧城的整体环境得到改善，达到有机更新的目的。“更新”的含义主要包含3个方面：①改造、改建或再开发（Redevelopment），指出比较完整地剔除现有环境中的某些方面，目的是开拓空间，增加新的内容以提高环境质量。在市场经济条件下，对旧城物质环境的改造实际上是一种房地产开发行为。②整治（Rehabilitation），指对现有环境进行合理的调节利用，一般只作局部的调整或小的改动；③保护（Conservation）：则指保持现有的格局和形式并加以维护，一般不许进行改动。

有机更新主要包括两个方面：①“实体环境的有机更新”：将地区化整为零，一片片的整治，以新代旧，避免大拆大建，寻找一种投资少，受益较快的方式，并且有利于古城风貌的保护。②“经济社会结构的有机更新”：城市中的实体结构受到经济、社会、政治等种种因素的影响，城市地区的更新，有助于改善社会环境，提高文化水平，改善经济状况，增进都市文明。

在菊儿胡同改造实践中，“有机更新”理论提出了保护、整治与改造相结合，采用“合院体系”组织建筑群设计，小规模、分片、分阶段、滚动开发等一系列具体的城市设计原则和方法（图2-8）。此后，“有机更新”理论在北京、苏州、济南等历史文化名城得到了不同程度的进一步应用。

10.“整体性、原真性、可读性、永续性”四原则

自20世纪80年代以来，同济大学阮仪三教授[②]一直致力于城市遗产的保护，在保护和修缮古城、古镇和历史建筑的过程中，提出了历史文

① 吴良镛，清华大学教授、中国科学院和中国工程院两院院士、中国建筑学家、城乡规划学家和教育家、人居环境科学的创建者等。

② 阮仪三，同济大学建筑与城市规划学院教授、博士生导师、国家历史文化名城研究中心主任、全国历史文化名城保护专家委员会委员等。

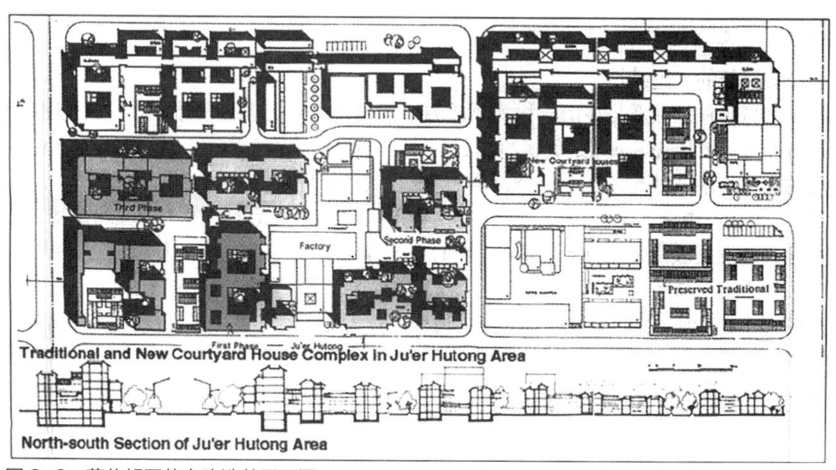

图 2-8 菊儿胡同住宅改造总平面图

化保护的四个原则“整体性、原真性、可读性、永续性”，具体内容是指：①整体性：一个历史文化遗存是连同其环境一同存在的，不仅要保护其本身，还要保护周围的环境，特别对于城市、街区、地段、景区、景点，要保护其整体的环境。②原真性：要保护历史文化遗存原先的本来的真实的历史原物，要保护它所遗存的全部历史信息，整治要坚持“整旧如故，以存其真”的原则，维修是使其“延年益寿”而不是“返老还童”。③可读性：是历史遗物就会留下历史的印痕，我们可以直接读取它的“历史年轮”，可读性就是在历史遗存上应该读得出它的历史，就是要承认不同时期留下的痕迹，不要按现代人的想法去抹杀它，大片拆迁和大片重建就是不符合可读性的原则。④永续性：保护历史遗存是长期的事业，不是今天保了明天不保，一旦认识到，被确定了就应该一直保下去，不能急于求成，我们这一代不行下一代再做，要求一朝一夕恢复几百年的原貌必然是做表面文章。

在城市设计领域，比单幢历史建筑更为重要的是整个地区的原有城市结构及其道路格局和空间之间的关系。对“场所精神”的保护也是城市设计中的重要内容，在进行物质环境开发的同时必须对根植在当地的社会文化属性加以认真考虑。同济大学张松[①]教授等指出历史城市的规划设计课题，包含对历史上留存下来的环境空间如何继承与发展，还需要加上市民生活，即社会网络的设计，这是整体性保护（Integrated Conservation）理念的核心所在。在历史保护过程中，要建立地方居民的主体性。这就需要让公众参与到与之生活息息相关的保护政策和保护规

① 张松，同济大学城市规划系教授、博士生导师、中国城市规划学会历史文化名城学术委员会委员、上海市建筑学会历史保护委员会委员、都市文化研究所顾问等。

划的制定和决策过程中，这是一种制度性的社会活动。整体性保护包含在空间上要求是适宜居住的，对时间要求是可持续发展的，对人的要求是参与性的。

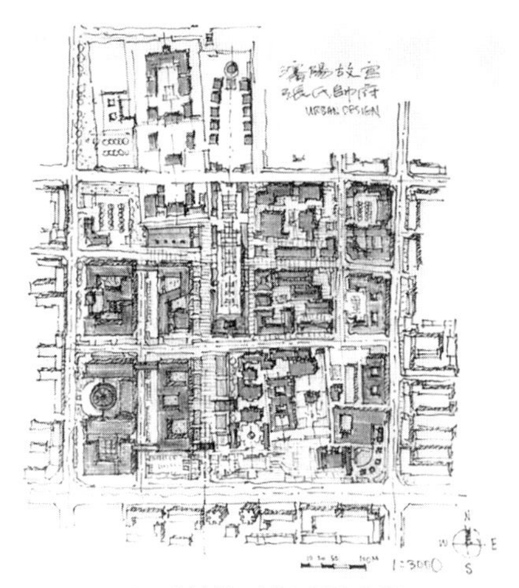

图 2–9　沈阳方城地区城市设计方案

11. 适应性再利用

历史遗产是构成历史文化名城、名镇和历史街区的主要物质载体。基于历史遗产保育的场所性维系和活力再造是城市设计的基本命题。王建国[①]院士指出“基于广义历史遗产保护要求的城市设计”是当前中国城市设计实践的趋势之一。当前，全国重点文物保护单位数量的大幅度增加带来了建筑及其城市环境类型的多样化，对这些不同类型的和不同状态的历史遗产都不能简单地采用一刀切的凝练式保护对策，而必须考虑适应性利用的可能，尤其是量大面广的城市民居类历史街区以及采用了近代结构形式的近现代建筑遗产。

广义的历史遗产继承保护，除了在物质空间形态上，还有很多人的活动的重要性，除了三维形态之后人的活动和功能的组织，特别是公共活动，都应该在城市中有各自的舞台。例如，王建国院士完成的沈阳故宫和张氏帅府地区的保护性城市设计，通过一个地上和地下结合的步行空间综合系统把两个部分整合起来（图 2–9）。针对局部历史地段的更新改造，需妥善处理新旧建筑并存的关系，包括协调和对比等方法。

针对历史地段的城市设计，总体趋势是在保护旧城原有结构的前提下，嵌插一些小型的改造的建筑。但城市更新改造前，需要准备好以下工作基础：①城市现状调查，重新评价旧城的综合价值构成，有条件的应把重要街区乃至单体建筑编制成现状图，并将其建造年代、房屋产权、使用条件、立面、保留价值、毗邻建筑环境现状及建议分别建立档案，编制评价记录。②与社会工作者合作，对该城市的历史演化、文化传统、居民心理、行为特征及价值取向做出分析。

12. 社会可持续性

20 世纪末以来，城市更新越来越综合化，将刺激经济活动和环境改善的目标同社会和文化因素联系起来，社会可持续性受到越来越多的关注。社会可持续性涉及个人、社区和社群是如何相互生活，并着手实现他们为自己所选择的发展模式的目标，同时考虑到他们所处地区的物理边界及整个地区。就实施而言，社会可持续性包括从能力建设和技能发展到环境和空间不平等的个人和社群的社会领域。社会可持续性将传统的社会政策领域和原则，如公平性和健康，与逐渐出现的关于参与、需

---

① 王建国，东南大学教授、中国工程院院士、博士生导师、教育部高等学校建筑类专业教学指导委员会主任、中国建筑学会副理事长、中国城市规划学会副理事长、住房和城乡建设部城市设计专家委员会副主任等。

求、社会资本、经济、环境等问题，以及近年来出现的幸福、福利和生活质量的概念相结合。

在当前历史地区的更新实践中，社会可持续性主要体现在以下10个方面：①人口变化（老龄化、移民和流动性）；②教育和技能；③就业；④健康和安全；⑤住房和环境卫生；⑥认同、地方感和文化；⑦参与、授权和获取；⑧社会资本；⑨社会融合和凝聚力；⑩福利，幸福感和生活质量。总体而言，社会可持续性理念的发展，表明在历史地区城市设计过程中，除了关注空间改变外，亦需要注重居民的生活质量，满意度和认同感。

2.3 当前理论发展趋势

建筑和城市遗产的保护，除了关注遗产的物质结构，基于价值的遗产管理正受到越来越多的关注。近年来，专家学者对“美学、历史、科学、社会或精神价值”的遗产价值分类进行了批判性思考，认识到遗产价值因周边环境的变化而改变，过去确定的遗产价值类型并不能充分阐述当前的遗产价值，遗产价值处于动态发展中，是多元的、复杂的，因此需要采用整体性认知。

在当前社会经济快速发展的背景下，城市的大规模开发建设对遗产价值不断造成威胁。为减少开发项目对于遗产保护的负面影响，促进社会可持续性，遗产影响评估（Heritage Impact Assessment，HIA）作为一种遗产保护管理工具被尝试性应用并得到发展。遗产影响评估源自环境影响评估（Environmental Impact Assessment），是从缓解负面影响和促进有益结果的角度，对一项当前正在实施中或未来拟实施的开发政策或行动对遗产地的文化生活、社群习俗和资源所可能产生的影响，首先进行认定、预测、评价和表达，其次把发现的事实和结论纳入规划与决策程序的过程。

当前，遗产影响评估已经在多个国家应用。例如，德国的科隆大教堂于1996年被列入《世界遗产名录》，但受到科隆市新城市开发项目的威胁。2005年，亚琛工业大学完成了视觉影响评估报告，阐述了新总体规划中规划的高层建筑将对科隆大教堂及其周边环境的视觉完整性产生严重的负面影响。修改后的概念设计方案，充分尊重大教堂突出普遍价值，并扩大了遗产地缓冲区范围。在澳大利亚，遗产影响声明方法与遗产管理和环境规划管理系统紧密结合。以新南威尔士州遗产影响声明为例，其具体内容包括：①为何遗产具有遗产重要性；②开发计划会对遗产重要性产生何种影响；③开发计划采用了何种消除负面影响的手段；④为什么其他更具人性化的解决办法是不可行的。在英格兰，所有开发需要提交遗产的重要性和场所环境对重要性贡献的研究以及开发影响大小的评价，提出缓解措施，使历史环境的重要性得以延续。其遗产影响评估主要包括：①识别出受到影响的遗产及其场所环境；②评估场所环境对遗产重要性的贡献、方式和程度；③评估拟开发项目对重要性的影响；④探寻最大限度增强遗产重要性，避免或最小化损害的途径；⑤作出决策并形成文件，检测成果。

遗产影响评估的发展反映出专家学者对于保护与发展的概念进行了新的思考，保护并不是阻止变化，而是帮助管理无法避免的变化过程，保护成为促进发展的积极因素。

此外，另一重要的发展趋势是在新数据环境下，利用信息技术分析、监测历史地区保护与发展。随着信息时代的到来，数字化城市设计为历史地区的保护与发展提供了新的机遇，如：历史资源包络分析技术，通过将历史文保单位通过包络线进行联系，分析资源点之间的关联度，从而将城市空间划分为不同层级的关联片区，以科学理性分析历史资源评价。此外，还可对历史地段进行数字化的分级监测，建构针对历史文化要素的动态监测体系，以提高历史地区监测的管控质量，改善传统监测难以全覆盖、监测实施阻碍多难度大的问题。

小结

综上可知，历史地区保护经历了片段至整体，物质至非物质，人工至自然，人至社会的发展过程。尤其是 21 世纪之后，随着国家相关理论研究、保护观念和技术条件的发展，保护体系和法律法规体系逐步完善。特别是国际组织通过的一系列的宪章和决议，使世界范围内的保护工作逐渐走向成熟。

在历史地区城市设计理论方面，研究对象经历了由“物质空间形体”向“基于居民感受的环境设计、场所意义和活力、人文历史价值、可持续性发展”等方面的延伸，尤其是居民的生活质量越来越受到重视；设计方法经历了由“自上而下”的形态决定论思想到与“自下而上”的渐进主义思想结合的转变，新数据环境的发展在技术方法上提供了新的可能性。

思考题

1. 你认为哪些城市设计理论深刻影响了城市的发展？
2. 国外历史地区的城市设计理论与中国历史地区的城市设计理论相比存在怎样的不同？
3. 当前的历史地区正在受到哪些城市设计理论的影响？

延伸阅读推荐

[1] 巴哈拉克·塞耶达什拉菲，徐知兰．遗产影响评估在世界遗产地保护中的实际作用：科隆大教堂和维也纳城市历史中心 [J]．世界建筑，2019（11）：56–61+138.

[2] Colantonio A, Dixon T. Measuring Socially Sustainable Urban Regeneration in Europe[M]. Oxford: Oxford University Press, 2009.
[3] 方可. 当代北京旧城更新 [M]. 北京：中国建筑工业出版社，2000.
[4] 冯艳，叶建伟. 英格兰遗产影响评估的经验 [J]. 国际城市规划，2017，32（6）：54–60.
[5] Fredheim L. H, Khalaf M. The Significance of Values: Heritage Value Typologies Re-examined[J]. International Journal of Heritage Studies, 2016: 1–17.
[6] Duval M, Smith B, Horle S, Bovet L, Khumalo N, Bhengu L. Towards a Holistic Approach to Heritage Values: A Multidisciplinary and Cosmopolitan Approach [J]. International Journal of Heritage Studies, 2019, 25 (12): 1279–1301.

参考文献

[1]（美）柯林·罗，弗瑞德·科特. 拼贴城市 [M]. 童明，译. 北京：中国建筑工业出版社，2003.
[2]（奥）卡米诺·西特. 城市建设艺术：遵循艺术原则进行城市建设 [M]. 仲德崑，译. 齐康，校. 南京：东南大学出版社，1990.
[3]（美）凯文·林奇. 城市意象 [M]. 方益萍，何晓军，译. 北京：华夏出版社，2001.
[4]（美）罗杰·特兰西克. 寻找失落空间：城市设计的理论 [M]. 朱子瑜，等，译. 北京：中国建筑工业出版社，2008.
[5]（挪）诺伯舒兹. 场所精神：迈向建筑现象学 [M]. 施植明，译. 武汉：华中科技大学出版社，2010.
[6] 阮仪三. 阮仪三文集 [M]. 武汉：华中科技大学出版社，2011.
[7] 王建国. 现代城市设计理论和方法 [M]. 南京：东南大学出版社，2001.
[8] 王建国. 城市设计 [M]. 北京：中国建筑工业出版社，2009.
[9] 王建国. 21 世纪初中国城市设计发展再探 [J]. 城市规划学刊，2012,（1）：1–8.
[10] 王景慧. 历史文化名城保护理论与规划 [M]. 上海：同济大学出版社，1999.
[11] 汪丽君. 建筑类型学（第三版）[M]. 北京：中国建筑工业出版社，2019.
[12] 晓亚，顾启源. 评介《城市：它的发展、衰败与未来》[J]. 城市规划，1986（3）：64–64.
[13] 叶建伟，周俭，冯艳. 澳大利亚遗产影响声明（SOHS）方法体系——以新南威尔士州为例 [J]. 城市发展研究，2016，23（2）：13–18.
[14] 杨俊宴. 全数字化城市设计的理论范式探索 [J]. 国际城市规划，2018，33（1）：7–21.
[15]（中）易鑫，（德）哈罗德·博登沙茨，（德）迪特·福里克，（德）阿廖沙·霍夫曼，等. 欧洲的城市设计——面向未来的策略与实践 [M]. 北京：中国建筑工业出版社，2017.

第3章 历史地区城市设计的基本要素和设计方法

内容提要：在进行历史地区城市设计的系统性体系设计之前，应首先根据历史地区的基本特征梳理和分析历史地区城市设计基本要素的构成，并在设计中充分把握基本要素的设计内容和方法。本章内容共分四节，包括：基本要素的构成、空间格局要素、建成环境要素、地区文脉要素。通过本章内容的学习，明确历史地区城市设计基本要素的构成、内涵和特征，掌握和了解这些基本要素的设计原则、思路和方法等，为本教材下一章设计体系的学习奠定基础。

本章建议学时：5学时

在历史地区的城市设计中，首先要根据历史地区的基本特征梳理和分析历史地区城市设计基本要素的构成，并在设计中充分把握基本要素的设计内容和方法，恰当处理历史文化遗产保护与城市发展之间的关系，使历史地区成为现代城市发展中的重要组成部分。

3.1 基本要素的构成

“每一历史地区及其周围环境应从整体上视为一个相互联系的统一体，其协调及特性取决于它的各组成部分的联合。这些组成部分包括人类活动、建筑物、空间结构及周围环境。”[①]因此，历史地区城市设计的基本要素的提取则离不开其特定的环境和内容。

一般而言，历史地区城市设计包括保护和更新两方面的内容。一方面，对于历史遗留下来的空间形态、建筑物及其环境等各类物质要素和人类的社会活动及场所精神等非物质要素应得到合理的保护和传承。另一方面，在“历史环境”得到有效保护的基础上，还要使其满足现代城市功能和城市社会网络运行的需要。

3.1.1 基本要素构成的基础

构成历史地区城市设计基本要素的基础主要取决于其特有的价值判断，包括：历史价值、文化价值、社会价值、经济价值以及美学价值等。

1. 历史价值

历史地区最核心的价值体现在历史上，悠久的历史与岁月的变迁赋予历史地区与其他地区最为本质的区别。一方面，历史地区必须具有相当比例的真实的历史遗存，携带真实的历史信息。历史地区作为形成其过去的生动见证，能够比较完整、真实地反映一定历史时期社会文化特

① 《关于历史地区的保护及其当代作用的建议》（内罗毕建议），1976 年联合国教育、科学及文化组织大会第十九届会议。

征、美学技术特征、传统格局风貌特征或民族、地方特色。另一方面，历史地区同文字、音乐、绘画、雕塑等其他类型历史遗产一同作为历史证据和文化记忆，成为当代人理解历史与当下所生活时代的基础。

2. 文化价值

历史与文化是伴生关系，有历史的地区同样是文化、宗教、体制、社会思想观念等的载体，并赋予这些地区特殊的文化意义。对人们建立文化认同感，延续与某个特定场所或集体、个人有关的记忆具有重要意义，并且起到抵御不断增强的全球文化同质化倾向的作用。

3. 社会价值

历史地区是各地人类日常环境的组成部分，提供了与社会多样化相对应所需的生活背景的多样化。作为一定社会经济背景下，居民生产和生活方式的体现，历史地区反映了一定历史时期的社会结构、经济结构、家庭结构、价值观念、邻里关系、风俗习惯等。面对当今世界各城市快速发展变化带来的冲击，历史地区呈现的相对稳定的状态和结构，帮助人们唤回地方历史记忆，满足人们对环境的归属感和认同感的心理需求。

4. 经济价值

历史地区的经济价值具有显性和隐性两方面的特征。从显性经济价值视角而言，由于历史地区一般位于城市核心地段，往往也是城市最具活力的地区，因此优越的地理位置所体现的经济价值最容易被开发和利用，这也是导致历史地区破坏的原因。从隐形经济价值视角而言，是该地区历史赋予文化内涵中所延展出的经济价值。如历史地区综合价值的挖掘与延伸、历史建筑的再利用，历史环境的活化等。由于隐形价值需要不断地探索与发现，因此也是最容易被忽略而使历史地区被边缘化或遭到损毁。

5. 美学价值

历史地区存在的本质是因为它们的古老而产生出珍稀性价值和独特的历史美感。历史地区能够展示某一历史时期的艺术形式和美学特征，代表这一时期的建筑技艺和艺术成就。历史地区通过整体风貌体现出美学和视觉上的连续性，同时，又以它们的多样性在现代城市环境中形成一种美学的对比。许多城市、街区等都是由一系列不同时期、不同形式与风格的建筑所组成的。这种多样性与现代主义建筑带来的城市建设的趋同性形成了一种强烈的对比，能够有效地缓解现代城市的特色危机。

3.1.2 基本要素的体系构成

历史地区的城市设计既要通过整体层面的思考把控全局，统筹历史地区及其与周边区域环境的空间形态、格局、风貌等方面的关系，维护和体现历史地区的历史、文化、社会、经济、美学等价值；也要通过对基本要素的具体组织与设计使原有的街道、建筑、广场、公园等建成环境的形态、风格、尺度、空间的特征与精髓很好地传承与发展；还要通过既有社会环境与人文环境的保护，展现和延续历史地区特有的场所精神。因此，历史地区基本要素的构成主要包括空间格局、建成环境和地区文脉三个层面，三者相辅相成，共同构成历史地区环境的有机整体。具体要素构成如图 3-1 所示。

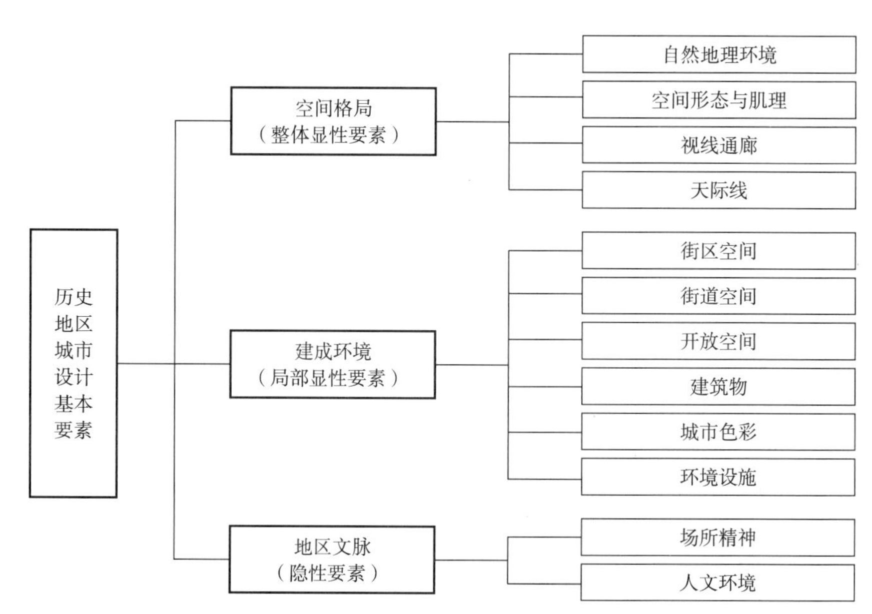

图 3-1 历史地区城市设计基本要素的构成

按照显性要素和隐性要素划分，历史地区城市设计基本要素的构成又可分为具有物质形态的能见的显性要素，包括自然地理环境、空间形态与肌理、视廊、天际线、城市色彩、街道及其他开放空间、建筑形态与风格等，以及非物质形态的不可见的隐性要素，包括场所精神、邻里关系、社会生活生产方式、风俗习惯和文化艺术氛围等人文环境及其文化内涵，统称为地区文脉。

3.1.3 基本要素的构成与特征

1. 空间格局要素

历史地区的空间格局（Space Pattern）可以理解为一个视觉综合体，空间格局要素主要指可见的历史地区整体空间形态及其自然地理环境。从连接理论出发，通过视廊将自然景观、建筑组群和空间场所等有形要素连接在一起，形成历史地区的空间秩序和结构。从三维空间形态上反映为有形要素的空间布置方式，即空间形态。从二维方式上表达为空间和实体之间存在的规律和图底关系，即空间肌理。在整体垂直空间上表达为城市或历史地段的天际轮廓线。人们在历史地区的许多场所通过工作、休闲、旅游等各种日常活动均可以感知到空间格局的形象表达。

空间格局是我们理解历史地区整体空间意象的最重要途径。首先，空间格局塑造了历史地区的整体特征与印象，如果空间格局遭到削弱、破坏或改变，历史地区会面目全非。其次，空间格局对于居民心理而言也有重要的意义，它使人们获得场所感，令人愉悦的、有变化的空间格局可以让人的感知与个性得到拓展和延伸，并且提供生活环境的舒适感。

依据空间格局的基本特征，其要素构成包括自然地理环境、空间形态与肌理、空间视线、视廊以及天际轮廓线等。

2. 建成环境要素

建成环境（Built Environment）是指已经形成人类生产和生活的环境，是与人类生活最密切、能够直接感知的物质环境，也是城市历史文脉的直接承载者，是历史地区城市设计最基本、也是最重要的视线可见物质要素。建成环境也是城乡的建成区，既包括历史地区，也包括其他地区。

根据建成环境物质要素的空间和形态特点，建成环境要素包括街区空间、街道空间、建筑物、开放空间、城市色彩、环境设施等。其中重要要素的含义如下：

街区空间主要指有相对清晰的边界（道路、河湖、山体等），由一组或若干建筑组群围合而成的空间。街区空间是与人类生活最为密切的空间，也是视线可达并身心感受最深的物质要素。街区空间的特征与形态与其地理环境、历史文化、功能构成等有着直接的关系。在现代城市发展中，城市变化最大的往往也是街区空间，如建筑体量和尺度不断加大、建筑不断增高，人与空间的关系也变得松散等。因此，在历史地区城市设计中，对既有街区空间的梳理、分析、传承和营造是重要内容之一。

街道空间主要指由满足各类交通需求的线性骨架系统和两侧建筑等物质要素围合而成的空间。街道空间也是人们生活与感知城市文脉的重要空间，街道形式、尺度，两侧建筑的空间体量和街道界面关系等都是城市设计重点考虑的线性要素。历史地区中，街道往往是能够延续最为长久的历史要素，周边建筑和风貌或许早已面目皆非，但街道的形式经过千百年的变迁能够很好地保留下来。如苏州古城是我国保留最为完整的江南古城之一，在宋代碑刻《平江图》中可以看出，古城虽经过上千年的演变，但记载的城池、河道、路网乃至路名迄今未变。

建筑物要素是历史文脉辨识度最高的物质要素，无论形式、风格、体量、尺度等都体现着不同时期和时代的印记。由于多种复杂因素影响，建筑物也是最容易损毁或消失的物质元素，因此，延长历史建筑的寿命，传承建筑文脉也是城市设计的重要使命。

3. 地区文脉要素

地区文脉（Regional Context），与显性的空间格局相对应，多体现在不可见的、非物质空间的部分，包含了历史地区发展中隐含的社会背景、文化发展脉络、城市发展特征、城市规划机制等。

国内学者对地区文脉的概念定义为：在历史的发展过程中及特定条件下，人、自然环境、建成环境以及相应的社会文化背景之间一种动态的、内在的本质联系的总和。地区文脉会通过空间格局表现出来。例如，在不同自然空间格局下，形成具有山城特色的岭南文化、巴蜀文化；具有平原特色的中原文化、齐鲁文化；具有水乡特色的江南文化等。

在整体的空间语境下，地区文脉体现为人文环境，即社会环境和文化环境的统一，反映了居民的社会与生活活动，以及民间工艺、风俗节庆、民俗文化、宗教习俗等非物质文化遗产等方面，表达了一定历史时期的生活生产方式、社会组织形式、价值取向、思想观念和宗教信仰等的特征。在具体的空间语境下，地区文脉体现为空间的场所精神，既包括人对场所的认同感和归属感，也包括人处在一定空间中所引发的相应的空间感受和做出的行为反应（表 3–1）。

表 3–1 历史地区城市设计基本要素的内涵与特征

要素类别	要素名称	要素的内涵	要素的特征
空间格局	自然地理环境	• 地形地貌： – 宏观环境：江河湖海、山脉、平原等 – 微观地貌：山丘、坡地、溪流、池塘等 • 其他自然环境：气候、水文、地质、土壤、动植物等。其中对历史地区影响最大的是气候条件	• 原始地形地貌是历史地区存在的基础 • 自然环境赋予历史地区最显著的风貌特征
	空间形态与肌理	• 形成机制： – 自然环境条件约束 – 表达政治、文化、军事、宗教意图 • 形态特征： – 融合型 – 分离型	• 与山水环境紧密融合的形态和肌理特征是受自然条件约束形成的最具代表性的历史地区空间形态 • 与自然环境呈分离状态的空间形态，多存在于平原和气候条件稳定适宜的地区，受政治、文化、军事、宗教等社会人文因素主导形成
	视线通廊	• 视景： – 点状视景 – 线状视景 – 面状视景 • 视点： – 全景视点 – 远景视点 – 框景视点 • 视线视域： – 道路、水面或其他开敞空间 – 地势高差 – 建筑高度控制区	• 视线通廊是标志性历史景观之间保持通视的前提条件，也是体验名城风貌的重要景观通道 • 历史地区具有传统的最佳视点和视景；在历史视廊视域范围内，历史建筑（群）与其周边环境要素，包括自然山水、其他建筑、场地环境等前景、背景要素均呈现协调一致的最佳状态

续表

要素类别	要素名称	要素的内涵	要素的特征
空间格局	天际线	• 城市建设要素： - 以建（构）筑物群的建筑高度为主导因素，结合建筑体量、形体组合、标志性建筑物的关系构成建筑天际轮廓线 - 以标志性历史建筑作为轮廓线视觉控制点 • 自然要素： - 包括地形地势、山体、水体、植被以及其他环境要素的直接影响 - 作为天际线的前景、背景出现，或起到分隔天际线层次作用	• 历史建筑取代高层建筑成为天际线的制高点和视觉控制中心；以其相互之间联系的空间张力的框架，支配整个历史地区的视觉形象 • 山体一般作为天际线背景，建筑群轮廓线呼应山体轮廓线，或作为山体轮廓线的补充，共同构成整体天际线 • 常以绿化或水体等自然要素，对建筑群轮廓线起到分隔、遮挡、衬托及借景等作用，形成众星捧月的烘托效果
建成环境	街区空间	• 街区肌理 • 街区节点： - 入口节点 - 放大节点 - 中心节点 - 宅前节点 • 建筑空间组织形式	• 对街区空间密度的控制是维护街区传统风貌，延续街区传统肌理的重要手段 • 通过对建筑空间形态组织的控制引导，对传统节点空间的保留和重塑，实现街区肌理的保护和延续 • 保持街区功能的多样性，鼓励功能混合发展，同时，对街区原有的居住功能的保留不容忽视
	街道空间	• 街道的尺度 • 街道的界面 - 底界面空间 - 顶界面空间 • 街道的底景 - 直线型街道的视线底景 - 曲线或折线型街道底景	• 传统街道既是具有序列性的线性空间，也是具有领域性的生活、交往场所；既有外向型交通或商业街道，也有内向型生活巷道 • 街道尺度的动态变化带来了亲切宜人的空间感受 • 连续性、节奏和韵律是历史街道界面的主要特征 • 街道的底景可以使空间更为动人
	开放空间	• 类型： - 街道（其中包括步行街、林荫道）、广场、绿地公园等室外空间；以及拱廊步行街、建筑中庭等半室外空间 • 功能属性： - 具有纪念性或仪式感的开放空间序列 - 作为历史建筑群的周边环境净化区域 - 作为历史建筑群的引导区域	• 本身包含着对历史性和文化性内涵的传承要求 • 是承载各类历史传统公共活动职能的物质载体 • 作为体现标志性和场所感的空间，是获取对历史地区认知与体验的主要区域
	建筑物	• 尺度与体量： - 是构成建筑组群肌理的重要指标 - 以尺度模数或尺度因素的粗细程度表达建筑组群肌理 • 比例与节奏： - 立面的构成比例、形式规律 - 建筑整体之间、建筑与构件之间的比例关系 - 建筑垂直方向的构成关系、水平方向节奏韵律 • 材料与质感： - 传统材料、本地材料的使用 - 材料自身及历经岁月沉淀后形成的质感 • 立面与细部： - 建筑立面的虚实关系、比例分割、材质色彩、屋顶形态等 - 细部元素包括：入口、窗、檐口、屋顶、玻璃、装饰带、饰板、柱、栏杆、楼梯、围墙等	• 人性化的尺度 • 应用传统的地块划分规模和建筑尺度模数 • 地域化材料的使用 • 传统的建筑技艺

续表

要素类别	要素名称	要素的内涵	要素的特征
建成环境	城市色彩	• 构成元素： - 环境色彩：包括自然环境色彩、景观绿化色彩、地面铺装色彩以及广告、设施等其他附加物色彩 - 建筑本体色彩：包括建筑基本色调、衬托和点缀色调	• 历史地区色彩和谐的原则与规律表现为： - 色彩的主从性 - 色彩的联系性 - 色彩的对比性
	环境设施	• 包括公共设施、艺术小品、铺设材料、采光照明、街道家具和标识系统等	• 既具有功能服务作用，又是历史地区历史文化和风貌的重要载体
地区文脉	场所精神	• 场所精神的体验 • 人与场所的联系 - 人们对场所的使用、参与、互动	• 场所不仅仅承载活动，更重要的是赋予人们心理的暗示与引导 • 场所给予参与者归属感、认同感、领域感、安全感等诸多感受
	人文环境	• 社会环境 - 社会网络结构 - 生活居住模式 - 邻里交往活动 • 文化环境 - 地域文化意识 - 非物质文化遗产	• 社会环境反映了人对于空间的适应方式；社会交往活动是营造历史地区活力的关键，与物质空间直接产生关系 • 文化环境是隐性内容，通过物质空间环境以及社会环境反映出来

3.2 空间格局要素

3.2.1 自然地理环境

自然地理环境即历史地区的地形地貌特征和其所处的自然环境。地形地貌既包括宏观环境如江河湖海、平原、山脉等，也涵盖微观地貌，如山丘、坡地、溪流、池塘等。其他自然环境包括气候、水文、地质、土壤，以及动植物等生态要素，其中对历史地区影响最大的是气候条件。自然地理环境要素的组合方式，决定了不同历史地区建成与生长的方式，孕育了各自独特的气质。对自然地理环境的处理手法直接影响历史地区的风貌特征。

1. 历史地区自然地理环境的构成和特征

1）原始地形地貌是历史地区存在的基础

在历史上，人们比我们现在更加巧妙地利用自然地势来建设城镇，为宫殿庙宇、陵寝墓葬、园林苑囿、亭台楼阁等各类重要建筑物和建筑群组选址定位，最终形成的空间格局是人与大地对话结果的反映。

在国外具有代表性的是中世纪时期的欧洲城市。出于防御的需要，中世纪城市一般建设在山坡上，充分结合顺应自然地形，形成了在视觉和空间感上连续性良好的建筑群组，以及蜿蜒曲折又富于宽窄变化的街道空间，为人们创造出无比生动、富有趣味性的视觉景观和心理体验（图 3–2）。

我国古代城市选址理论基础悠久深厚，如风水堪舆学中“形法”主要作为择址选形之用，讲求人与整个自然宇宙系统之间的和谐关系。在重要城市选址中遵循“平原广阔”“水陆交通便利”“地形有利，水源丰富”“地形高低适中”和“气候温和，物产丰盈”的原则。

2）自然环境赋予历史地区最显著的风貌特征

自然要素映射到城市空间意象之中，相互渗透、紧密结合。由于人的活动和影响，历史地区的自然要素已由纯自然景观演变为城市文化景观（Cultural Landscape）。自然山水的特征往往成为历史城市或历史街区最突出的个性特点。

例如从历史上来看，苏州古城（平江府）城内河道纵横是城市的重要组成部分之一，河路结合构成相辅相成的双棋盘式城市格局，河、路与居住单位的结合，表现了水乡城市独特的城市规划和建筑，形成了“家家户户泊舟航”，“小桥流水人家”的江南水乡城市的风貌特色。而像大理古城，西靠苍山，东濒洱海，湖泊山岳赋予了古城“外雄内秀”的风貌特点。

图 3–2　捷克克鲁姆洛夫的街道

2. 历史地区自然空间格局的保护性设计方法

1）解读场地的自然空间格局特征，发扬环境与生态格局的原有特点

采取文献资料调研和实地调研相结合的方法，将基地放在更广的环境背景下进行研究。了解历史地区自然环境演进过程、自然要素印记、绿化植被的生长状况等。另一方面，提炼场地自身及周边自然环境的最突出特点，在合理利用各种资源的基础上，进一步发挥并突出场地原有特征，并以此贯穿城市设计过程之中。

2）对主要自然要素周边区域的保护与利用

结合相应层次法定规划确定的自然生态区保护及控制范围，合理保护和利用自然要素周边区域。严格控制新的人工建设。结合水域及生态系统的整治适当强化滨水软性活动空间。

3）历史地区自然环境的修复

面对部分历史地区遭到污染、破坏、侵占的生态环境，结合“生态修复”规划，用再生态的理念，提出城市中被破坏的自然环境和地形地貌修复策略，改善生态环境质量，构建综合生态安全格局。遵循自然规律，提出原生植被恢复策略，起到对生态自然调节的作用。

3.2.2 空间形态与肌理

空间形态（Space Form）是由结构（要素的空间布局）、形状（城市或街区的外部轮廓）和相互关系（要素之间的相互作用和组织）所组成的一个空间系统。空间形态的体现既包括水平结构，即二维平面的构成图示（城市布局结构、建设区边界所构成的形状、城市肌理等），又包括垂直结构，即三维形态的组合方式（建筑高度布局、城市整体天际轮廓线、街道界面等）。

空间肌理（Space Tissues）是空间形态的水平结构，表达的是城市空间要素间的组织方式，体现了街道、广场等开放空间尺度和建筑空间组合关系与秩序。看到城市地图时，我们常常用“图”和“底”的关系对空间肌理进行解读。虽然由建筑物组成的“图”也是构成城市格局、城市景观的重要要素，但是，更深层，起决定性作用的却是作为背景的“底”。在“底”中，自然地形往往决定了城市的存在。

形态、分辨率和时间组成所有城市形态学研究的三个基础要素。因而，对历史地区空间形态的分析同样以三项原则为基础：①城市形态通过建筑物以及与它们相关的开放空间、地块和街道等三种基础的物质元素来定义；②城市形态至少能够在建筑 / 地块、街道 / 街区、城市和区域等四种不同的分辨率水平上理解；③只能用历史的眼光来理解空间形态，因为组成元素经历着连续的转换和演替过程。[①] 最后呈现出的面貌是历史各阶段的累积结果。

历史地区空间形态和肌理的形成一方面受城市所在地理环境的制约和影响，另一方面受不同的社会文化模式、历史发展进程的影响，形成城市文化景观上的差异。

1. 历史地区空间形态和肌理的类型与特征

1）自然环境条件约束下的融合型空间形态与肌理特征

以自然环境条件中的地形、地质、气候、水文等某一项因素为主导，或多因素共同约束下，历史城市和街区形成与自然地形、山水环境紧密融合的空间形态。空间肌理顺应地形地貌、坡度坡向等的变化，随弯就势、层次丰富。欧洲中世纪城镇多为山水融合型空间形态，如伯尔尼、克鲁姆洛夫等。

我国古城与山水环境紧密融合的案例多体现在受礼制约束较小的古镇、古村。而古都和建制州府，如南宋临安城、明初南京城等在城垣、街巷等顺应山水格局的同时，虽不强求宫城居城市正中，但也兼顾传统城市建设理论所提供的经典方城布局，重要建筑沿中轴对称布局，方向上也大致取南北向。

我国具有融合型空间形态和肌理的历史地区一般为以下几类：

① 段进，邱国潮. 国外城市形态学研究的兴起与发展[J]. 城市规划学刊，2008（5）：35-42.

（1）在山谷或河滩等用地狭长区域，受地形约束形成条带型空间形态特征。多表现为一条或几条交通干线沿山脉或河流方向贯穿其间，空间肌理顺应道路展开。城市和街区的主要功能、景观与公共活动沿道路、河流动线展开。比较常见的是我国的陕西、甘肃、青海等高原丘陵沟壑区的历史城镇，多位于“两塬夹一川”的狭长谷地，呈现沿山势和河流走向的带形布局，如西宁、兰州、延安等老城及其周边历史城镇，以及广西、云南等地的山谷地区。

（2）在低山丘陵或湿地坑塘水环境约束下，多形成组团型空间形态布局。城市肌理呈现被山、水等环境要素自然地分割成几部分，每个组团和自然环境有机结合、相互渗透，建筑和街道采取“相地构形”的手法，顺应地形坡度、坡向和滨水岸线自由式布局。如既是“山城”又是“江城”的重庆及其周边众多古镇，空间形态呈现“山上有城，城中有山”，“城中有江，江边建城”的特点，肌理具有山城立体化特点，随山就势、层层叠叠、轮廓分明。而像安徽、广西等一些地区的历史村落与坑塘水系相互环绕，则形成有机自然分布的村落组团形态（图3-3）。

（3）因水文、地质条件的演变作用于历史地区，将演变过程内化为其空间形态格局的显著特征。如因历史上黄河的频繁决溢与改道，使黄泛区沿岸古城镇形成的地上地下“城摞城”的结构，中间高起四周低下的龟背地形，以及“水抱城，城包水”的形态特点（图3-4）。

图3-3　广西古辣镇蔡村由水体分隔的村落组团

图 3-4 黄泛平原古城空间形态，河南商丘

2）表达政治、文化、军事、宗教意图的分离型空间形态与肌理特征

历史上，政治、文化、军事、宗教等社会人文因素常常跃升于自然条件之上，成为决定历史地区空间形态形成发展的主导因素。城市与自然山水环境间的关系不再那么紧密，且一定程度上呈现彼此分离的状态，这在平原和气候条件稳定适宜的地区体现得尤为明显。

（1）国外历史地区典型的分离型空间形态与肌理特征

古罗马时期形成的西欧城镇大多受宗教或军事的影响。城镇内外所特有的“环城圣地”，以及在十字街交叉口处设置宗教设立物的方式均反映了宗教与城市设计的结合；而如马赛、里斯本等城市，从作为军事营地大量兴建的古罗马营寨城发展而来，虽坐拥背山面海的地理环境，但城市与山体联系并不密切。空间肌理遵循罗马方格网模式，进一步形成了与自然环境的分离。到了文艺复兴时期，城市将追求伟大和表现壮观凌驾于城市功能之上，醒目的轴线和序列占据了空间形态的主体，佛罗伦萨、罗马、巴黎等城市的空间形态清晰地反映出这种演变过程，如斯塔诺利 1748 年所绘“新罗马地图”所示；而之后随着民主思潮和工业革命的兴起，近代的城镇规划设计所表达的环境观，大都和表达平等、自由的政治理想有关，如费城空间肌理以格网的均一和开放特征体现民主与公正的社会文明体制（图 3-5）。

图 3-5　费城格网状空间肌理

（2）我国历史地区典型的分离型空间形态与肌理特征

我国历史地区的空间形态在宗法和礼制的限定下，大都是以院、坊、城三个空间层次构成的网络系统。以院落为单元，再以纵、横两个方向的轴线上多进、多路的院落形成组群，从水平方向延展开来，组成里坊、街坊，进而聚合成以皇宫王宫或衙署为中心的城市。这一网络向郊野、乡村辐射，循着同一构成规则，就像一种语言的句法构成一样，使里、集、堡、寨、村等都有着类似于城市的空间形态。

最明显体现在我国西安、北京等历代古都在《考工记》礼制思想影响下，以方正的集中式布局，轴线对称与格网的结合，体现封建皇权和等级关系。而像曲阜、泰安等老城地区虽然周边山水特征明显，但受礼制、文化、社会等其他因素的极大影响，仍按传统方城形态布局，表现出与自然环境的分离。作为九河下梢的天津，出于“拱卫京师”的军事目的，以及礼制因素的影响，其老城厢也与水系呈分离状态（图 3-6）。

2. 历史地区空间形态和肌理的城市设计方法

在解读历史城市与街区的空间形态和肌理特征时，必须分析其背后的形成因素，理解前人在城市、街区设计中的思想和智慧。从历史保留部分中找出传统空间秩序之间的逻辑关系，从而在保护和更新过程中按照原空间组织规律建立空间秩序，对现有空间形态、格局进行回应。

回应的方法可分为两大类：通常被鼓励的是延续空间形态、格局的做法，即保持街块规模和尺度，延续历史地区的结构，维护和突出主要发展轴线与节点等。除此之外，适宜地创造新的空间形态和肌理也是很

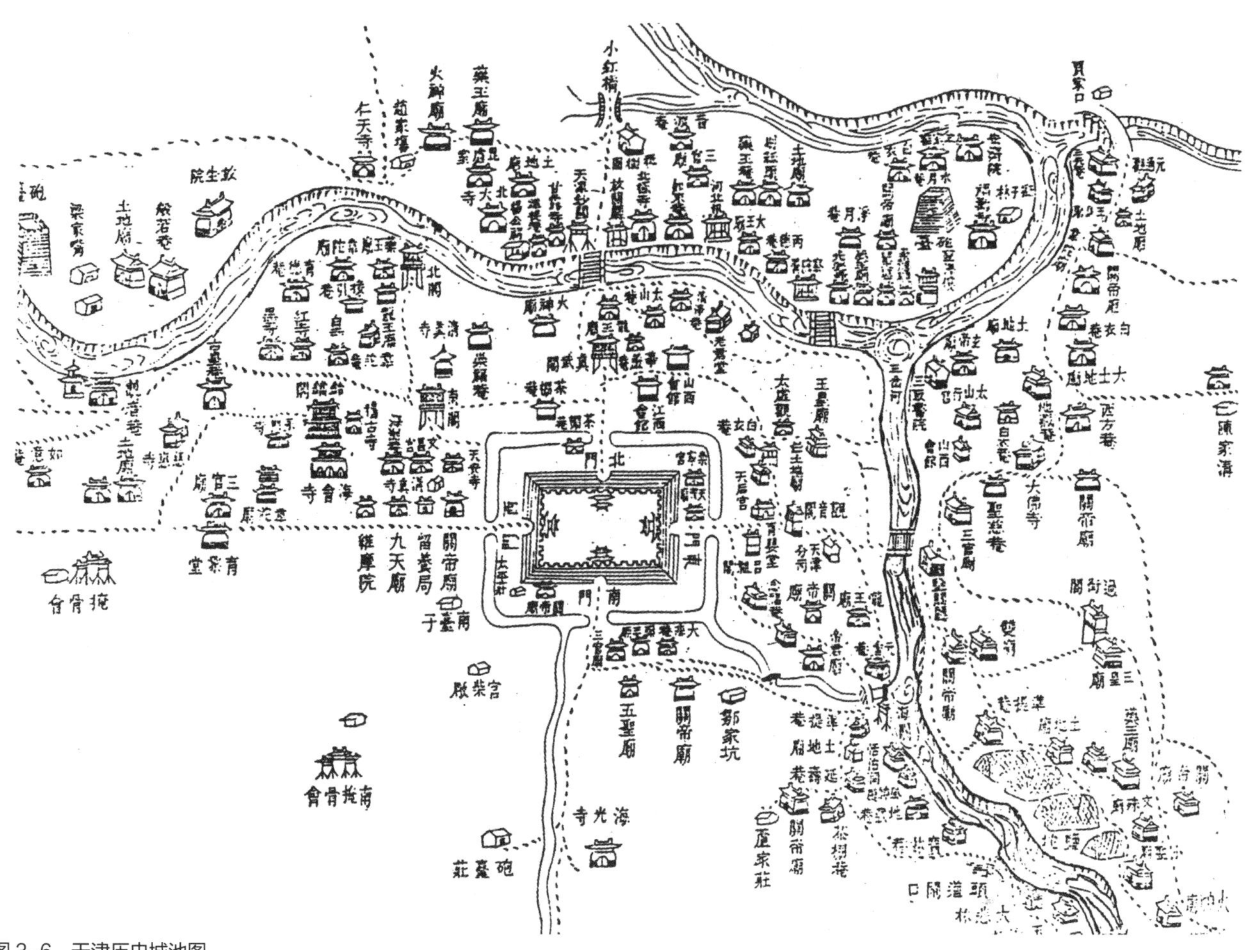

图 3-6　天津历史城池图

好的方法。通常在历史地区的城市设计中更多强调前者，但这并不等于排斥第二种方法，尤其在风貌损毁比较严重的历史地区。这些都是形成新建环境与现有建成环境之间和谐关系的手段，可以进一步丰富城市生活和社区生活的质量。

1）空间肌理的延续

在对历史地区的空间形态分析认知基础上，充分把握肌理要素的形态类型和尺度。在城市设计中将新旧肌理要素统一到一起，维持传统空间生长秩序、地块规模以及建筑尺度协调关系，保证历史地区空间意象的完整性、连续性。

（1）传统风貌和历史建筑保存完好的历史地区

保护原有形态与肌理，采取从公共空间和环境改造入手，改善城市面貌和居民生活质量的方式。20 世纪 80 年代巴塞罗那“城市公共空间复兴”采取了借助城市设计，改善城市公共空间和居住环境的对策。为了恢复旧城区活力并迅速改善城市环境，巴塞罗那政府进行了“碎片式”更新，以原有的街坊为基本单元，将被占用的街坊内院改建为小公园和小广场。这一举措使 400 多处公共空间品质得到提升，使城市焕发生机，迎来发展新机遇。

（2）历史街巷格局尚存，但大部分历史建筑和风貌丧失的历史地区

根据建筑类型学原理对抽象出来的建筑组群、院落等空间要素进行归纳、演绎。通过对肌理“原型”的简化、组合、转换等处理手法，在维护原有空间形态和肌理的主体特征基础上，在更新过程中重塑空间肌理（图 3–7）。

（3）存在肌理缺失、破碎等缺陷地段的历史地区

采取织补空间肌理的方式，运用类型学的方法，在形态上对历史街巷组织方式、历史建筑群体和院落的布局特点，以及节点空间的构成要素等进行类型归纳，形成“原型”。通过对“原型”的再组织，代入至历史地区肌理缺失、破碎等缺陷区域，修复和完善空间形态与肌理。2001 年巴黎为申办 2008 年奥运会，明确提出了织补城市（Weaving the City）的目标。

探寻具有围合感的城市建筑类型，重塑城市街道、广场以及有明确界定的开放空间，织补被战后现代城市建设肢解的肌理已成为当代西方城市发展的趋势。20 世纪 70 年代末，柏林提出了回归城市的口号，通过 IBA 住宅博览会等项目努力把柏林旧城建设成适于人们居住的地方。从城市设计方面讲，柏林的做法就是通过鼓励探索适于当地传统的城市建筑类型，重新织补被战后现代建筑肢解的城市肌理，这一思想在东西德统一后的柏林城市建设中得到了进一步的发展（图 3–8）。

图 3–7　历史街区小规模改造中的城市肌理塑造

（a）淮阳老城地区的传统城市肌理；（b）保护更新方案产生的城市肌理

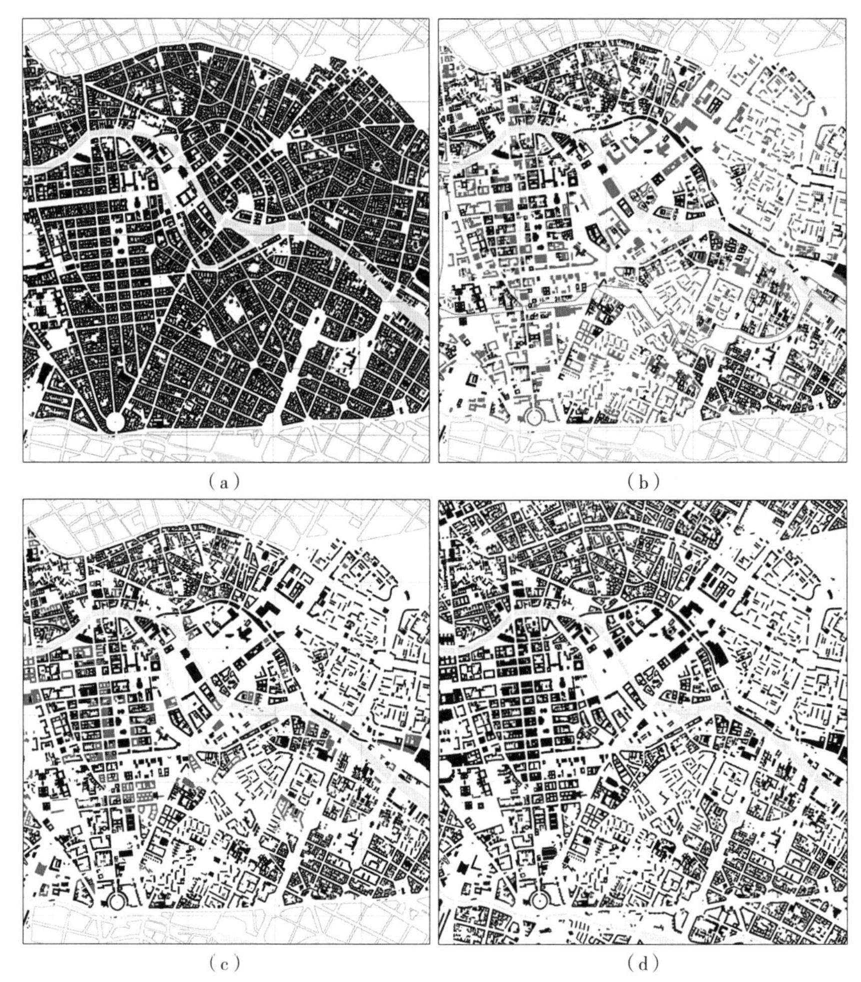

图 3-8 柏林城市肌理的保护与织补
（a）1940 年 遭受空袭之前柏林城市肌理；（b）1953—1989 年 逐步修复的柏林城市肌理（黑色部分为 1953 年战后破碎的城市肌理，灰色部分为 1953—1989 年间新建建筑）；（c）1989—2001 年柏林城市肌理（黑色部分为 1989 年肌理，灰色部分为 1989—2001 年间新建建筑）；（d）2014 年经过长期修复织补形成的柏林城市肌理

2）形态拼贴与结构整合

城市设计始终是在历史的记忆和渐进的城市积淀中所产生出来的城市背景上进行的，历史地区的城市设计也可以采取“拼贴”的方式，将不同时代的、地方的、功能的要素叠加起来，寻求把过去与未来统一于现在之中。例如上海多元共存的城市形态与风格迥异的建筑物，决定了上海城市形态的典型拼贴形式。由于近代政治、经济、社会方面的多元格局，使上海呈现出农业文化下中国传统的城镇与西方技术革命后所产生的近代城市两个不同的系统下的“拼贴城市”特征。在柏林波茨坦广场（Potsdamer Platz）设计中同样采取了创造新的形态和肌理与历史地区原格局“拼贴”整合的方式。罗伦佐・皮亚诺的戴姆勒—奔驰区块方案呼应

图 3-9　柏林波茨坦广场（Der Potsdamer Platz），拼贴方式的城市设计

总体规划和柏林传统城市肌理特征，以广场作为区域中心和老波茨坦大街的尽头，新建建筑与国家图书馆等原有建筑形成良好对话。而索尼区块则采取由巨大顶棚覆盖的复杂的综合体形式，颠覆了总体规划所确定的“批判性重建”原则。在波茨坦广场和相邻的莱比锡广场整体区域中，多种要素形成多元复合的形式，新旧建筑在建筑形式上没有呼应与妥协，但在平面肌理上展现出拼贴城市蕴含的城市理想（Urban Ideals）+ 变形（Deformation）的文脉主义思想（图 3-9）。

3.2.3　视线通廊

视线通廊是标志性历史景观之间保持通视的前提条件，也是体验名城风貌的重要景观通道。视廊是历史地区城市设计中重要的结构性要素，由视景、视点和视线视域三个元素组成。历史地区具有传统的最佳视点和视景。在历史形成的视廊视域范围内，历史建筑（群）等视景主体与其周边环境要素，包括自然山水、其他建筑、场地环境等前景、背景要素均呈现协调一致的最佳状态。

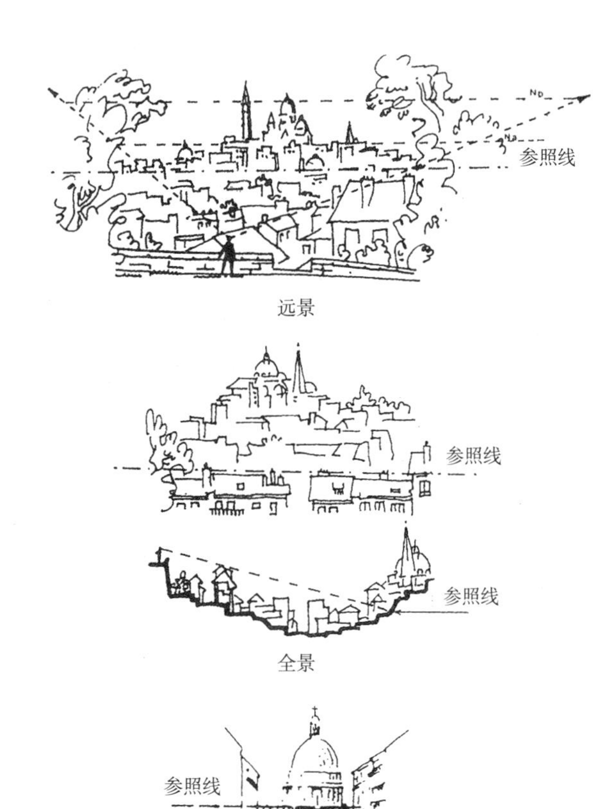

图 3-10　历史地区的三种视点类型

1. 历史地区视线通廊的构成元素

1）视景

视景，简单来讲，就是被观赏的景物，也是人们在空间中用眼睛捕捉到的关于环境的连续的静态画面。历史地区的视景可以是通过登高望远或从空中俯瞰得到的全景景观，也可以是置身于历史地区内部，在一定范围内观赏的街道、建筑、天际线以及山脉河流等自然景观。因此，将视景的形象类型分为：

（1）点状视景

观赏视线所聚焦的某一处历史建筑（群）、历史遗迹、构筑物、传统开放空间、标志性的自然景观或其他标志性建（构）筑物等点状景观及其周边环境要素。

（2）线状视景

在一定范围内观赏的历史街道、滨河地段、城市天际线等线性景观及其背景环境要素。

（3）面状视景

通过眺望或俯瞰观赏的历史地区最具地域特征，或视觉效果最好、最有标志性的面状全景景观。

2）视点

视点，也可称为“观赏点”，是人们观赏、眺望视景所在的位置。历史地区传统的最佳视点往往都经过精心设计，位于山顶等地势高点、水边等自然开阔处，或历史建筑以及公园、广场、街道等开敞空间的内部。参考巴黎“纺锤形控制”体系，[①] 以观赏视景获得的不同效果，分为全景视点、远景视点和框景视点（图 3-10）。

（1）全景视点

指能望见历史地区、历史纪念物部分或整体景观形象的特殊地点设定的观赏或眺望点。注重视点与参照物建筑群之间的前景关系的协调统一。

（2）远景视点

指眺望历史地区、历史纪念物等全貌的一处或多处观赏点。注重视点与历史地区或历史建筑群的周围及前景、背景的整体协调关系。

① “纺锤形控制”是针对历史纪念物及景观地中存在着城市结构性的“景点、视点、视廊”而展开的一项眺望景观的控制方法。所谓纺锤形控制，简而言之，是在具有特别意义的景观中，阻止障碍建筑侵入的控制方法。

（3）框景视点

指在街道中观测街景以及街道尽端景观的观赏点，通过两侧建筑界面引导可以形成框景画面。注重参照物建筑群与其前景关系的协调统一。

与静态的全景视点和远景视点不同，框景视点可沿街道移动，它获得的视景是由主要观赏对象和环境构成的动态连续的画面，形成我国古典设计中“步移景异”的效果。

远景与全景之间存在微妙的差异，实际上，远景中可能包含全景，而全景也并非一定出现引人注目的历史纪念物景观。

历史地区的城市设计应保护和创造最佳视点，并通过设计手段把人们引导到最佳观赏位置上来。

3）视线视域

视点与视景之间的视线范围及其周边与背景的视域范围是视廊保护控制的核心。历史地区的视线视域一般由 3 种方式构成：①道路、水面或其他开敞空间；②地势高差；③建筑高度控制区。历史地区的视线视域具有通透性和层次性的特点。首先，视廊控制的关键首先在于保证观测者可以顺利看到视景，通透性是视廊存在的前提。其次，视线视域一般是包含了多层次透视角度的景观面，以视景主体作为中景，前有近景作为引导，后有远景作为背景，对视景主体起到过渡和烘托作用。

2. 历史地区视线通廊的城市设计方法

在城市设计中有意识地保护、塑造空间视廊，可以有效增大历史地区吸引点的视域和突出其在城市空间中的构图作用。

首先，保护历史地区面向重要传统视景的原有视点位置和视廊空间。保证视点位置的开阔性，通过视线分析[①]使从各视点眺望的观赏者可以在合理的视线高度、视角范围内，获取完整的景观画面。严格控制视廊尺度和视廊视域内的建筑高度以确保视廊的通透性。同时，应通过视廊视域内建筑高度的分级控制，保护和创造具有层次感的视景景观面。例如日本东京都大丸有地区规划包含了对西侧的皇居（1933 年指定为美观地区）和东侧的东京火车站（2003 年定为国家级重要文化财[②]）的重要景观点、视线廊道的景观规划。通过保护重要视线廊道，实现在三维空间上规划历史城区景观。

---

① 视线分析是视线通廊内建筑高度控制的主要依据。应通过视点高度和观景范围的确定，做出平面视角范围和竖向视角范围的视线分析，以此为依据确定视线通廊内的建筑高度控制规定。

② 日本国家级重要文化财相当于我国的国家级重点文物保护单位。

其次，在更新区域设计中通过构建新的视廊，建立历史地区景观与外围空间的联系。设计建立新的吸引点（新视景）与历史视景之间的互视关系，在更新区域通过地势高差，或道路、公园、广场等开敞空间，创造更多的观赏历史景观的视点空间。

1）针对不同视景类型的视廊设计方法

（1）对于点状视景，注重从原设计意图出发的视觉环境净化。

历史地区的一些绝对保护古建筑（群）等点状视景，从设计意图和追求的意境本质出发，要求从全景视点观赏时，其背景上不得出现现代建筑或其他设施。如古典园林、宫殿庙宇等，其周边区域的建筑必须控制在一定的高度下，使人们在园内看不到它们。因此，在城市设计中，可通过视线分析求得四周的阶梯式控制线下的允许建筑高度。例如，苏州园林确定三级外围保护区，规定在一级保护区内建筑高度控制在檐口高度不大于 3m；二级保护区内檐口高度不大于 6m；三级保护区内檐口高度不大于 9m。

还有一些古建筑，如古塔、天坛等，其设计意图要求从全景视点所看到的全景形象上尽量避免出现高大的建筑物，以免造成压迫。在城市设计中可采取开辟开放空间或利用地势高差的方式，来净化周边环境，保护特定的观赏视域。并以视线分析方式确定各层级保护区的允许建筑高度。

例如苏州对古塔的控制要求在其周围一定范围，视线不应被遮挡。根据观赏塔的距离要求确定：距塔 200m 处，要求能看到塔的 1/3 的高度；距塔 300m 处，能看到塔的 1/2 的高度；距塔 600m 处，能看到塔的 2/3 的高度；当 $D=3H$ 时观塔，要求能看到塔的全貌。但由于塔周围不是空旷地，要求找出观塔及建筑物的景点、吸引点（视点）而开辟出视廊。

（2）对于线状视景，注重眺望动线的连续性。

历史街道、滨河地段、城市天际线等线性景观是随着人们行进动线展开的，应保护和控制观赏视廊的宽度，确保合理的观赏视角和视距。并通过步行系统、滨水开放空间系统和公园系统等的设计，保证眺望动线的连续性。

同时，自然地形对景观视廊的影响也需要综合考虑。例如法国港口城市布雷斯特市景观视线的因素首先来自海和起伏不平的城市地形，城市与海的视觉联系构成了景观视线的主体。基于这一特点，对于朝向海岸的陡坡，规定为“特别要注意位于低处的建筑，以恰当的建筑高度和密度，保持建筑物在视线中的轮廓，并清除对保持视觉轴线产生影响的障碍物”。而对于朝向海岸的缓坡，规定为“特别要注意建筑物之间公共空间的填充方式，以及对植物种植位置的管理，并清除对保持视觉轴线产生影响的障碍物”（图 3-11）。

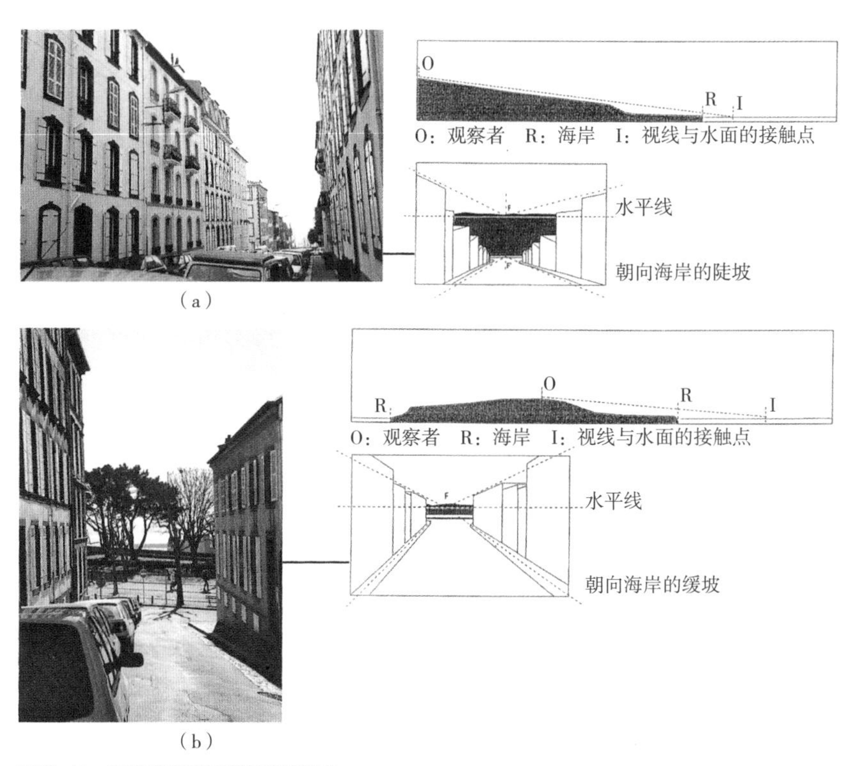

图 3-11　自然地形对景观视廊的影响
（a）朝向海岸的陡坡；（b）朝向海岸的缓坡

（3）对于面状视景，注重它与周围以及前景、背景关系的协调性。

英国伦敦 1991 年的《圣保罗大教堂战略性眺望景观规划》（*Strategic View Landscape Plan Of St Paul's Cathedral*），提供了一种良好的保护控制方法的范例。伦敦市政府一直试图通过城市设计政策来约束高层建筑对城市形态和历史地标的冲击，因此，针对各景观设定三个分区：①景观视廊（Viewing Corridor），②广角眺望周边景观协议区（Wilder Setting Consultation Area），③背景协议区（Background Consultation Area），在各分区中实行不同的高度控制管理。

通过设立广角眺望周边景观协议区，保证能有相对开阔的视野观赏历史景观；通过设立背景协议区，避免在历史景观后建造类似屏风一样的建筑，维持历史景观本身所构成的天际线（图 3-12）。

2）针对不同视点类型的视廊设计方法

（1）从全景视点出发的视廊控制引导

可采用“锥形”[①] 控制方法，在眺望点与视景之间，对侵入“锥形”

---

① 锥形景观控制是以眺望视点制高点为中心，向外的视线形成一个锥形的控制空间，表示以一定的平面观赏视角和竖向观赏视角来控制地块或建筑高度，以确保视景可视范围的视线可达性。通常将视域锥形空间所形成的圈层结构，作为可视范围内建筑物高度控制的标准。

空间面的非保护建筑、植被的位置、体量、形态进行控制，保证眺望点可以观测到视景。

（2）从远景视点出发的视廊控制引导

可采取“纺锤形”① 控制方法，通过纺锤形控制区对周围、前景和背景进行高度控制，阻止景观障碍物的入侵（图 3-13）。

（3）从框景视点出发的视廊控制引导

对以道路、滨水、绿廊等景观组成的框景视廊的控制，首先需要结合

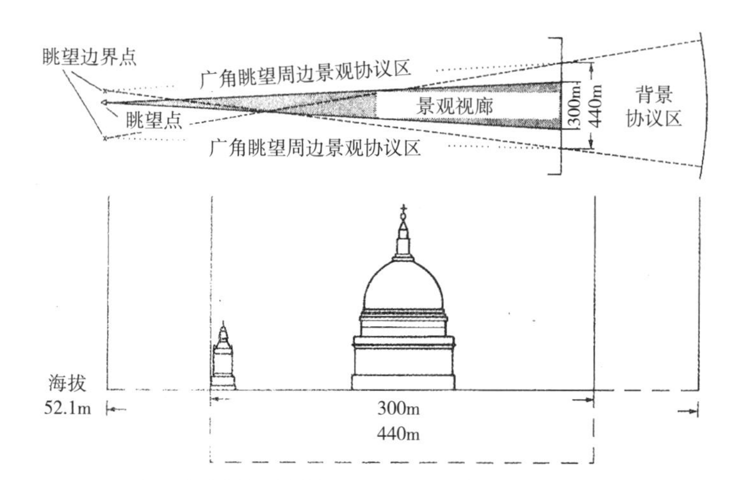

图 3-12 圣保罗大教堂战略性眺望景观的规划控制区

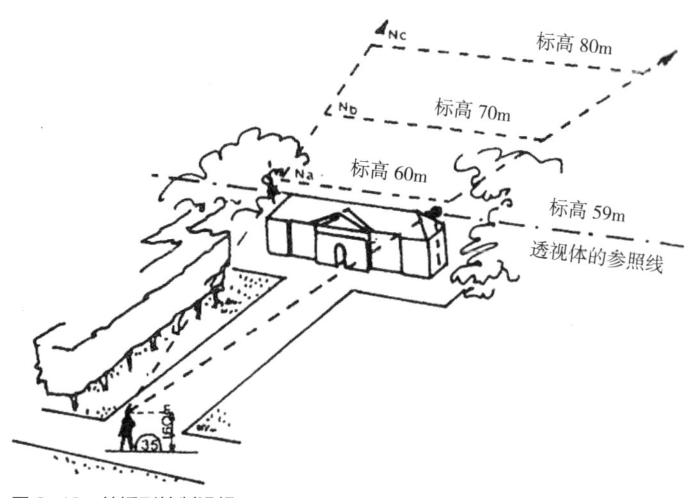

图 3-13 纺锤形控制设想

① 纺锤形景观控制是针对历史地段景观的保护而制定的措施。这种措施的使用方法是将被保护的建筑体积，放到由建筑屋脊线两端与眺望者构成的直线形成的平面与其在地面的投影所组成的“纺锤形”透视体内。纺锤形的上部平面以直线表示出等高线，所得到的数值为纺锤体内建筑所不能突破的限高。

视线感受分析，运用空间高宽比例分析，确定合适的视廊宽度。其次，通过设计增强视廊空间的层次感。严格控制作为近景的临街建筑高度，协调其与视景之间的高度与比例关系，为突出视线尽端的景物，往往尽量弱化临街建筑体量；临街建筑后的建筑体量可以适量高出，形成逐层跌落的街道断面，通过丰富竖向界面的层次感强化视廊的空间意象。作为背景的远景同样起到衬托视景的作用，在控制范围内尽量控制高层建筑的出现。

3. 基于视觉保护的保护区划

李雄飞在《城市规划与古建筑保护》中提出历史地区中保护区的几种形式，包括 4 种区域和 2 类空间视廊，其中 4 种区域为：①历史建筑一级保护区；②历史建筑组群环境影响保护区；③成片的历史风貌保护区；④古城的一般保护区。2 类空间视廊为：①古建筑与古建筑之间通视；②古建筑与新建筑之间通视（图 3-14）。

历史地区城市设计中应通过视线分析和视廊视域的控制，为各等级区域保护区的划定提供基础支撑。

1）以视线分析为基础的保护区划

（1）视线分析

正常人的眼睛视力距离为 50 ~ 100m 以内（自然放松状态下接收到明确视觉信息的视力距离），观察个体建筑的清晰度距离为 300m 以内（为接收到建筑物清晰的整体信息的视力距离，超过 300m 则更多关注建筑物轮廓）。正常人的视野范围为 60° 角的圆锥面。如从某处观察某个景点，这种视野范围则成为该景点的衬景，而衬景的清晰度为 300m。50 ~ 100m 范围内的景物便更能引人注目。因此，根据以上视线分析的原理，就可以拟定 50m，100m，300m 3 个等级范围。

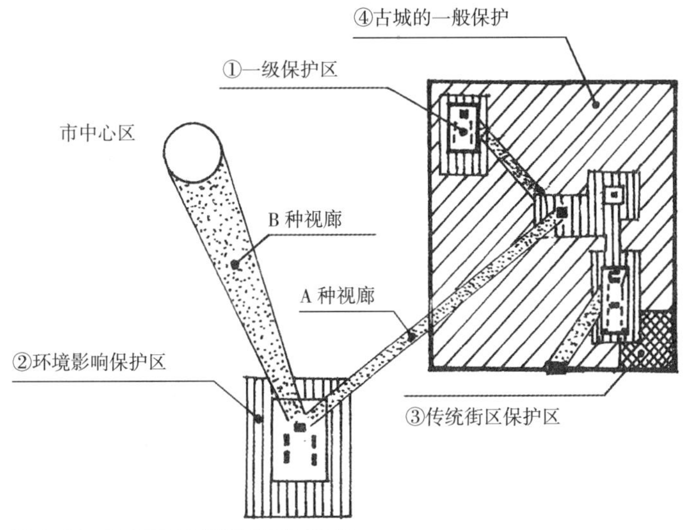

图 3-14　历史地区中保护区的构成图解

（2）高耸历史建筑观赏要求分析

高耸建筑物观赏要求的经验公式为：*D*=2h，*Q*=27°（其中 *D* 为视点，*h* 为建筑物视高，*Q* 为视点的视角），表达了观赏距离为建筑物高的 2 倍为最佳，视角为 27° 时为最好。*D*=3h 时为群体观赏良好景观。当人们登临塔顶，俯瞰景物时 10° 俯角为清晰范围。因此，由这 3 个依据可确定古塔等高耸建筑物的景观要求三个保护范围：*D*=*h*（以塔为圆心、塔高为半径，画一圆）为一级保护区；*D*=3*h* 为二级保护区；以塔为中心，按 10° 为高度角，画出三级保护区。对于不可登高的古塔，它们的保护范围则可减少俯角一项。

2）根据视线通廊的控制要求

以视线通廊的控制范围作为保护区范围。如苏州北寺塔的保护区划中，由于北寺塔是拙政园的主要借景，从视觉保护出发，除了划定环境影响区外，增加了从拙政园内观赏借景的视廊保护条件（图 3–15）。

4. 基于视觉保护的建筑高度控制

历史城区建筑高度的控制，应在分别确定历史城区建筑高度分区、视线通廊内建筑高度、保护范围和保护区内建筑高度的基础上，制定历史城区的建筑高度控制规定。

1）保护建筑周边的高度控制

根据保护规划划定的保护范围、建设控制地带，以及环境协调区，根据各类保护范围和保护对象的要求，对保护范围内的建筑高度进行控制。

2）视线廊道内的建筑高度控制

根据景观保护的要求，通过对眺望景观、标志景观、自然环境及其相互间的视线分析，对视线通廊范围内的建筑高度进行控制。

3）划定整体高度分区

根据整体风貌要求，保持历史地区整体空间轮廓线和与周边自然景观环境联系的需要，提出若干个建筑高度的空间层次控制分区，保持历史地区的整体空间尺度。

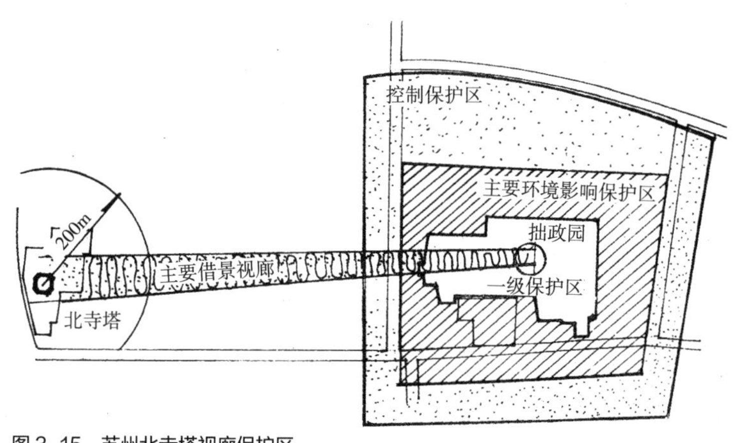

图 3–15 苏州北寺塔视廊保护区

3.2.4　天际线

以天空为背景的一幢或一组建筑物及其他物体所构成的轮廓线或剪影称为天际线。其形成的本质往往并非预设秩序的结果，而是伴随城市成长过程逐渐形成、演变和发展的。

1. 历史地区天际线的构成元素

天际线构成主要分为两大类——城市建设要素和自然要素。

1）城市建设要素

主要包括城市建筑物以及特殊构筑物。一般以建筑高度为主导因素，结合建筑体量、形体组合、标志性建筑物的关系构成建筑天际轮廓线，并以标志性历史建筑作为轮廓线视觉控制点。

和一般现代城市区域不同，历史地区的天际线构成中，历史建筑往往取代高层建筑成为天际线的制高点和视觉控制中心。例如，欧洲古典城市的发展中，教堂、市政厅等大型公共建筑的顶部或塔楼，和广场上方尖碑等高耸的建（构）筑物作为城市结构的定位点出现，这些控制点的位置对组织街道、确定城市格局往往具有重要作用。它们同时也是城市垂直构图的标志物，其竖向体量往往构成街区乃至城市轮廓线的视觉控制点，以其相互之间联系的空间张力的框架，支配整个城市地区的视觉形象（图 3-16）。

相比西方传统城镇，我国传统城镇结构的营造中对天际线则较少着墨。这与文化差异和城市营建理念相关。中国的城市结构空间上表现为“天人合一”的道家思想，平面上表现为严格的礼制观念，从而形成天地和谐的关系。在整体低矮平缓的城市轮廓线中，宫殿、楼阁、塔、钟鼓楼、城门楼等建筑物以相对高大的体量和优美的外部轮廓线，成为整体视觉控制点。

图 3-16　英国爱丁堡城市天际线

2）自然要素

主要包括地形地势、山体、水体、植被以及其他环境要素的直接影响，作为天际线的前景、背景出现，或起到分隔天际线层次的作用。

历史地区的建筑高度一般比较低矮，建筑轮廓线比较辽阔和平缓，极目远眺时，前景和背景的自然景观尽收眼底。因此，自然环境要素在其天际线的塑造中所起的作用更为直接和重要。顺应地形地势的起伏是历史地区优美的天际线的首要特征。同时，历史地区自然山体往往是城市天际轮廓线的背景层次，是形成天际线优美形态的关键一环，建筑群轮廓线呼应山体轮廓线，或作为山体轮廓线的补充，共同构成城市整体天际线。而绿化或水体等自然要素，对建筑群轮廓线起到分隔、遮挡、衬托及借景等作用，特别是水体通常作为城市天际轮廓线的前景层次，水体的分隔性还同时拉开了城市天际线的层次（图 3–17）。

2. 历史地区天际线的城市设计方法

历史建筑群原设计的优美的天际轮廓线可以丰富和活跃城市空间形态，集中展现城市风貌。城市设计中应根据原天际轮廓线形态确定新增建筑的高度，以维护原天际轮廓线不因加入新的建设而受到破坏，并通过新增建筑高度控制，强化天际线与周边自然环境的关系，突出环境特征。

（a）

（b）

图 3–17 建筑轮廓线和自然环境要素的关系

（a）布拉格近山区域天际线，与背后山体轮廓相呼应；（b）布拉格临水区域天际线，水体作为前景丰富了天际线层次

1）控制建筑高度和形体

对历史地区建筑高度进行分区控制。确定各区建筑高度范围，形成富有层次的天际线。控制建筑形体组合，避免出现破坏天际线形态的大体量建筑，并利用切角、挑出、斜顶、顶部收缩等手法增加建筑细部，与周边历史建筑轮廓线相协调、呼应（图 3–18）。

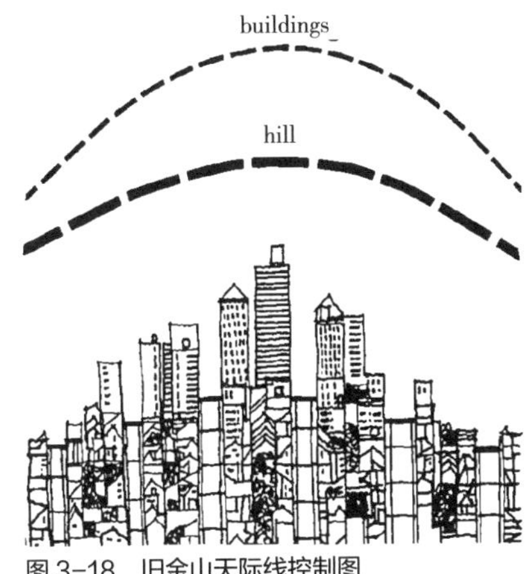

图 3–18　旧金山天际线控制图

2）保护轮廓线控制点

保护构成历史地区天际轮廓线的控制点，就是保证这些标志性历史建筑的视觉中心和主体地位。

在历史文化保护区，结合我国传统城镇的城市竖向形态特点，通过对保护范围内历史建筑周边高度和体量的有效控制，规定一定区域内禁止建设高层建筑，保证区域内建筑高度最高的历史建筑处于视觉中心地位，以及其他主要历史建筑处于视觉主体的地位，保护这些历史建筑轮廓线的完整性。新建建筑则成为构成平缓舒展天际线的穿插和补充要素。

对保护范围以外的区域，通过对高层、多层、低层建筑等的合理布局，形成与历史地区天际轮廓线的延续或对比韵律。或形成与历史地区天际线相协调的，处于远景而作为剪影出现的背景轮廓线。

在一般历史地区，对大体量或有一定高度的古建筑，其周围新建的建筑以不损害其景观为宜，可以采用阶梯式的依次增高的方法解决，来塑造新的天际线。

3）与自然要素紧密关联

（1）呼应山体轮廓线，或作为山体轮廓线的补充，共同构成整体天际线。

（2）利用绿化或水体等开敞空间，使其起到分隔、遮挡、衬托及借景等作用，在历史建筑群和新建建筑群之间形成过渡。使新建建筑群成为历史建筑的背景轮廓，起到众星捧月的烘托效果。

（3）借助起伏的地形或植被绿化屏障，减弱其他建筑对历史建筑轮廓的视觉影响。

（4）在特定地段，如滨水地区可利用植被作为天际线的补充，使建筑与树木协调呼应。

3.3　建成环境要素

3.3.1　街区空间

街区空间是有相对清晰的边界（道路、河湖、山体等），覆盖若干街块范围的带形城市空间，同时也是承载人们生活和各类社会活动的交往场所，具有物质空间和精神生活的双重意义。

在历史地区的城市设计中，街区空间既是构成历史地区物质空间形态和肌理的基本单元，也是串联各邻里单位，承担历史地区城市功能运行的组织细胞。

1. 历史地区街区空间的构成元素

街区的肌理、节点和建筑空间组织形式是形成街区环境的基本物质元素。

1）街区肌理

历史地区多为窄路密网形式，路网密度大，街坊间距小。根据“图底关系”理论，历史地区的街区肌理可以很清晰地表现为封闭而连续的，具有秩序和意义的“图”。建筑实体与公共空间之间的图底密度比，称为街区空间密度。通常，历史街区的空间密度往往保持一种较高的合理水平，并且公共空间与建筑体量所占比例相当，图底关系可以互换，这也成为传统街区空间肌理的基本特征。

2）街区节点

历史街巷、宅院的空间转换和局部收放处形成了街区的空间节点。节点既是人们感知和识别历史街区的视觉和感觉焦点，也是开展传统生活、交往活动的功能焦点，是传统街区空间中与人们生活联系最紧密的场所。

街区节点一般包括街区的入口空间，街区内若干街巷以交叉或转折等形式会合所形成的节点空间，以及院落后退形成的宅前阴角空间（图3-19）。

（1）入口节点

历史街区的入口空间节点，通过空间序列的组织、视线关系的设计等，起到引导、暗示人们进入街区领域的作用。我国传统街区的入口空间一般设置有门楼、牌坊、风水树、照壁、字库塔等构筑物，起到强化空间领域感和引导性的作用。空间组织常采取欲扬先抑的处理方式，使人们了解一些街区内部的内容却不至于一览无余，以此让人们形成心理上的期待感。

（2）放大节点

历史街巷通常蜿蜒曲折，这使得街巷交会处往往形成形状各异的放

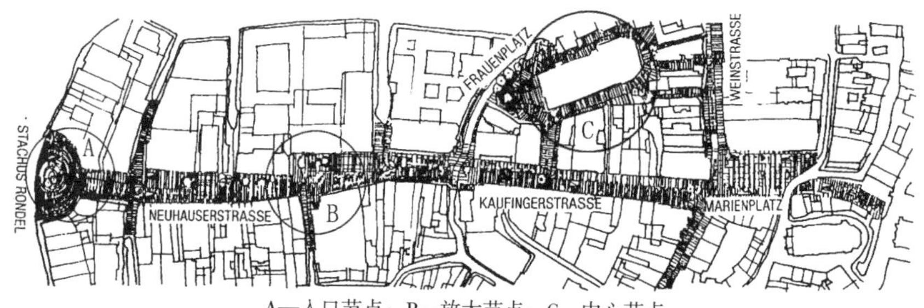

A—入口节点；B—放大节点；C—中心节点

图3-19 街区节点空间，慕尼黑步行街

大空间。小型的路口放大空间节点起到了丰富街区空间形态，作为连接、转折与过渡空间的作用，是传统街区中人们进行闲暇聚集、交流、休闲等街区生活的相对集中的场所。

（3）中心节点

传统街区的中心节点是街区空间序列的高潮，一般为矗立着最重要的标志性建（构）筑物的广场，或街区较大的放大节点。在西方国家一般为以教堂、市政厅等重要建筑或方尖碑、纪功柱等纪念性构筑物为核心的城市广场，在我国传统街区往往是以庙宇、鼓楼、祠堂等重要建筑或古井、名木、牌坊、雕塑、碑刻等标志性景观构筑物为中心形成公共开放空间，如苏州玄妙观，南京夫子庙节点空间等。中心节点是传统街区中最重要和最具活力的外部公共空间，是街区文化活动和社会交往活动最为密集的场所。

（4）宅前节点

宅前节点是传统街区由公共性街巷空间向私密的居住空间转换的衔接点，也是外部空间序列的终端。对于街区生活来说，宅前空间既是街巷交往空间的一部分，更提供了一种强烈的心理安全感和归属感。

3）建筑空间组织形式

传统街区中建筑群体布局具有主从性、围合性、序列性等空间组织关系特征。典型建筑群体的空间布局模式和形态特征呈现出在一定的“原型”基础上进行变化和排列组合的规律性，这种建筑群体“原型”是构成街区肌理的基本元素。如四合院式的空间形式是构成我国传统街区肌理的细胞。运用建筑类型学的方法对街区建筑群形态特征进行归纳，可以把握典型建筑群体的组织方式，院落空间的布局特点以及主要节点空间的构成要素。

2. 历史地区街区空间的城市设计方法

1）街区肌理的保护和延续

对街区空间密度的控制是维护街区传统风貌，延续街区传统肌理的重要手段。过高的空间密度容易造成街区建筑间距过近，开放空间不足，影响通风采光，并带来消防安全隐患、交通组织困难等问题。但如果在城市设计中简单套用现代城市规范，随意降低空间密度，扩大建筑组群尺度规模，则会直接导致街区传统肌理的丧失。因此，需要在维护传统风貌与满足现代城市功能之间寻求一种平衡，根据街区保护更新的程度确定合理的空间密度水平，通过对建筑空间形态组织的控制引导，对传统节点空间的保留和重塑，实现街区肌理的保护和延续（图 3–20）。

图 3–20　天津原意租界区的保护更新方案

另外，城市道路交通改造对街区肌理也有着重要的影响。应在对历史地区整体价值判断和综合环境影响评估基础上，充分利用现有路网体系，以改善交通通行能力为主，合理组织街区的慢行交通网络，最大限度保护和延续街区空间格局和肌理。如果因为城市道路的升级改造，让

图 3-21　诺丁汉圣母玛利亚大道建设前后的状况。道路切入历史地段，将城堡和传统商业区一分为二

主要交通干路穿过历史地段，那么将会很大程度上造成对历史地段的切割和破坏（图 3-21）。

2）街区功能的调整和更新

保持街区功能的多样性，鼓励功能混合发展，是激发并维护历史街区活力的第一要义。由于城市的发展，当历史街区原来承载的功能不再能够满足当前的社会及生活需求时，功能的调整和更新也成为城市设计的主要任务之一。

全面的功能置换的方式一般应用在传统的旧工业区、仓储区和交通运输用地。例如法国的巴黎左岸地区改造规划（Paris Rive Gauche，原名称为 Seine Rive Gauche）是由工业化时代结束所导致的衰败历史地区进行城市再生的优秀案例之一。将原火车站、铁路、厂房、仓库等工业功能进行大规模改造，从多尺度、多层面体现了用地功能调整和置换（图 3-22）。

功能升级与置换并举的方式，一般应用于原商务、办公、商业等服务职能区域，例如日本东京都大丸有地区的保护规划。大手町丸之内有乐町地区（简称大丸有地区）位于日本首都东京都中心区，占地约 $120hm^2$，江户时期曾是守护江户城的高级武士的居住地（图 3-23、图 3-24），明治时期之后成为日本最初、最重要的商务办公区。但自 20 世纪 80 年代起，该地区因为单一办公功能而逐渐失去魅力。20 世纪 90 年代初开始制定的城市再生计划，确定大丸有地区振兴的最重要目的聚焦于如何在当代社会需求下创造“综合的城市魅力”，通过城市中心区的集约型城市结构提

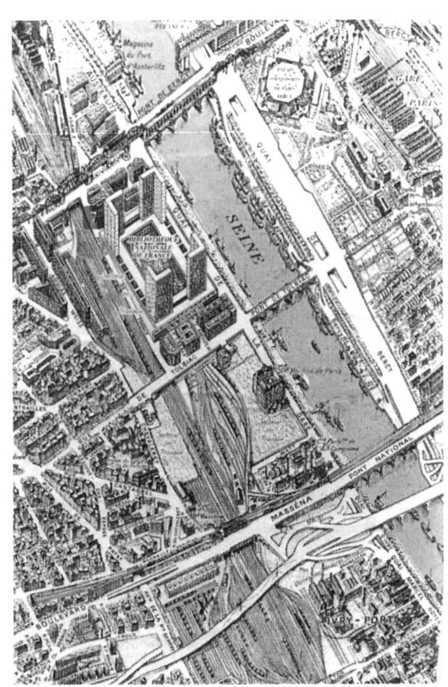

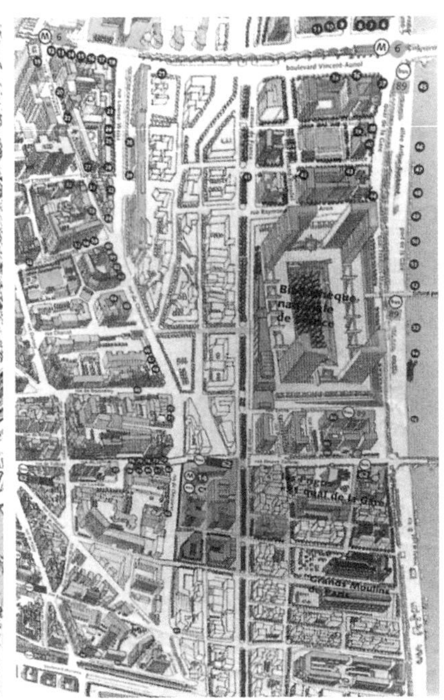

图 3-22　巴黎左岸地区城市设计前后对比

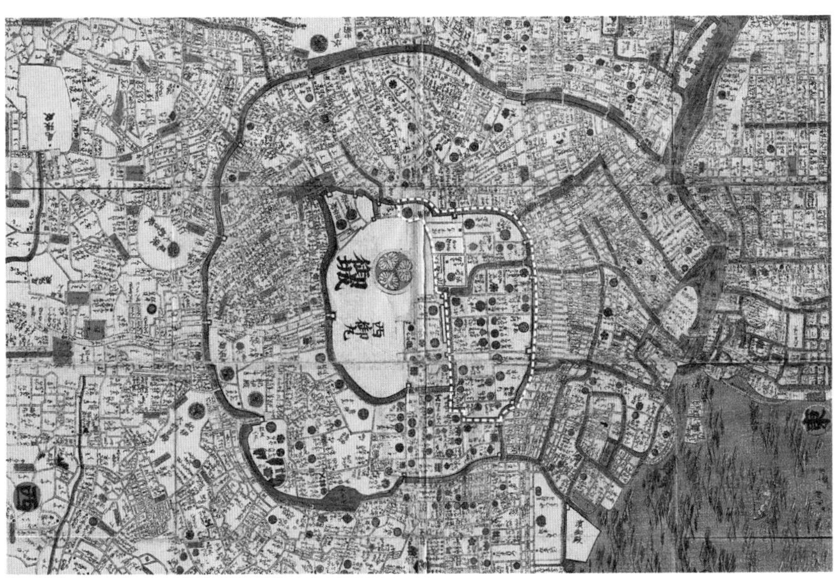

图 3-23　江户时代的大丸有地区（1844—1848 年）

升东京城市的国际竞争力。基于此，2014 年版规划导则提出了如下八项具体目标：①引领时代的国际商务街区，②市民聚集的文化街区，③应对信息化社会的信息交流、发布的街区，④风格与活力相互协调的街区，⑤可便捷、舒适步行的街区，⑥与环境共生的街区，⑦安全安心的街区，⑧社区、行政、来访市民协同创造的街区。

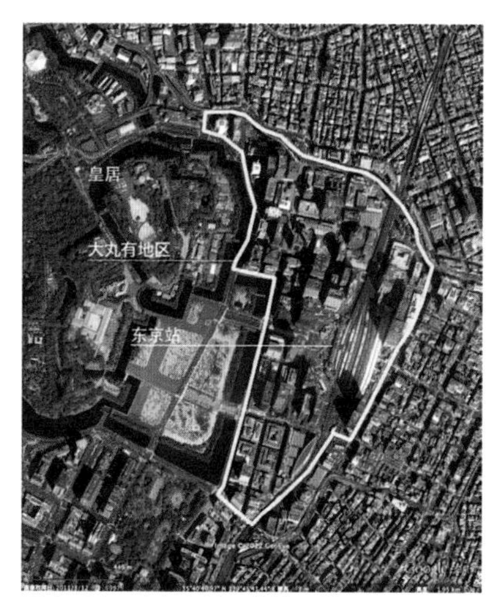

图 3-24　大丸有地区航拍照片

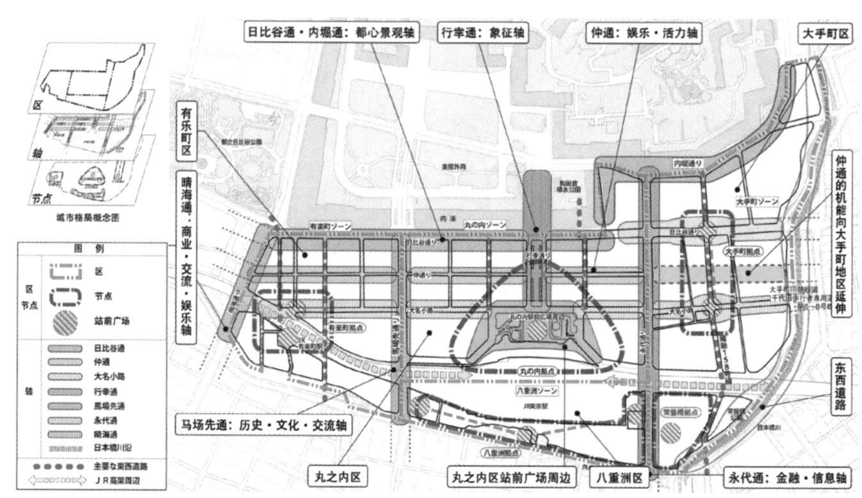

图 3-25　大丸有地区保护规划方案图

从城市更新的策略方面，大丸有地区构建了点—线—面的多层次城市格局。作为非保护范围内历史街区的城市开发，大丸有地区从点（节点）、线（城市干道）、面（区）3 个层面尽可能保持了各街区的原有历史特征，并通过不同城市功能的叠加增强各片区特色（图 3-25）。各区域、轴线、节点既明确并强调各自特征，相互区分、补充，同时也极力避免功能单一化，强调以主要功能为核心的多功能复合，最终达到营造丰富城市生活的目的。多样的组合创造了富有变化的城市空间，实现了多功能宜人商务核心区的目标。

我国的传统街区多以居住功能为主，街区中的住宅由于建设年代久远，居住条件较为恶劣，加之年久失修，常常形成“市中心的贫民窟”。这种情况下的城市设计以为城市中心区重新注入活力为目的，多在原有居住功能的基础上植入商业、娱乐等功能，并突出功能的混合利用。值得注意的是，我国的传统街区在功能调整和更新中常常出现老旧居住区在改造后完全失去了居住功能，成为纯粹的商业娱乐区，给文脉保存、社区营造、城市管理、城市活力等多方面带来问题。因此，对街区原有的居住功能的保留不容忽视。在美国波士顿市的芬威片区的城市设计中，通过城市设计导则的方式对街区传统职能保护和更新做成了明确指导的详细规定。首先，可将功能按照鼓励程度进行划分，在这里被分为被鼓励的、可行的、有条件允许、不鼓励或禁止的 4 个等级。其次，对于每一类功能进行了明确的细分，如仅在居住功能中，导则就列举了具体的独栋住宅类、集合住宅类、艺术家住宅和工作室类，以及相关和类似的社区设施、日照中心，以及有住宿功能的旅馆等。第三，明确重要指标。如为避免过大规模商业、办公功能对主要居住功能的影响，导则明确指出旅馆必须少于 200 床位，办公用房不可超过建筑总面积的 35% ~ 40%。第四，容积率奖励。当保证一幢建筑的 50% 及以上作为居住功能时，容

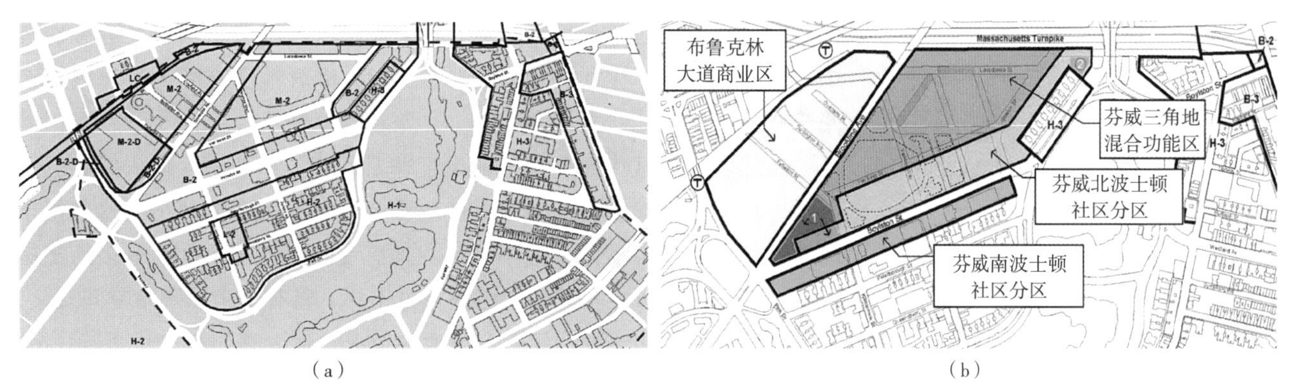

（a）　（b）

B- 一般商业；　M- 限制性制造业；
H- 居住：公寓；　D- 规划开发区域；
L- 过渡规划覆盖区范围

图 3-26　美国波士顿芬威片区的城市设计引导
（a）芬威片区现状图；（b）芬威片区分区规划平面图

积率奖励 0.4（容积率上限由 4.0 上升至 4.4）。这些详细的规定看似繁琐，却是保证街区传统职能不会被全面置换，并且确保城市设计得以真正实现的重要措施（图 3-26）。

3.3.2　街道空间

凯文·林奇（Kevin Lynch）在《城市意象》中指出街道是城市意象中的主导元素。"人们是在道路上移动的同时观察着城市，其他的环境元素也沿着道路展开布局。"街道是城市空间格局中最稳定的要素，也是将城市或街区统一为一个整体的要素。

传统街道既是具有序列性的线性空间，也是具有领域性的生活、交往场所。除了外向型的交通街道或商业街市，如北京大栅栏商业街，更多的是内向型的生活巷道。相对于广场空间而言，历史街区的街道空间是较为封闭、内向的，尤其是生活性的巷空间，以封闭的院墙式建筑分隔为两个性质不同的空间区域，墙体内外几乎没有交流，这是它与街市空间的主要区别。传统街道既承担了交通运输的任务，同时也是组织市井生活的空间场所，在一些水乡古镇，还常有河路并行的水街水巷。

1. 历史地区街道空间的构成元素

1）街道的尺度

街道的宽度和两侧建筑物的高度共同决定了街道的尺度。按照芦原义信在《街道的美学》中的街道空间分析理论，[①] 以街道的宽度（D）和

---

① 芦原义信在《街道的美学》中提出 $D/H=1$ 是个转折点，当 $D/H=1$ 时，高度与宽度之间存在着一种匀称之感，当 $D/H<1$ 时，街道空间有狭窄感，当 $D/H>1$ 时，随着比值的增大会逐渐产生远离感，超过 2 时则产生宽阔之感。

两侧建筑外墙高度（*H*）的比例关系来衡量，我国传统街道尺度一般较为紧凑狭窄，*D*/*H* 往往介于 0.8 ~ 1.2 之间，南方地区有的街道尺度甚至小于 0.5。

虽然历史地区中有些街道的尺度非常狭窄，但并不会使人感到压抑不适，反而通常对历史街巷尺度的感受是亲切宜人且紧凑的。这是由于动态的综合感觉导致的，而不是孤立地感受一条巷道空间。许多历史街道的线型回旋曲折，不同区段路幅宽窄不一，富有阴角、阳角空间变化，在街巷的转弯和交会处，经常有放大的节点，使人感到豁然开朗与兴奋。这些传统街道尺度变化丰富的细节，给街道带来抑扬、明暗、宽窄的变化，因而使得狭窄的空间显得生动、有趣（图 3–27）。

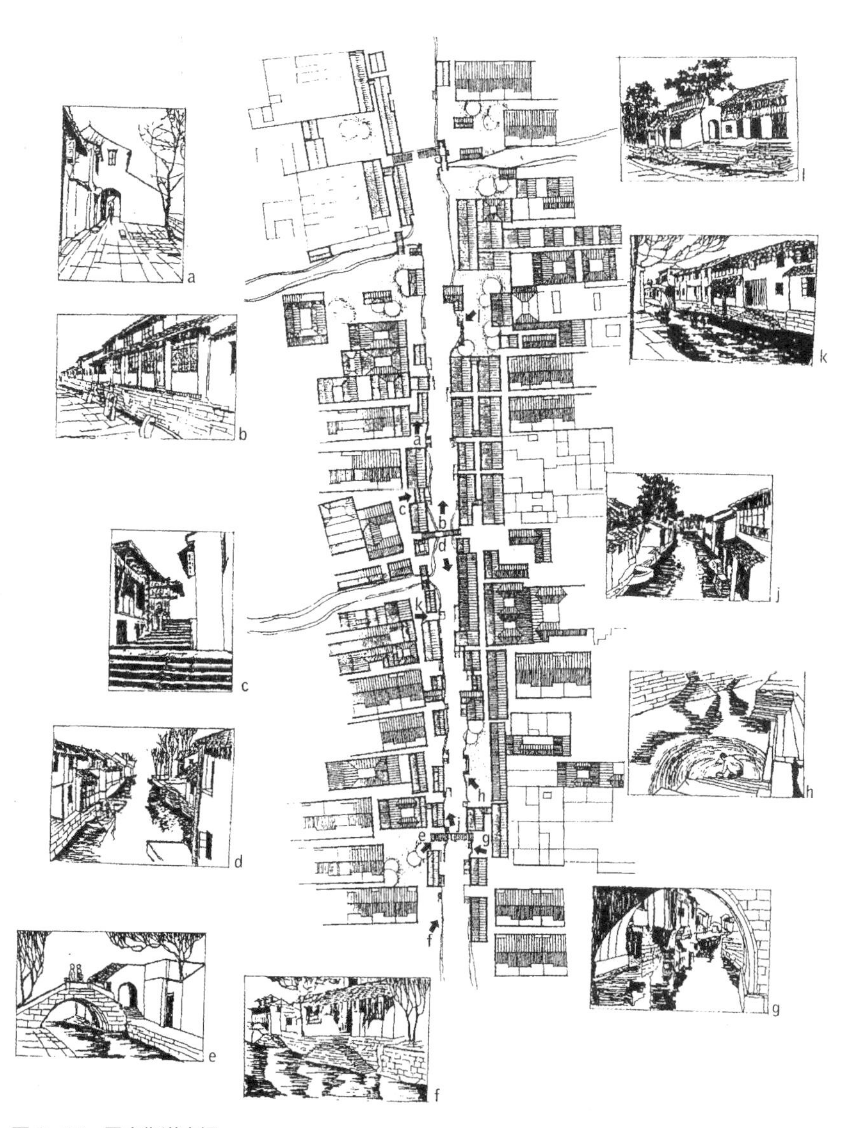

图 3–27　周庄街道空间

2）街道的界面

“街道并不是建筑物的立面，而是由成组的建筑所形成的一系列风景画所表现出的空间”。街道界面是由连续的建筑物或植物、设施所构成的。连续性、节奏和韵律是历史地区的街道建筑界面的主要特征。传统街道的建筑贴线率一般可达到 80% 以上，保持着比较高的界面连续性。相同或相近的建筑立面的重复，是形成传统街道建筑界面节奏感、韵律感的基础。当单幢建筑的面宽 *W* 比街道宽度 *D* 尺寸小且反复出现时，街道就会显得有生气。① 从对传统街道空间的塑造角度，街道界面还可分为底界面空间和顶界面空间。

（1）底界面空间

沿街底层界面是和人的活动最为紧密相关的空间。底界面空间是由内部建筑空间向外部街道公共空间的过渡地带，其既有一定的私密性又有一定的开放性。在底界面空间中，人们可以依靠和借助的构筑体更多，因此这里是传统街道中层次最为丰富，社会活动也更为有效的空间。底界面空间类型既有檐廊空间、骑楼空间、绿化空间、设施空间等“虚”界面，也有建筑实墙、院落围墙等形式的“实”界面。“虚”界面给人的感觉是空间没有终结，界面后的空间是街巷空间的延伸，空间通透富有层次感。传统商业型的街道建筑界面以虚界面为主，同时附以店招、商品、装饰物的渲染，使空间显得热闹而具有感染力。大部分生活型的巷道往往门窗开口较小、界面较实，传统的空间处理上一般通过绿化、设施等的加入，将原来硬质的边界转化为具有凹凸变化的柔性界面，将墙边划分为不同的空间领域，增加具有半私密属性的围合空间。也有一些生活型巷道带有檐廊、骑楼等过渡空间，丰富了空间层次并提供了绝佳的交往活动场所（图 3-28）。

（a）

（b）

图 3-28　各类底界面空间

（a）成都宽窄巷子；（b）海口中山路骑楼老街

（2）顶界面空间

传统街道通过顶界面的“凹、凸”变化，传达出明显不同的空间感受。当顶面凸出时，街巷上端的空间被压缩，人们的视线变得封闭，空间的围合感增强；反之，当顶面凹入时，人们的视线通畅，空间围合感降低。顶界面的连续性与完整性也是传统街道的特征之一。

3）街道的底景

芦原义信指出，“在街道中，若尽端什么也没有，街道空间的质量是低劣的，空间由于扩散而难以吸引人、留住人。相反在尽端有目标物或吸引人的内容时，线性空间的中部也容易感动人。”

① 同样根据芦原义信的理论，街道除了 *D/H* 外，*W/D* 的比例关系也非常重要。*W* 指临街商店的面宽，也就是面对进行方向的街道节奏。当道路宽度多为 10m 左右，且 $D/H \leqslant 1$，同时 $W/D \leqslant 1$ 时，容易形成亚洲独特的热闹气氛的街道。

图 3-29　直线型街道底景，意大利乌菲齐大街

图 3-30　折线型街道底景，上海嘉定古城

在传统的直线型街道中，空间只有一个消失点，在线性空间尽端设置具有吸引力的内容，可以极大地增强空间表现力。如日本浅草寺前的商业街是东京的名胜，在长约 300m 的道路尽端布置有观音堂，街道空间因此显得生气勃勃。另一方面，街道对景部位或侧面的标志物往往成为街道流线的引导，当街道与广场相交接时，这种竖向标志物又成为空间转换的转动轴。如意大利佛罗伦萨，人们经过直线型的乌菲齐大街进入佛罗伦萨市政广场（Piazza dela Signoria）时，由大街端部即可看到市政厅（Palazza Xecchio）角部的高耸塔楼。这一标志性塔楼既是乌菲齐大街的底景也是由街道空间转向广场空间的标志物（图 3-29）。

而传统的曲线或折线型的街巷空间，由于道路方向转折封闭了街景，避免了视线的无限延伸，使空间产生闭合感和亲切感。其外侧街景空间随着视点移动逐一展现在人们面前，其本身即是街道的底景。一些传统的曲线或折线型街巷的底景为高塔或楼阁、庙宇等较高的标志物，随着行进方向的不断变化更能形成步移景异的动人效果（图 3-30）。

2. 历史地区街道空间的城市设计方法

1）维护格局和尺度

历史地区的城市设计应维持街道传统的人性化尺度，在满足现代城市功能与维护历史格局之间寻求良好的平衡方式。例如成都宽窄巷子历史街区通过有效技术手段满足消防安全需求，避免了对街道的大幅拓宽。在法国巴黎香榭丽舍大街的改造中，将地面停车转移至地下，解决交通问题的同时避免了对传统街道人行空间的破坏（图 3-31）。

通过保护和控制街道界面的围墙、院落空间、入口、绿化和设施等的形式，以及沿街建筑的体量、高度、凸凹比、建筑色彩、檐口、屋面、屋瓦形式等，来延续街道的空间感受、节奏和韵律等传统风貌特征。

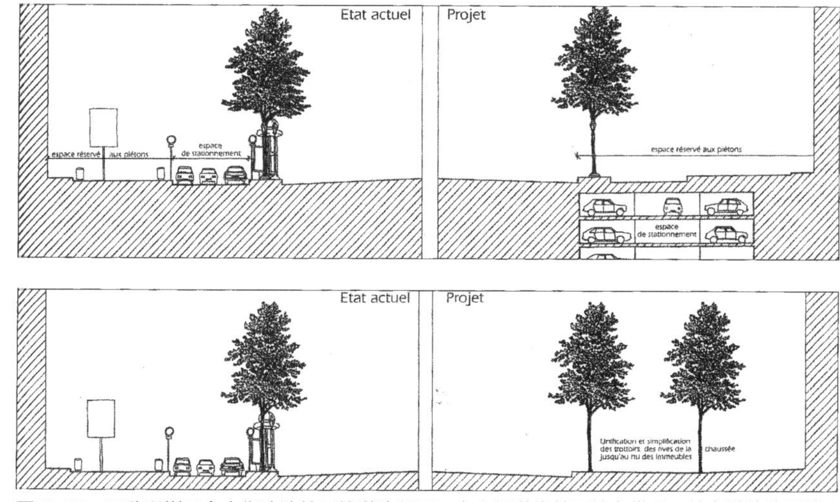

图 3-31　巴黎香榭丽舍大街改造前后的道路断面，由人行道代替了停车带后，停车被转移至地下

历史地区城市设计对街道界面的控制，要考虑历史地区建筑界面连续性的特点，对建筑退线（特别是在重点保护地区）进行差异性控制，根据原有街道空间尺度和景观特征考虑建筑后退距离，部分街道允许不后退红线。在确定新建建筑物的类型和大小时，应考虑街道的整体尺度，以“嵌入”的方式“织补”进街道肌理中，并提供具有围合感的街道界面（图 3-32）。

城市设计中对主要街道沿街建筑高度的控制引导也非常重要。在保护区范围内，通过更新改造在原有建筑之间插入的新建筑，应在檐口高度、屋脊线、建筑总高度等方面与两侧原有建筑保护视觉一致（图 3-33）。

2）确保安全与舒适

在历史地区的城市设计中，相较于追求交通的便捷性和可达性，更侧重于保护和塑造安全、舒适、宜人的街道环境。怎样复兴传统街道中

图 3-32　以“嵌入”的方式“织补”进街道肌理中的新建筑，墨尔本

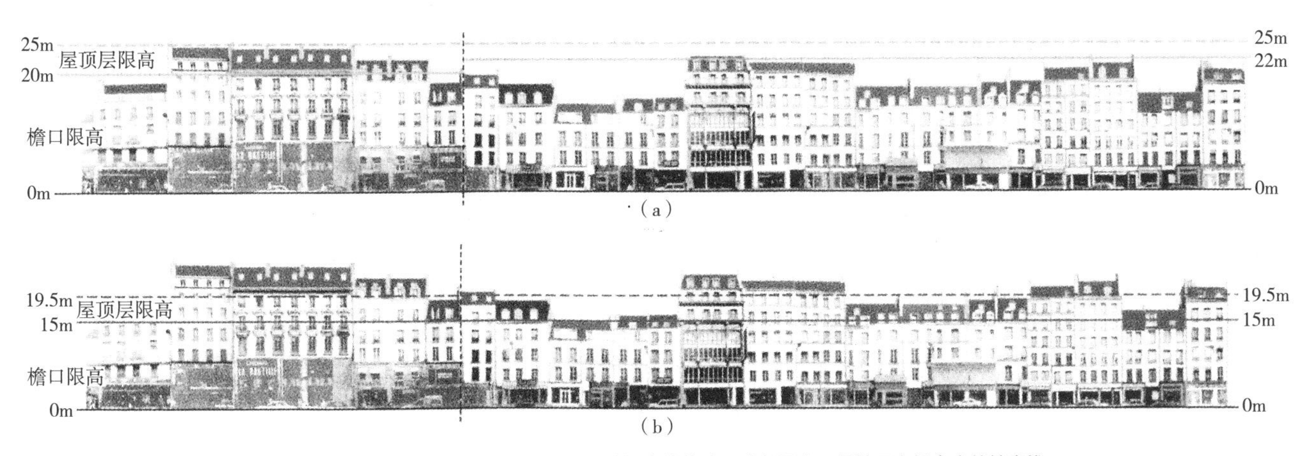

图 3-33　巴黎 Faubourg Saint-Antoine 大街通过对沿街建筑高度规定的修改，降低限高，保持了高低多变的轮廓线
（a）土地利用规划的一般规定；（b）建议修改的规定

（a）

（b）

图 3-34 诺丁汉巷道空间的改造
（a）诺丁汉幽暗狭窄的小巷；（b）诺丁汉经过改造后明亮宜人的步行街

的人性化空间成了街道改造所必须考虑的重点。设计中应重点考虑以下几点：①支持街道的多重用途，包括儿童嬉戏和成人娱乐。②以居民的舒适安全为目标，而设计和管理街道空间。③提供一个连接极佳的、趣味盎然的步行网。④为居民提供便利的通道，但不鼓励交通；允许交通通行，但不为其制造便捷设施。⑤把街道设计与自然和历史遗址相联系[①]。

通过保持较小的街道宽度，实行交通稳静化计划，都有助于增加街道的紧密感和畅通性，同时减少交通事故。"如果街道禁止车辆通过时，就有可能扮演广场的角色，即变成一处人们可以漫步、坐下来吃东西以及观察身边活动地场所。"通过改造成步行街对于提高历史地段的公共活动在城市生活中的地位，对促进历史地段与城市的良好交互起到立竿见影的作用。

另外，历史街道通常比较狭窄曲折，幽暗而缺乏人流活动的空间一定程度上会成为犯罪的潜在环境因素。因此，在城市设计中鼓励更多店铺面向街道空间开放，鼓励街道界面上更多门窗面向街道，保证"街道上的眼睛"一直存在，吸引高密度人流进入增强街道的活力，可以起到消除犯罪隐患，确保街区安全的作用（图 3-34）。

3）保持与提升活力

简・雅各布斯（Jane Jacobs）在《美国大城市的死与生》中曾说："当我们想到一个城市时，首先出现在脑海里的就是街道。街道有生气，城市也就有生气；街道沉闷，城市也就沉闷。"

考虑到人性化的外部空间设计，为街道增加更多的"虚"界面空间，或使街道两边的建筑尽量向街道开敞，形成室内外相互渗透的空间；利用临街商业门面组成街道步行空间与车流空间的复合功能区，使商店与街道之间的渗透空间活跃起来。这种街道两边建筑临近空间的渗透性和开放性，可以保持街道景观的视觉连续性和丰富街道空间的活力。

可以从对街道及其环境的欣赏的角度保护并补充城市景观，通过必要时对建筑物和其他障碍物的限制与规范，以及在关键地点设立新的观景点。如保护或增加直线型街道端部的底景景观，保护和强化街区中曲线或折线型的街道等。

另外，处理好街道阴角空间形成的小广场、街道转角空间的关系、街道与分支路口的关系，倡导多层次地与街道空间积极对话，强调人在街道上的交往活力。创造出富有生机的引人入胜的场所与人性化街道空间。

---

① 2003 年美国规划师 Michael Southworth 和 Eran Ben-Joseph 在"*Streets and the Shaping of Town and Cities*"中提出一些优化居住街道标准的设计准则对于历史地区街道空间设计同样适用。

以东京都大丸有地区保护规划为例，为给步行者创造更丰富的城市空间，规划城市设计导则针对建筑与城市道路之间的“中间领域”进行了详细定义，根据不同区域、不同城市轴线及不同功能特征的定义，设定了不同类型空间的构成手法以及基本设计原则（表 3–2）。

表 3–2　城市空间构成手法

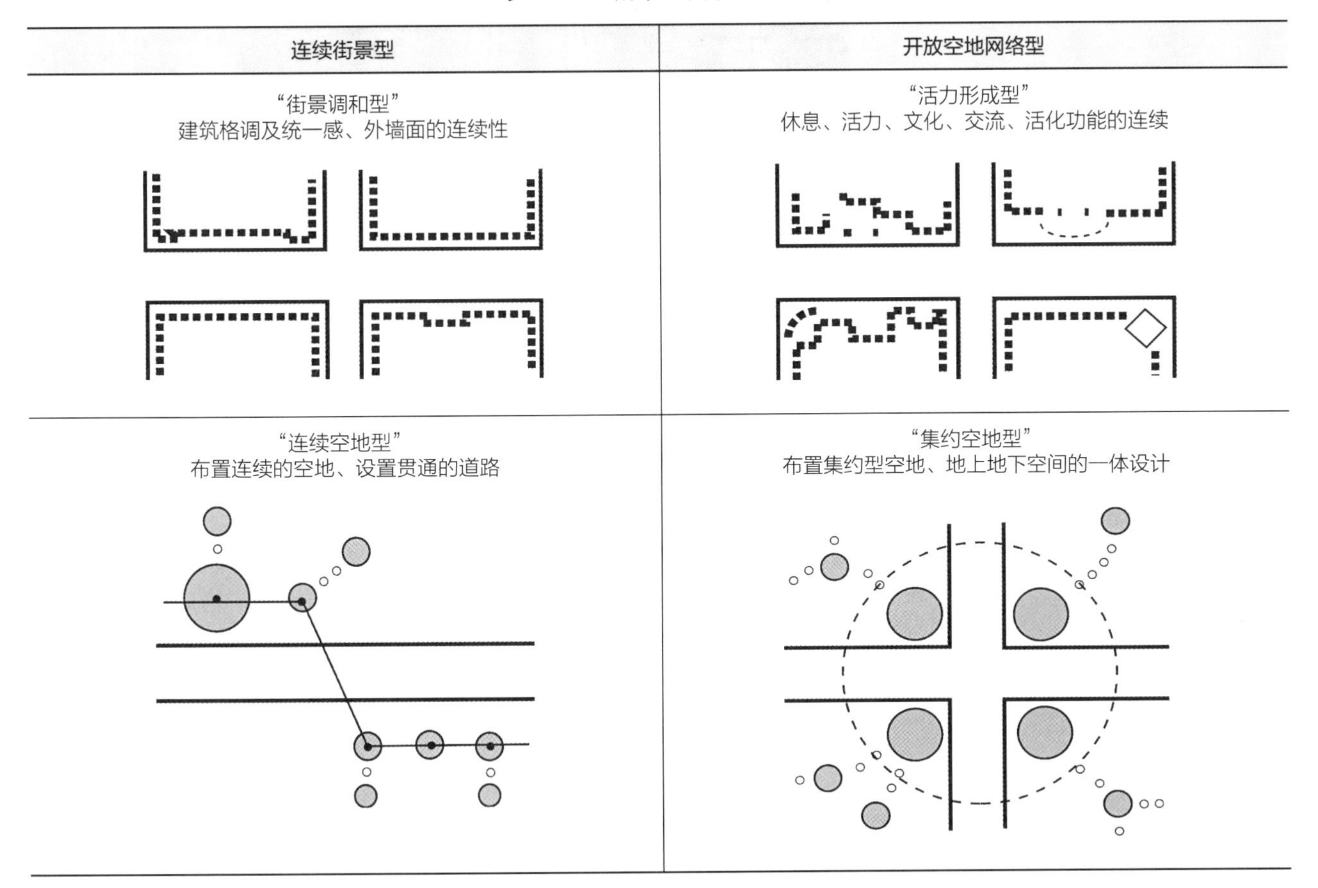

连续街景型	开放空地网络型
“街景调和型” 建筑格调及统一感、外墙面的连续性	“活力形成型” 休息、活力、文化、交流、活化功能的连续
“连续空地型” 布置连续的空地、设置贯通的道路	“集约空地型” 布置集约型空地、地上地下空间的一体设计

城市设计导则将建筑基地内的室外空间与街道空间统一作为城市公共空间进行设计，提出三维空间设计上的细则。除建筑退线、高度、人行道宽度，还包括了沿街空间功能、一层挑空、道路小品等细部的设计导则，多角度对中间领域进行非常细致的规定。以开放空地网络型为例（图 3–35），细则提出通过门厅的展厅化、一层挑空、设置小广场等形成室内外的宜人尺度，营造开放空间或半室内空间等；改善地下步行空间的同时，增强地上与地下的连续性；拓宽步行空间，增加步行的舒适度，设置咖啡或其他活动、休憩场所，扩大活动的多样性；以护城河环境为母题，创造有特色的环境和空间；通过沿街设置店铺和展厅以及街道上的小品、绿化等，为步行空间带来更多活力等（图 3–36）。

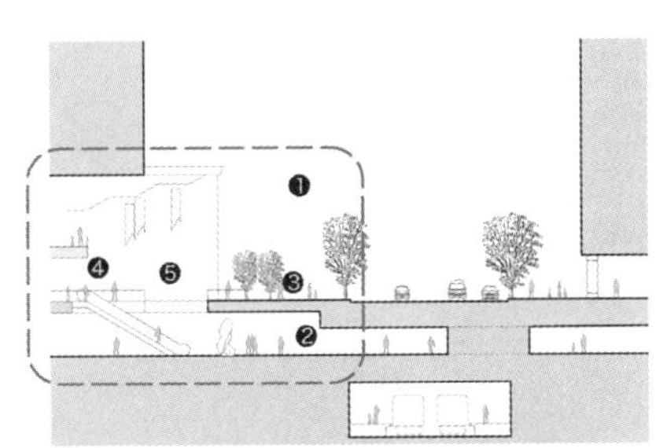

图 3–35　中间领域的城市设计导则示例

图 3-36 建筑内临城市干道部分设通高空间

3.3.3 开放空间

凯文·林奇认为开放空间就是任何人都能在其中自由活动的空间，强调其具有开放性、公共性和社会性。历史地区多样化的公共开放空间反映出城市广阔的社会和文化关联，是展现城市社会生活的最佳的幕布，为激发城市的繁荣和活力提供契机。

1. 历史地区开放空间的构成元素

1）元素类型

一般包括：街道（其中包括步行街、林荫道）、广场、绿地公园等室外空间；以及拱廊步行街、建筑中庭等半室外空间。在民主、平等、自由思想影响下，西方国家传统开放空间以各类广场、由宫苑和私人园林开放形成的公园绿地以及街道空间为主。在法国或欧洲古代公共空间的传统中，城市通常由主要道路、线性街区、宏大的开放空间和壮观的景观所构成，这表明视觉感受和景观效果是强调这种布局的主要因素；在意大利、希腊等欧洲国家，沿道路宽阔处或交叉处形成许多小广场，街道与内部空间相互渗透，生动又富有趣味；而中国、日本等亚洲国家，传统的历史地段的公共开放空间多以街巷为主，建筑往往有庭院围墙围合，更强调正负空间、住宅与庭院、室外与室内之间种种对比关系。

2）功能属性

历史地区的开放空间或以一系列开放空间的组合形成具有纪念性或仪式感的开放空间序列；或者以为重要标志性历史建筑（群）服务的形式出现，作为历史建筑群的周边环境净化区域，和通往历史建筑群的引导空间，起到突出和导向历史地区标志物的作用。

3）要素内涵

历史地区开放空间的本身包含着对历史性和文化性内涵的传承要求，它们是承载各类历史传统公共活动职能的物质载体，这些空间的容量和体系决定了城市的功能正常运转与否，开放空间系统存在的问题也是历史地区功能性衰退的重要原因之一。开放空间也是获取对历史地区认知与体验的主要区域。这种体验既是视觉上的形象体验，也是心理上的文化信息的体验。历史地区的印象与文化与开放空间密不可分，这种关系突出地表现为开放空间的标志性和场所感。

2. 历史地区开放空间的城市设计方法

英国的 T.Turner 在长期进行伦敦市开放空间系统的规划研究工作后，归纳了六种开放空间的布局模式，[①] 用抽象的图解方式描绘了在开放空间规划布局研究中曾产生出现过的规划理念，基本涵盖了目前城市中各种开放空间系统布局模式（图 3–37）。结合历史地区的特征，可以将历史地

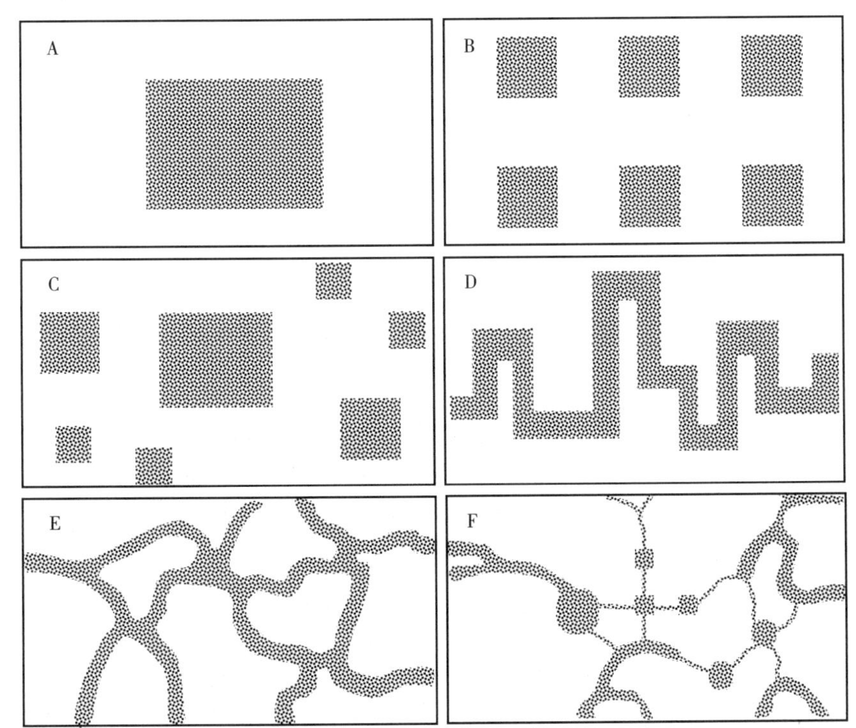

图 3–37　伦敦开放空间系统理论模式

① A——一个类似于纽约中央公园的多功能开放空间；B—城市开放空间的公平分配，这使人想起伦敦中部的居住广场；C——一个不同大小、不同层级结构的公园：大都市、市区与本地公园；D—在居住区内部的一条社区绿道；E——个相互紧密连接的公园系统，其中林荫道连接着开放空间的道路；F——一个环境上起着重要作用的重叠网络：行人、自行车路与生态走廊，其功能是作为整个城市的人行区，将人行区与绿化带组合起来。

区开放空间系统的形式概括为：①单一广场或公园；②分散的街巷广场；③不同规模等级的公园绿地；④建成区的典型绿道；⑤相互连接的公园体系；⑥可提供城市步行空间的街巷网络。

在城市设计中，应保存和延续开放空间的历史文化氛围，合理确定开放空间的尺度、规模和容量，结合历史环境选择适宜的开放空间布局形式，使其成为缓解历史地区功能性衰退，促进区域更新和复兴的催化剂。

1）保存和延续

保护和延续开放空间的尺度、空间界面、历史建筑和历史遗存。对开放空间进行环境改造和设计，提升环境品质，使其更适应现代社会使用要求。例如，日本东京的千代田区中心地带为日本的政治、经济、文化的聚集地，是首都形象的象征。千代田中心保留了与纽约的中央公园相当的大片的开放空间，不仅是对历史地段的保护与尊重，同时构成了空间上的传统象征意味，成为东京的特色地区（图 3-38）。

对历史开放空间的保护和设计可以有效延续街区的场所精神和人文环境。例如苏州平江传统街区更新中对水井空间的保留和设计。虽然随着自来水入户，公共水井早已失去了作为取水、用水设施的实用价值，但它所在的场地一直是街区居民社会交往的场所。设计中认识到这里具有凝聚居民的重要作用，因此将其转化为一个有文化价值的居住区内部的一块开敞绿地，并布局成尽端式小巷的收头，水井以其历尽沧桑的井栏，饱受井绳磨砺的井圈，以及地面古老的铺砌，树木的配置，传达着街区的历史和内涵。

图 3-38　东京千代田中心

2）突出与引导

对于单一历史建（构）筑物或建筑群组形式的历史遗存，以古迹为中心形成广场、游园等集中开放空间，突出表现历史遗存主体，并以此保存相关的残骸或遗址等更多的历史环境信息。或以广场、步行街等形成逐步接近历史遗存主体的引导性空间（图 3–39）。

图 3–39　西安雁塔广场的空间导向性

另外，在设计时将历史遗存主体作为目标，通过一系列的开放空间序列的设置，通过对在空间序列运动中的透视、视点的把握，空间的划分、正负空间的塑造，以及空间层次、尺度的微妙变化，激发参观者兴趣，引导人们逐渐靠近。

3）整合与重构

“整合”，是在空间形态碎片化的历史片段之间，通过开放空间形成“中间领域”这种特性，从而在碎片之间建立起有机的联系，消除碎片之间的割裂，使个体和局部能均衡、和谐发展并相互关联，形成城市空间的连续性。在“整合”过程中，既包括整合各物质要素的相互关系，形成合理的结构和功能关系，也包括整合这些物质要素所传递的视觉意象和文化信息。可以通过改造现有开放空间、利用旧建筑拆除后场地植入新的开放空间等方式，实现“整合”构建开放空间体系，从而在历史地区的碎片中建立一种秩序，使其成为解决区域结构性衰退的重要保证。例如在柏林波茨坦广场（Potsdamer Platz）设计中洛伦佐·皮亚诺的方案不仅延续了原有的波茨坦大街，并且在尽头形成了一个新的广场，通过新老步行街道把开放空间串联起来，同时与现状原有建筑国家图书馆形成了良好的对话。

图 3-40 诺丁汉改造后的国王步道（King Walk），引入了混合功能以增加街巷的活力，包括底商、咖啡馆、餐馆、酒吧和旅馆大堂、办公接待厅、休息室、艺术画廊等公共设施

图 3-41 诺丁汉改造后的外汇商场（Exchange Arcade）穹顶步行街

“重构”，是结合自然历史要素在历史地区重新构建开放空间序列，这已成为许多历史文化名城的城市功能区域开放空间的组织形式。法国巴黎的塞纳河两岸，以塞纳河为骨架的开放空间序列与城市的历史文化景观共同构筑了城市的文化氛围，形成引人入胜的场景，体现了巴黎作为文化大都会的无穷魅力。

受我国传统城市布局特点的制约，我国传统历史地段普遍缺乏广场、公园绿地等可提供城市和社区公共活动的类型的开放空间。因此，城市设计中应充分梳理和利用现状开放空间，充分利用拆除建筑、整合城市肌理后形成的场地，增加新的满足休闲、文化、游憩等功能的开放空间。并将新老开放空间与历史地区的标志景观、文化设施、服务设施、自然要素相结合，统筹重构系统的开放空间体系，提供功能性公共活动场所，展示历史地区风貌和文化魅力。在设计中应注意控制新增开放空间的空间尺度，使其与周边历史环境肌理协调统一。

4）创造与提升

简·雅各布斯提出“市民愿意停留即是城市活力的最基本条件，也是进一步发展商业，带动城市经济的前提”。从多种角度改造非积极空间，提高空间可利用度，创造多样性的活动空间，发挥传统公共开放空间的历史魅力和文化内涵，吸引人群停留，可以有效提升历史地区开放空间活力，恢复并提高其对城市资源的吸引力。

在欧洲，将一些界面封闭的消极空间改造为半室内步行街是一种常用方式。如英国诺丁汉的一些开放空间的改造，将单独一条巷道顶部封闭或利用原有建筑下的通道改造，将其转化成半室内步行街。或将一个街坊中的巷道系统进行整体设计，利用拱廊和穹顶的组合将其封闭为一个购物中心，营造了吸引人的零售环境，是重塑开放空间，使历史街区开放的好方法（图 3-40、图 3-41）。

3. 历史地区滨水空间的城市设计方法

滨水空间作为公共开放空间的一种独特的形式，是提供城市公共休闲、游憩、纪念活动和环境综合管治的重要区域。

历史地区的滨水空间在历史上多为港口、码头、仓库、货栈、工厂等集中区，以传统工业、仓储和运输业功能为主。发达国家的历史地区滨水空间在 20 世纪中叶经历了世界产业结构调整带来的逆工业化过程后，传统产业职能严重衰退，一度成为亟待更新的闲置、衰败区。我国传统滨水空间虽然没有经历过产业革命的冲击变革，但在历史上一般都经历过水运、商贸繁盛期，现在通常也面临区域平庸、衰退的问题。

基于历史地区滨水空间承载传统文化、历史风貌和城市记忆的重要作用，结合规划通常将工业生产空间转变为以休闲和文化为导向，以消费和创意为核心的体验、观光、展示空间，并通过城市设计对原有工业

图 3-42　英国诺丁汉滨水空间设计

化空间进行解构、重组和优化，在保护和传承历史风貌特征的基础上，达到区域更新和复兴的目标。主要方式包括：

1）植入公共开放空间、构建慢行网络、提升外部环境的可达性。通过构建滨水区开放空间体系，在城市腹地和滨水区之间设置一定数量的垂直于岸线方向的景观视觉廊道等方式，加强滨水区与城市腹地、滨水区各公共空间之间的联系。通过提供更多亲水空间，组织步行、骑行系统，改善外部交通环境等方式，将水域和陆域的公共空间与人的活动有机结合（图 3-42）。

2）发掘并渲染历史遗迹，如工业遗址独特的空间与建筑特征，传承风貌特色的同时创造一种新奇的美学体验。这里以新加坡克拉码头地区的更新规划为例，详解其作为历史保护地区滨水空间的城市设计要点。

新加坡河是 19 世纪贸易港时代新加坡的生命线，20 世纪的迅速城市化和贸易扩张使得新加坡河污染状况持续恶化，而后货运服务的转移更使得新加坡河沿岸陷入沉寂。此后政府通过启动清理工程和更新规划，经过 10 年的不懈努力终于使新加坡河重现生机（图 3-43）。如今，这里是新加坡一处重要的旅游景点和娱乐景点。整个新加坡河区域主要分为三个区域：休闲娱乐区（驳船泊头区）、商业娱乐区（克拉码头区）和宾馆住宅区（罗伯逊码头区），其中克拉码头位于新加坡河历史保护区中段，19 世纪中期已成为殖民地贸易中心。码头占地约 $2hm^2$，为满足贸易需要共建成 5 个街区，容纳着 60 余座仓库和店屋，大部分建筑均保留至今。克拉码头区域曾经是建造和修补船只的地方，是货栈、仓库和商店集中的码头区，存有大量移民时代留下的排屋，历来人口非常密集，流动性大。在 1985 年的《新加坡河概念规划》中，克拉码头被定位为充满活力的“嘉年华村”。

图 3-43 21 世纪初新加坡河治理后景象

克拉码头地区的空间设计亮点主要包括：

（1）“旧”换“新”的空间功能转变

克拉码头区域曾经被仓库、厂房、传统店屋等历史建筑所充斥，这些历史建筑通过功能置换，现在已被改造成商店、餐厅、旅馆、咖啡厅、酒吧、高档住宅等，以适应商业和旅游的需要。拆除一些质量较差的工业建筑和棚户建筑，以新的建筑来替代。同时，规定克拉码头的建筑容积率不能大于 2.8，通过容积率的限制，以控制区域内新建建筑的高度和密度，从而达到新老建筑之间的协调。通过功能置换，克拉码头区域既保留了新加坡本土元素和历史元素，同时也增加了大量国际化元素。年轻一代来到这里可以感受国际化娱乐新体验，购买潮流商品。国外的游客可以感受本土特色，游览传统建筑，欣赏本地实物。

（2）“传统”与“现代”相结合的建筑空间组合

1985 年《新加坡河概念规划》中指出，新加坡河滨水改造的目标包括：对于目标地区重新注入活力，保留旧有建筑的特质和历史感的同时开发新建筑，并以新加坡河作为空间导向，保证新旧建筑能和谐存在。这种要求区别于滨水区域的简单改造和复原，强调将不同的景观赋予一种统一的观感。新加坡河区域遗留的一些商铺，其建筑形式多为东西方混合式，多利克式的柱子、圆形拱门、高窗和中国式瓦屋顶，这些建筑元素都突显着殖民时期的特色，在改造利用过程中对于这些具有较高历史和文化价值的传统建筑充分保留，供游客参观。

克拉码头的一大设计亮点便是荷叶状的“顶棚”，它像一把巨大透明的遮阳伞，把古老的建筑、步行街、行道树全部遮盖，既统一了零碎

图 3-44　克拉码头的夜景和荷叶状“顶棚”

的空间，又增添了空间特色，同时起到了在热带地区遮阳、挡风的实际作用。如此巨大的透明顶棚不但使得码头休闲商业活动不受气候的影响，而且夜晚绚丽的色彩，更是成为人们的视线聚焦点（图 3-44）。

（3）“封闭”走向“开放”的滨水空间设计

新加坡河更新设计的宗旨是将新加坡河沿岸设计为一条能反映新加坡文化传统及地域特色的公共活动走廊。克拉码头的沿岸由四条廊道构成：商业廊、步行廊、餐饮廊、水廊。这四条廊道形成“退台”式滨河空间界面。以临河距离为依据，进行功能板块划分，第一层面布置餐饮，第二层面为人行步道，第三层面以商业、娱乐、办公的复合功能为主，用纵深的体量来吸收、消化和支撑滨水景点的巨大人流量。克拉码头滨河步道并没有很大的退界和很宽的绿化景观带。为了营造具有“围合感”的河道空间，河岸上的建筑距离河岸较近，大多都只有 10 ~ 15m（图 3-45）。为了打造“开放式”空间，营造亲水效果，在规划和建筑设

图 3-45　克拉码头滨河步道空间

计上采取了必要措施：面向河流的建筑高度限制在4层以下；滨水建筑的首层设置连续的“有顶人行道”；后排建筑距离前排建筑的距离不得少于16m，高度不得超过10层。沿岸的公共活动空间及开放空间不但注重空间围合感和人的创造活动，在景观设计上非常注重设计的多样性。这种多样性体现在室外家具的设置上，通过室外家具的设置来分割活动区域，以达到最大程度的利用率和交融性，为人们提供更多的活动空间。

（4）“外围”与“内网”同构的交通组织方式

交通的便捷性是城市商业中心对消费者吸引力的决定性因素。新加坡河区域外围设置成环形车行线路，通过快速路与城市其他区域进行连接，公交站点均匀分布在离河较近的环形机动车道上。滨河沿岸是完全步行化的公共活动空间，8座大桥加上3座人行桥梁将两岸联系起来，形成密布整个区域的交通网络。这种“外环＋内网”的交通模式，大大提高了新加坡河公共空间的便捷性和开放性。区域内完全步行化的活动空间给予人们最人性化的购物体验，成为公共活动最集中的空间场所。再加上多条架设在河道上的步行桥，使得两岸的联系更加紧密。此外，充分利用克拉码头位于新加坡河上游的地理优势，开发水上“的士”，整合3个码头的主要景点，使自身价值放大，成为游客旅游参观的首选目标。

经改造和重新定位后，如今的克拉码头现有近200家商店、酒吧和餐厅，每月平均吸引50万消费人群，已经成为新加坡购物、休闲、旅游、餐饮的热点区域。

3.3.4 建筑物

城市设计虽然不是直接设计建筑物，但却在一定程度上决定了建筑形态的组合、结构方式和城市外部空间的优劣。在历史地区城市设计中对建筑的控制主要集中在处理新旧建筑的关系，尤其是对文物建筑、历史建筑，以及历史地段周围新建建筑的形态与风格的处理和控制。场地中的现存建筑通过特征、材质，以及人性尺度的丰富性塑造了城市风貌特征，这些建筑的物理属性和特征在城市建成环境的价值框架下为未来的城市设计建立了目标。

1）对于历史地区的文物建筑和历史建筑，应结合其自身特点，按照保护规划以适当的方式保护、改造和再利用原有建筑物和建筑元素。例如日本大丸有地区城市更新中对历史建筑的活用。大丸有地区虽历史悠久，但经过明治时期、第二次世界大战的大规模建设，以及20世纪60年代后的快速经济发展，片区内大量历史建筑被拆除，20世纪中叶之前的历史建筑现仅存6栋，其中被列入保护名单的建筑只有4栋。在日本，城市更新仍然以新建高层建筑为主，在其过程中得以完整或部分保留的历史建筑为数不多，在大丸有地区，只有明治生命馆是国家级重要文化财（相当于我国的国家级重点文物保护单位），得以完整保留，并于保护修复工程竣工后部分面向公众开放，其他建筑均采取了部分保留的方式，其特点是保护与活用手法多样，较多层次地体现了新建筑与历史建筑的共存，在可能的范围内实现了历史文脉的继承与再生（表 3-3）。

表 3-3　日本东京大丸有地区历史建筑概况及保护再生手法

建筑	保护等级	保护再生手法	建成时间	建筑师	拆除、损毁及改造时间
明治生命馆	国家级重要文化财	整体保护，后部建高层办公建筑	1934	冈田信一郎、冈田捷五郎	无损毁、无改造
东京火车站	国家级重要文化财	局部复原，恢复初建时风貌	1914	辰野金吾	1945 年三层及穹顶损毁
日本工业俱乐部	国家登录有形文化财	保留原建筑 1/3，中间设室内中庭，后部新建高层办公建筑	1920	横河民辅、松井贵太郎	2003 年改造
DN21 大厦	东京都选定历史建造物	移动一栋建筑立面至另一栋建筑背面，二者合而为一	1938	渡边仁、松本与作	1995 年改造
丸之内八重洲大厦	无	转角局部保留原有建筑外观，后部新建高层办公建筑	1928	藤村朗	2009 年改造
中央邮政局	无	保留沿城市干道立面及部分室内，后部建高层办公建筑	1931	吉田铁郎	2012 年改造
三菱一号馆	无	整体复原重建，变更功能为美术馆，后部新建高层办公建筑	1894	乔西亚·肯德、曾弥达藏	1968 年拆除，2009 年复原

（1）部分复原的东京火车站

东京火车站竣工于 1914 年，是日本近代最有代表性的历史建筑之一。但是该建筑在第二次世界大战中遭到空袭，原有穹顶与最上层基本损毁，战后不久该建筑虽得到修复，但去除了三层，原有穹顶也改建为较为简单的坡屋顶。2000 年，铁道公司正式决定修复工程，恢复至设计之初的原貌。2012 年竣工，成为该地区最重要的历史建筑和地标建筑（图 3-46）。

图 3-46　复原工程竣工后的东京站正立面

图 3-47 三菱一号馆内部中庭

图 3-48 中央邮便局保留与新建建筑

图 3-49 中央邮便局室内 5 层通高空间

（2）整体复原的三菱一号馆

原三菱一号馆建成于 1894 年，是日本第一座办公建筑，在日本近代建筑史、日本城市发展史上均具有重要价值。在 20 世纪 60 年代快速经济发展中，三菱公司强行拆除该建筑，而在这次城市更新计划中，三菱一号馆以美术馆形式得以复原重建。城市设计强调对单体建筑的价值认知扩大到城市层面，强调在城市中的定位。因此建筑设计上，首先变更功能为美术馆，利用文化设施可依据都市再生特别地区条例获得容积率提升的优惠条件，这也成为这座历史建筑得以复原的最重要契机。其次在空间设计上，特别注意美术馆作为城市公共空间组成部分的角色，在复原建筑与后部高层建筑之间设置了室外英式风格的中庭，该建筑现已成为该地区重要文化设施之一（图 3–47）。

（3）局部保留历史建筑

大丸有地区内的历史建筑中，除东京火车站和明治生命馆整体保护之外，其他均采取部分保留，后部新建高层办公建筑的方式。日本工业俱乐部保留原建筑约三分之一，其余多为保存沿街立面，后部加建高层，其中的中央邮便局是新旧建筑较好结合的代表性案例。中央邮便局是日本现代主义建筑代表作之一，在城市更新中，建筑物保留了临东京火车站一侧的主立面和后面一个柱网进深的室内部分，新旧建筑之间设置五层通高空间，可以同时看到不同时期建筑的对比与协调，强化了原有建筑的特殊氛围与设计。此外原有建筑屋顶改为上人屋顶平台，也成为俯瞰东京火车站的绝佳场所，城市公共空间设计的优秀案例（图 3–48、图 3–49）。

此外，DN21 大厦的再生策略也很特别，这栋建筑原为第一生命与农林中央金库两栋不同建筑，在城市更新中，面向皇居护城河的第一生命建筑部分保留，背立面则使用了农林中央金库的正立面，两栋历史建筑合二为一，进行了大胆的再设计。

2）对于一般建筑，在城市设计导则中应提出对建筑的体量、尺度、比例、风格、造型、沿街后退、材料质感、色彩、细部等的控制引导要求。当我们去看建筑群时，会认识到建筑群可以创造城市或区域的特征。它们也是城市发展过程中变化最大的，因为与街区、道路等相比，建筑最容易被改变。而建筑物之间、建筑物与其他城市空间要素之间的关系应该被尊重，这样才可以使城市发展演变的历史积淀得以保存，使新、老建筑之间更为和谐。因此，在城市设计中有几点原则需要遵循：

（1）引入的新建筑群所形成的空间格局应该强调历史地区的地形形态，以及活动中心的重要性。它还应有助于界定街道区域及其他公共开放空间。

（2）引入新建筑或建筑群应尊重原有空间组织，包括原有的地块划分规模和尺度。在整体尺度和规模上与原空间形态相协调。

（3）延续历史地区的传统布局模式和特征，提炼构成街区肌理的基本元素将其运用到新建筑或建筑群的设计中，使其和谐地融入城市肌理中。一般来说，只有历史保护类单体建筑物和构筑物才可以突显于城市肌理之中，作为重要设施或视觉焦点而存在。

（4）城市的功能随时间而变，因此城市设计的重要挑战之一，是使建筑、文化、创造力、材料和建造方法的当代表达，可以融入历史文脉之中，而不是导致突兀的冲突，从而使历史地区的肌理也随之进行恰当的更新、进化，符合所处时代功能的需要。历史地区建筑形态的组织原则，不是限制建筑设计体系，而是鼓励这种更新，使优秀的建筑可以表达它们所处时代的价值、技术、设计感觉的同时，尊重、融入、唤醒和强化周边环境的肌理，与周围建筑和睦相处。因此，比起必要的复制历史形体、风格和处理方式等，新建筑更应被鼓励通过研究体现传统风貌特征的建筑语汇，在新建筑设计中以现代材料和形式进行现代转译，去回应它们周围的文脉。

3）波士顿设计导则所提出的历史地区有关建筑设计控制引导的要素如下：

（1）必须修复和保持的原有部分。历史上的重要材料、建筑的特征，必须尽可能地不要替换成其他不同的设计。

（2）在不得已变更建筑的材料或其特征部分时，新使用的材料在构图、设计、色彩、质感以及其他视觉元素方面，与替换下来的材料相比，必须丝毫不逊色。

（3）新建建筑具现代设计风格时，其设计在建筑尺度、规模、色彩、材料、质感以及其他视觉元素方面，与替换下来的材料相比，必须丝毫不逊色。

1. 尺度与体量

尺度和体量是构成建筑组群肌理的重要指标。

各种建筑构图中都存在一种尺度模数或尺度因素，建筑处理中的尺度粗细程度可称作纹理。在一个视觉区域内，如果有几种单体建筑物的纹理相近，尺度模数接近，则可以构成较细致的纹理组群，反之则可能构成相对粗糙的纹理组群。

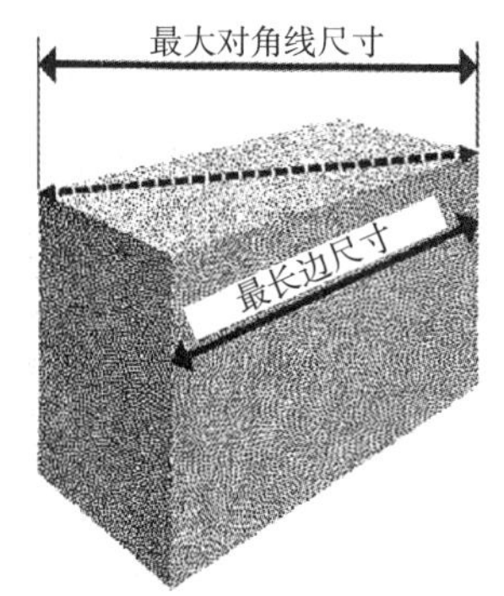

图 3-50　体量的测量方法，旧金山

图 3-51　对新引进的大体量建筑采取化整为零的方式，与历史建筑尺度取得协调，旧金山

设计中可以采用量化加感性的方法对历史地区建筑组群尺度进行分类与评价，以取得适宜的尺度衡量标准。如美国旧金山规划局采取控制建筑的最长立面尺度和最大对角线平面尺度的方式来测量和控制建筑体量（图 3-50）。历史地区新引进的建筑尺度，应结合周边历史建筑的主导高度和一般体量严格控制，形成和区域适宜尺度相符的较细致的纹理组群。在重点保护地区，新建筑应与历史建筑保持同等的高度或低于历史建筑的高度。新建筑可在设计上考虑退线、退台及其他视觉上消隐退让的方式，或采用化整为零、化简为详的方式来降低大体量建筑的负面影响，避免大体量建筑支配原建筑并控制街景（图 3-51）。

2. 比例与节奏

建筑的比例反映了建筑的立面关系，给人最直观的视觉感受，建筑组合的一系列比例关系则形成了节奏。

设计中需要研究历史地区建筑立面的构成比例、形式规律，包括整体建筑之间或建筑与构件之间的比例关系，如建筑整体的窗墙比例、建筑垂直方向的构成关系（如古典三段式构图）、水平方向节奏韵律（如单元重复构成的联排住宅）。使新引入的建筑延续周围历史建筑的比例关系，与相邻建筑（包括占整个街区立面的建筑，以及街对面的建筑）的节奏相协调。相似的比例可以使人们产生视觉上的连续性，从而保持历史街道界面的延续性。

3. 材料与质感

传统材料、本地材料的大量使用，材料自身及历经岁月沉淀后形成的独特质感，往往赋予历史地区鲜明的地域特色。

设计中使用通用的周边历史建筑环境类型相近或相同的材料，可以强化历史地区的传统特征和场所感。或采用当代材料，在质感和色彩方面贴近历史建筑，在加强新建筑和历史建筑之间关联的同时，使整体建筑环境的材料特征更具有吸引力（图 3-52）。

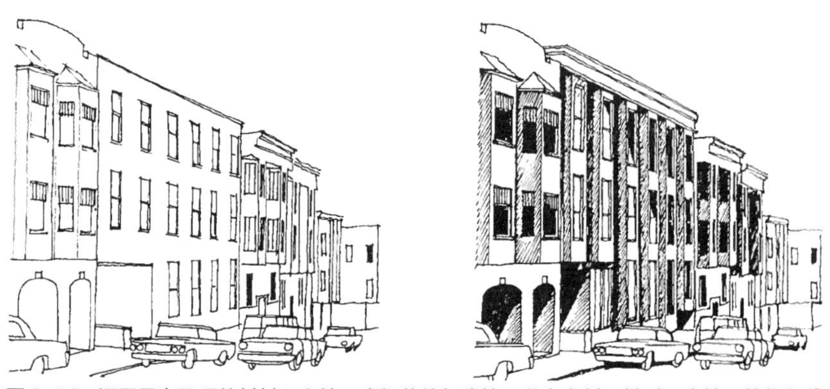
图 3-52　运用具有肌理的材料和人性尺度细节的新建筑可以大大削弱其对历史地区的侵入感，旧金山

图 3-53　在建筑与行人关系最为密切的底层界面有必要增加更小的人性化尺度的细节，布拉格

4. 立面与细部

新引进的建筑应在建筑立面的虚实关系、比例分割、材质色彩、屋顶形态等方面与周围历史建筑取得一致。

立面上的细部也是不可忽视的重要部分。历史地区主要依靠步行，在步行过程中人们对环境细部的感受也比较敏感，特别是建筑界面的细部。同时在历史地段中，由于人们的视野范围有限，不容易看到建筑的全貌，因此历史建筑的体验，更多的是从细部中获得，所以细部也成为反映历史地区建筑的历史文化和艺术价值的最重要元素（图 3-53）。细部主要要素包括：入口、窗、檐口、屋顶、玻璃、装饰带、饰板、柱、栏杆、楼梯、围墙等。特别是屋顶元素，历史建筑及建筑群往往有丰富的屋顶形象，新建筑的屋顶形态（高度、坡度、造型等）应与历史建筑的屋顶轮廓线相呼应。

设计中需要对建筑细部要素做出引导，通过对历史建筑细部良好的保留，在历史地区整体建筑环境上实现地域文化的认同感。

3.3.5　城市色彩

根据法国著名色彩学家让·菲利普·朗克洛（Jean Philippe Lenclos）的“色彩地理学”的概念，自然地理（诸如地方材料、气候条件等）和人文地理（地方文化传统、风俗习惯等）两方面的因素共同决定了一个地区或城市的建筑的色彩。城市色彩不仅直接影响着历史地区的整体风貌和特色，更反映出其背后深刻的历史人文内涵和城市内在格调气质。

1. 历史地区城市色彩的构成元素

城市色彩的构成元素主要包括：环境色彩和建筑本体色彩。其中环境色彩包含了自然环境色彩、景观绿化色彩、地面铺装色彩以及广告、设施等其他附加物色彩。建筑本体色彩又包括建筑基本色调、衬托和点缀色调。

气候和绿化植被条件决定了地区的自然环境色彩。而建筑的本体色彩及其与环境色彩的关系，则是地域建筑材料的应用和地域文化特征共同作用下的结果。如希腊爱琴海各岛上，白色的住宅由当地出产的石灰涂刷而成，在蓝天绿树和鲜花的映衬下非常明亮醒目，形成与自然环境色彩的鲜明对比。而我国江南地区传统建筑的粉墙黛瓦、深棕色梁柱，与江南烟雨绵绵的气候环境相适宜。我国关中地区民居多以灰色、土黄色、赭石色作为主色调，与黄土地的地理环境色彩一致，展现出黄河文明的浓郁气息。

2. 历史地区色彩的城市设计方法

在确定历史地区色彩定位时，应综合考虑历史文化环境与自然气候环境的双重影响作用。城市设计中色彩的引导应遵循色彩和谐的原则与规律。具体包括：

1）色彩的主从性

把握历史地区城市色彩的构成“基因”，对于建筑本体和环境色彩“基因”中占主导地位的基调色，设计中引入其他颜色时注意与基调色之间主从关系的协调。其次，重要街道、观景通廊、广场绿地等开放空间周边界面建筑色彩应协调统一，并在历史地区内占主导地位。景观绿化、地面铺装以及广告、设施等色彩应服从建筑主体色彩，共同烘托建筑所传达的文化氛围。另外，建筑局部的色彩应起到补充、加强和反映建筑主体特色和细部特征的作用。

例如北京建筑大学设计艺术研究院对北京老城色彩的研究，提炼出北京老城历史文化街区的五色系统——“青、赤、黄、白、灰”作为老城的基调色。五色系统分别对应了“雅、典、庄、和、静”老城五色风貌映像内涵。

2）色彩的联系性

考虑整个历史地区的颜色的同一性，并使新的建设中采用的色彩与之相类似调和。20 世纪以来，随着建筑材料工业的发展，地方天然材料的使用大大减少。由于工业制品的世界共同化，随之开始了无国别的国际式建筑时代。因此，合理适度地采用该地的地方材料色谱，使新建筑色彩融入历史地区，是在现代建设活动中保护和发扬历史人文景观的最为简单易行的方式之一（图 3-54）。

图 3-54　新老建筑并存，色彩和谐的棕灰色调老城，爱丁堡

3）色彩的对比性

色彩也可在协调中通过一定的对比体现独特性。如北京紫禁城以色彩鲜明的黄琉璃屋顶、红色柱子以及颜色丰富的彩画，与周边普通灰色民居形成强烈的对比。对于历史地区重要的节点、地标建筑（群），其色彩可与周边建筑色彩形成一定的差别，突出其作为空间视觉焦点的地位。

利用具有丰富色彩的积极的视觉外观设计，也有助于重拾历史地区价值。例如巴西圣保罗中央商务区（ProCentro）的项目实践。圣保罗中央商务区在 20 世纪 90 年代陷入衰退，街区萧条，高层建筑外墙锈迹斑斑，并且面临着政府缺乏经费投入的困境。在这种情况下，巴西成立了名为“粉刷圣保罗”的组织，对超过 400 座市中区的建筑物进行粉笔色彩粉刷。多彩的色彩展示成为帮助圣保罗市中心找回生命力的一大因素。

3.3.6　环境设施

环境设施是历史地区开放空间的重要组成部分，包括公共设施、艺术小品、铺设材料、采光照明、街道家具和标识系统等。环境设施不仅具有各种功能性作用可以服务街区、美化环境、提升品质，同时也是展示历史文化和街区魅力的重要载体。在城市设计导则中应对其制定详细

（a）　　　　（b）

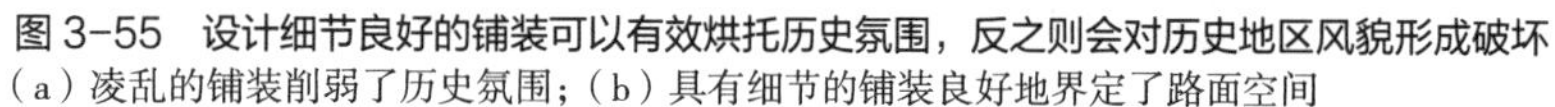

图 3-55　设计细节良好的铺装可以有效烘托历史氛围，反之则会对历史地区风貌形成破坏
（a）凌乱的铺装削弱了历史氛围；（b）具有细节的铺装良好地界定了路面空间

图 3-56　富有现代感的街道环境设施为传统街区注入活力，捷克比尔森

的要求，保证改造更新后的环境品质（图 3-55、图 3-56）。

环境设施的布置应注重以下几点原则：①保护传统设施和构筑物，保持历史文化的延续性，不能片面地追求全新的形式。可以通过景观再现、借鉴转化、抽象表达、对比融合、隐喻象征等手法来表现历史地区的文脉特征。②通过与地方文脉相关联的符号语言和公共艺术表现形式，从当地的历史典故、民间传说、名人文化等方面提取元素作为街道雕塑或其他公共艺术的创作灵感，塑造能充分表达历史地区文化内涵的特有的景观意象，起到介绍和展示历史沿革、民俗风情、传说故事等人文要素的作用。③结合功能和使用的具体要求，在形式、风格、色彩、材质等方面力求与历史地区风貌的协调统一。④充分考虑人的行为、活动特点和观景视线的需求，形成尺度平易近人，与周围环境相得益彰的特色景观。

3.4　地区文脉要素

3.4.1　场所精神

历史地区得以长久存在，并为人们所依恋和认同，除了其精美的物质空间环境外，更多地来自它们所代表的社会、历史、文化价值，及其所承载的人们对特定空间环境的体验与需求。这种空间的文脉意义，以及人们的活动与空间环境的特定联系，构成了历史地区的场所精神。

诺伯格·舒尔茨（Christian Norberg-Schulz）的场所理论从人性的深层次需求出发，提出只有当空间从社会文化、历史事件、人的活动及地域特定条件中获得文脉意义时，方可称为场所。它的产生应伴随着人们活动的进行，场所不仅仅承载活动，更重要的是赋予人们心理的暗示与引导，给予参与者归属感、认同感、领域感、安全感等诸多感受。历史地区的城市设计对“场所精神”的关注，是保护或营造“人性空间”的重要因素。

1. 场所精神的体验

历史地区传统空间的场所精神传达给人们的归属感、领域感、认同感和安全感是城市设计中需要特别关注的内容。只有将人的文化、交往、生活等活动和与之相适应的空间建立起联系，从而结合成一体，才能形成富有场所感的历史空间环境。城市设计不仅要通过对历史地区特定空间的保护、修复，满足人对于传统空间的生理、心理感受的适宜性要求，更要将空间赋予文脉的意义，通过对历史印记和传统活动提供适宜的空间进行介绍和展示，给人们带来对历史事件、故事传说，曾经人们的生活和各种活动的体验与感悟，使历史空间的场所精神得到充分的体现。

2. 人与场所的联系

现代的社会环境和社会活动需求，打破了历史地区传统物质空间和传统生活方式之间的平衡。地区整体环境的衰退、经济活力下降等，更加剧了人们对于历史地区的疏远，以及对邻里交往的漠视。因此，除了强调对历史地区场所精神的体验和感受，更重要的是实现人们对历史地区传统空间的使用、传统活动的参与，促进人与场所之间的积极互动，这对人的活动和空间本身都有要求。城市设计应注重在场所的营造中，体现对人的情感表达以及邻里活动方式的人文思考，积极寻求人的活动与空间的密切互动的方式，从而在现代社会环境和传统物质空间之间重新建立一种平衡。

通过对传统社会活动、文化体验、空间体验的继承与发扬，以及对新的活动与体验的引入，创造多样化的生活场所，实现对历史地区场所和活动的整合。

通过对社区的营造，保护传统的邻里关系、交往模式和心理需求。同时创造更为丰富多样的交往空间，使其既能适应现代生活的需求，同时可以拉近邻里之间的距离，延续历史地区的活力与生命力（图 3-57）。这里对原住居民的维护就显得尤为重要，如果原住居民大量流失，历史地区的生活形态和所表达的场所精神也将被彻底颠覆。例如，改造后的上海新天地由过去市井生活形态的居住区，变成了提供精致休闲活动的城市客厅。

图 3-57　以社区营建为导向的台大校园入口改造
(a) 将原先封闭的入口改造成为一个可以与周边社区居民交往与对话的公共空间——“言论广场”；(b) 台大成为了“社会信息转播站”

3.4.2　人文环境

历史地区所植根的人文环境，是城市传统文化内涵和基于历史地区空间所形成的传统网络结构的综合体。人文环境包括了社会环境以及文化环境，是人们精神生活的结晶，反映了居民的社会生活、民俗习俗、生活活动、文化艺术等方面。即由人组成的社会组织特色以及该群体拥有的文化特色，诸如生活方式、价值观念，舆论和信仰等。这些特色反映了社会组织成员之间进行交往的、重复出现的结构模式，以及这种群体拥有的文化所具有的价值、信仰和规范。文化始终存在，并且代代相传，追寻历史街区的人文环境特色，便是追寻被当作传统接受下来的社会环境特征和文化环境特征。

1. 社会环境的保护传承

社会环境反映了人对于空间的适应方式。社会交往活动是营造历史地区活力的关键，与物质空间直接产生关系。具体包括：

1）社会网络结构

历史地区的社会网络往往以地缘、业缘、血缘为纽带，居民的口音、饮食习惯、生活习惯和价值观基本相同。在共同居住和生产活动中形成了比较明确的群体规范，以及传统、自发的居民价值尺度。社会网络结构的相对稳定，可以产生强大的社会凝聚力，使生活在其中的居民在行为上积极互助、相互依存，成为精神一体的共同体，从而保证历史地区的空间结构在相当长的历史时期内保持相对稳定。

2）生活居住模式

历史地区的生活居住模式是传统文化以及生活习惯对于生活空间形式选择的表达。生活居住模式的延续是维持历史地区空间形态的重要因素。例如我国南方仍存在许多以宗族祠堂为核心，同宗同族家庭聚集在一起形成的历史聚落。再比如我国传统的庭院与街巷生活方式保证了居民既能享有充分的个性私密生活，又能与邻里进行适度的面对面的直接交往联系。传统街巷作为人们社会生活的空间载体，反映了人们对于生活本身以及邻里交往的需要，由此衍生出许多不同功能以及不同领域意义的空间类型，例如桥头、檐廊、边界等，这些街巷空间构成要素形成的缘由都可以理解为服务于传统的生活方式，而不仅仅是空间形态本身。

3）邻里交往活动

历史地区日常的邻里交往活动，如聊天、相互打招呼、散步、儿童游戏等时常发生在私密空间向公共空间的过渡地带。历史地区在发展演化中逐渐形成了一些适宜人们交往活动的特色场所空间，其中街巷的“虚”界面空间、宅前节点等便成为邻里活动频繁发生的场所，这些空间正是私密的院落空间向公共的街巷空间过渡的地方（图 3–58）。而对于更大范围的社会交往，包括民俗活动、传统节日等，则主要存在于大尺度的公共开放空间中，这时空间环境的好坏会直接影响到社会交往的质量。因此，为邻里交往活动的开展保护和塑造适宜的空间环境，对历史地区的人文环境和物质环境保护可以起到相互促进的作用。

图 3–58　提供更多交往和活动的虚界面空间，悉尼

2. 文化环境的保护传承

文化环境是隐性内容，通过物质空间环境以及社会环境反映出来。包括了地域文化意识、非物质文化遗产等内容。通过重点文化景观的恢复和非物质文化遗产的保护传承，可以起到激发居民的本地文化自豪感以维持并发展地域文化风情的作用，维护城市历史街区的生机和活力。

因此，历史地区城市设计的重点从物质空间环境的保护、整治和更新，开始逐步转向街区活力的恢复振兴。历史地区的城市设计应与社区建设相结合，注重居民的公众参与，注重人文环境的培养，体现对人的关注与尊重。注重居民生活环境的保护以及邻里活动的营造，使历史地区符合人们的心理需求与生活需要。

小结

本章从基本要素在历史地区城市设计中对重点涉及的保护和更新两个层次内容所起到的作用出发，将基本要素体系从宏观整体到局部具体、从显性物质到隐性人文多种角度划分为空间格局要素（包括自然地理环境、空间形态与肌理、视线通廊、天际线要素）、建成环境要素（包括街区空间、街道空间、开放空间、建筑物、城市色彩、环境设施要素）和地区文脉要素（包括场所精神和人文环境要素）。以城市设计原理和国内外经典案例结合的方式，总结并提供了在历史地区的特殊限定条件下进行城市设计时，针对具体项目语境下基本要素的适应性城市设计思路和方法。既包括具体层面上对各项要素系统的保护内容和保护方式，以及各系统内原有历史元素与新加入的更新元素之间的组织协调方法，也包括宏观层面上对各项基本要素之间协同关系的处理方式。明确了在历史地区城市设计中，应恰当处理历史文化遗产保护与城市发展之间的关系，使历史地区成为现代城市发展中的重要组成部分的主旨。

思考题

1. 历史地区城市设计基本要素的构成有哪些？
2. 历史地区城市设计基本要素的内涵与特征是什么？
3. 各项基本要素的城市设计要求有哪些？
4. 各项基本要素的城市设计方法要点是什么？

延伸阅读推荐

[1] 张松. 历史城市保护学导论——文化遗产和历史环境保护的一种整体性方法[M]. 上海：同济大学出版社，2008.

[2] 李雄飞. 城市规划与古建筑保护 [M]. 天津：天津科学技术出版社，1989.

[3] 周俭，张恺. 在城市上建造城市——法国城市历史遗产保护实践 [M]. 北京：中国建筑工业出版社，2003.

[4] 梁雪，肖连望. 城市空间设计（第二版）[M]. 天津：天津大学出版社，2000.

[5] 王卉. 历史与传承·历史街区规划设计 [M]. 北京：中国建筑工业出版社，2018.

[6]（日）西村幸夫，历史街区研究会. 城市风景规划——欧美景观控制方法与实务 [M]. 张松，蔡敦达，译. 上海：上海科学技术出版社，2005.

参考文献

[1] 阮仪三. 中国历史文化名城保护与规划 [M]. 上海：同济大学出版社，1995.

[2] 李其荣. 城市规划与历史文化保护 [M]. 南京：东南大学出版社，2003.

[3]（日）芦原义信. 街道的美学 [M]. 尹培桐，译. 北京：百花文艺出版社，2006.

[4]（丹麦）扬·盖尔. 交往与空间 [M]. 何可人，译. 北京：中国建筑工业出版社，1991.

[5]（英）弗·吉伯德，等. 市镇设计 [M]. 程里尧，译. 北京：中国建筑工业出版社，1983.

[6]（美）迈克尔·索斯沃斯. 街道与城镇的形成 [M]. 李凌红，译. 北京：中国建筑工业出版社，2006.

[7]（美）约翰·伦德·寇耿，等. 城市营造：21 世纪城市设计的九项原则 [M]. 赵谨，等，译. 南京：江苏人民出版社，2013.

[8] 段进，邱国潮．国外城市形态学研究的兴起与发展 [J]．城市规划学刊，2008（5）：35-42．
[9] 朱跃华，姚亦锋，周章．巴塞罗那公共空间改造及对我国的启示 [J]．现代城市研究，2006（4）：4-8．
[10] 张杰，邓翔宇，袁路平．巴塞罗那扩展区多层高密度街坊的发展与启示 [J]．国外城市规划，2004（8）：51-55．
[11] 余琪．现代城市开放空间系统的建构 [J]．城市规划汇刊，1998（6）：3-5．
[12] 钟虹滨，钱海容．国外城市街道改造与更新研究述评 [J]．现代城市研究，2009（9）：58-64．
[13]（法）P．克莱芒，魏庆泓．城市设计概念与战略——历史连续性与空间连续性 [J]．世界建筑，2001（6）：23-25．
[14] 张明欣．经营城市历史街区 [D]．上海：同济大学，2007．
[15] 岳欢．历史街区的保护性城市设计研究 [D]．成都：西南交通大学，2008．

第4章 历史地区城市设计的体系与构成

内容提要：本章内容是对于历史地区城市设计编制过程及方法的剖析，作为城市设计的一种特定类型，历史地区城市设计的编制紧密结合法定规划的编制环节；同时，对于历史地段、历史建筑的关注，又使得在城市更新过程中的历史地区城市设计有其鲜明的编制特点。本章内容分为三节，包括：历史地区城市设计的基本特点、按空间层次分类的城市设计体系、按更新模式分类的城市设计构成类型。通过本章内容的学习，了解历史地区城市设计在法定规划体系中的作用与地位，熟悉各空间层次下的工作重点；掌握不同更新模式下的历史地区城市设计的方法与步骤。

本章建议学时：3学时

4.1 历史地区城市设计的基本特点

4.1.1 历史地区城市设计的层次、类型与范围

1. 历史地区城市设计的层次

以城市设计区域的大小以及与法定规划的关系为划分依据，可分为三类（表 4–1）：

表 4–1 历史地区城市设计的编制内容框架

层次构成	主要编制内容构成	成果形式
宏观层次	城市特色、总体定位下的城市土地利用、城市空间发展方向等	总体把握为主，总体策略、调控原则
中观层次	城市空间形态、城市开敞空间、城市空间景观、城市历史文化与风貌保护等	系统控制为主，专题研究（包括现状研究、规划解读、案例借鉴、策略建构等环节）、设计导则（主要针对特色意图区、重要风貌区和道路景观等）
微观层次	重点地段的建筑体量、高度、界面、风格与容积率、公共开敞空间、街道色彩、绿化配置、树种选择等	设计引导为主，概念性方案、设计要点（包括设计图纸、开发控制指标、管理细则等）

1）宏观层次：总体城市设计

城市宏观层次上的整体保护性城市设计，不仅包含文物古迹或历史地段的保护设计，而且还包括城市经济、社会和文化结构中各种积极因素的保护与利用。

2）中观层次：特定区域城市设计或针对历史地区的控制性详细规划层面城市设计。

3）微观层次：修建性详细规划层面的历史地区城市设计。

2. 历史地区城市设计的类型

历史地区城市设计的类型主要包含：历史城区（完整或不完整）城

市设计，历史城镇、传统村落、历史街区城市设计，各级文物保护单位的核心保护区和建设控制地带城市设计，历史悠久、有丰富文化遗存的风景名胜区和郊野山水环境城市设计，以及其他有历史和有保护价值的区域（厂区、港口、仓储、码头区等）城市设计。

按照历史地区更新模式的不同，可分为三类（表 4–2）：

表 4–2　按更新模式分类的历史地区城市设计

模式类型	保护更新方式	状态类别	公众参与方式	开发程度
立面化模式	街区立面要有效地保护起来，不能破坏，但内部的结构、材料和装饰可以适当改造，符合其使用功能	静态模式	建筑开发商与保护者、研究者之间的一种权衡方法	较弱
适当再利用模式	针对旧有区域或建筑，除去其原有用途，而赋予新的使用目的并再次进行改造利用，对建筑和街道立面进行修复，实现内部功能现代化	静态模式	历史保护者与开发商之间的权衡之计	较强
功能混合模式	将历史街区内部与其周围的居住、商业、工业和办公等用途相结合	动态模式	由开发商与政府主导、居民配合的一种比较平衡的方式	极强

1）立面化模式

立面化模式是对历史地区风貌的一种较严格的博物馆式保护方法，在我国，大量的历史地区采用这种模式。

2）适当再利用模式

针对旧有区域或建筑，对建筑外部和街道立面进行修复，内部赋予新的用途并进行改造利用，实现功能现代化。

3）功能混合模式

将历史街区内部与其周围的居住、商业、工业和办公等用途相结合，重新开发建设以形成新的城市功能综合体的开发模式。

3. 历史地区城市设计的范围

历史地区城市设计范围包含核心区和外围区两个区域。

1）历史地区城市设计核心区

历史地区城市设计核心区，即核心保护范围内拥有保存相对完好的物质空间要素以及非物质要素的片区，根据相关法规和空间特点需要重点加以保护的区域。

2）历史地区城市设计外围区

历史地区城市设计核心区的外围扩展区域，通常包含建设控制地带和环境协调区两个区域。

4.1.2 历史地区城市设计的基本内容及步骤

1. 现状调查及基础资料与数据的整理分析

现状调查即通过走访、座谈、问卷等方式对历史地区物质环境要素与非物质环境要素展开的调查。结合相关文献资料及已有的研究成果，对历史地区体型结构和个性特征全面了解和掌握，并对分析结果和数据进行梳理、记录，为历史地区城市设计做好前期准备工作。

2. 上位规划的分析、研究

上位规划的分析、研究是历史地区城市设计的主要出发点之一，为历史地区城市设计的设计目标、定位、风貌控制、相关指标体系等提供设计依据。

3. 确定保护内容及保护要求

历史地区的特殊性和复杂性决定了每一个历史地区城市设计需要保护的内容和要求，都有其单一性和不可复制性，因此确定保护的内容和要求是历史地区城市设计必不可少的环节。

4. 确定更新改造的内容及方法

历史地区城市设计层次不同、规模不同，在设计中涉及更新改造的具体内容和改造实施具体方法也会有所差别。在设计中应持审慎的态度，应用科学的方法确定更新改造的内容，并选定与之相匹配的更新改造方式。

5. 明确城市设计与相关规划的关系

城市设计是以相关规划为依据而制定的，不应存在原则、内容相悖的情况。城市设计是相关规划的深入设计与引导，两者相互协调，互为补充。

6. 确定城市设计引导和控制的内容

确定城市设计引导和控制的内容是历史地区城市设计的主要成果，也是城市设计实施、管理的主要内容，为实地工作开展提供依据。

7. 实现城市设计的路径与方法

提出城市设计实现的路径和方法，使设计工作落到实处，是历史地区城市设计工作最后的环节，也是最容易被忽视的环节。有效的实施路径和科学的方法是城市设计目标实现的有力保障。

4.2 按空间层次分类的城市设计体系

4.2.1 宏观——总体规划层面的历史地区城市设计

1. 基本概念

宏观层面的城市设计对应于城市总体规划的编制与管理，属于战略性的城市设计。随着城市设计学科的不断发展和完善，其实践对象已扩展到与之相关联的社会、经济、文化等多个方面，城市的发展离不开城市历史，离不开城市文化，优秀的历史文化特色可以提高城市的可识别性，通过建立文化内涵和空间设计的关联，城市设计层面的文化策略应运而生。对那些具有深厚历史文化积淀的地区，就保护论保护的方式往往会因与实践脱节而显得力不从心，只有通过宏观的文化策略先搭建起保护与发展的宏观框架、准确把握地区中最重要的文化精神和历史内涵、探索具有地域针对性的保护原则与发展策略，才能落到实处，指导具体地区的详细设计。

城市设计的主要对象是历史地区的物质空间，其基本任务是为实现对该历史地区规划基本构想，从三维空间的角度提供必需的空间条件和有地域特色的空间形态。为便于实际操作，可将其对应于城市规划的法定规划体系。从宏观的角度认知，这一层级的城市设计主要包括总体规划层面和城镇体系层面，实际项目运作中以前者较为常见。

2. 设计要点

1）提炼文化保护要素

通过实地调查、群众走访、查阅文献等方式充分挖掘文化价值，确定保护要素，建立起全面的保护框架。保护框架由自然环境、人工环境和人文环境三大要素组成，需要针对各自的特点采取相应的保护措施。

2）注重空间秩序的维护或演绎

城市设计应当在尊重原有历史风貌空间格局的基础上，塑造或凸显格局整体大气、肌理疏密有致、建筑空间组合有机、天际轮廓起伏有序、风貌特色鲜明独特、新旧过渡协调的城市整体风貌。核心保护区域重视历史空间的复原；改造区域寻求风貌保护与地区发展的平衡，兼顾社会、经济、人文、环境、景观等效益的发挥，允许为历史地区注入新的建筑空间元素，但应重点处理好新旧风貌的协调，在梳理整合、提炼传承各类历史风貌要素的基础上，构建整体格局的新“秩序”；鼓励历史地区的转型和活化利用，但应注重传统空间与现代功能的匹配性，不建议植入可能引起历史地区格局重大变化的功能，城市空间的优化也应与功能转型相匹配；结合地区功能的转型优化公共空间网络，原有肌理密实的区域可通过去除部分一般建筑留“白”增“空”，丰富肌理形式。

3）保护历史地区的路网格局和街廓尺度

对历史地区整体空间格局的管控引导，应首先保护历史地区的路网格局和街廓尺度，原则上禁止街坊合并。交通压力较大的地区，在区域交通体系评估论证的基础上，可局部调整优化路网格局，路网密度原则上只增不减，并且为提高地区可达性和通行便捷度，有条件的可以在以公共活动为主的街坊内梳理、辟通或增加街坊弄巷。道路除交通性干道外满足基本通行即可，拓宽道路应慎重。尽可能保证特色历史街巷的宽度、走向、界面功能形式和两侧建筑及围墙的尺度，街道新建建筑后退应与两侧保留历史建筑保持齐平，街道高宽比延续原有街道特征，设计有难度的区段可采取退台、骑楼、高层安排在非主控界面内侧等方法满足功能容量需要。

4）深入到微观层面

总体规划层面对于历史街区城市设计的关注仍然可以深入到微观层面，但是与控规和建筑层面的城市设计不同的是，这些微观层面的城市设计更关注宏观的指导原则的确定，用于间接指导中观和微观改造策略的实行。微观层面应体现以人为本，充分考虑人的体验，满足生活就业休闲等使用需求，通过灵活巧妙、恰到好处的设计手法，营造活力便利、灵动变化、丰富有趣、精致典雅的城市空间。新旧建筑在细节上可加以区分，运用建筑和空间设计语汇的呼应演绎、提炼简化、对比协调等多种方法，以提升使用人群的舒适度，增强归属感和吸引力。建筑布局方案主要采用保护修复与传承演绎等城市设计方法。历史地区肌理修复以保护保留为主，通过局部“针灸式”改造，使历史地区格局肌理更趋完整、风貌景观更具特色、活动体验更加丰富。

3. 操作流程

1）基础资料收集及现状分析

总体城市设计的基础资料收集以及对现状的分析应该分为不同的层面进行，包括国土、区域、省域、市域、城市自身等层面。一般来说分为两大块：即城市外围和城市内部。

（1）城市外围环境分析

城市外围环境分析包括该城市所处的区位关系，其气候、地理特征、人文特征；在国土范围、区域范围或省域内的独特城市性质、特殊职能、交通状况；在城镇体系中的地位与作用；城市周围广阔地域范围内的自然环境特征等。包括：自然生态环境、历史文化环境、区域交通与城镇体系。

（2）城市市区环境、景观分析

从城市的内在特色与外在环境优势两个方面分析，抓住要点问题，整体地把握城市本质特征，是进行总体城市设计的基础。主要内容包括：自然生态环境、历史文化、现状城市总体空间结构、现状已形成的城市景观、城市交通布局与景观的关系、城市功能结构与景观的关系、城市现状存在的问题。

2）总体规划分析

主要包括两方面的内容：城市性质的分析和城市空间结构的分析。

3）总体城市设计结构

依据总体规划的结构建立总体城市设计的空间结构关系，表达第一层面的要素关系，如城市景区、重要节点、界面及由重要路径组成的城市景观框架。

4）制定总体城市设计

在提出总体城市设计结构的基础上，以系统研究的方法展开总体城市设计。主要内容包括：城市景观分区、景观轴线、景观节点、界面、门户、标志体系、绿化体系、视线通廊、开敞空间、高度控制、密度控制、色彩控制、夜景控制、城市文脉、游憩体系、心理评价体系。

5）重点区域（城市组团）城市设计

在总体城市设计中进行分区一级的城市设计，一方面是为了使总体城市设计提出的各系统在低层级中深入展开，另一方面，也是总体城市设计的一次验证过程，目的是对总体城市设计进行必要的反馈调整。

6）重要节点设计

将总体城市设计中确定的若干个重点地段作为城市级节点，对重点地段进行意向性赋形设计。

7）提出操作管理建议

把总体城市设计作为总体规划不可缺少的有机组成纳入城市规划统一管理之中，把规划说明书及图纸中所规定的设计原则、内容等控制要素作为总体规划文件的补充，共同成为审批下一层规划及设计的依据。本着动态规划与逐步实施的原则，对重要景观要素加以控制。在满足总体城市设计要求的前提下，给详细的城市设计，特别是建筑设计留有充分的创作余地。

4. 成果内容

能够实施的总体城市设计才算是真正有效的，其成果是贯彻总体城市设计思想的操作媒介，好的总体城市设计成果应当具有转化为规划管理依据的可能性和适应性。基于现行的城市规划法律体系和规划行政管理体制，总体城市设计成果应当易于操作、便于管理。宏观层面的城市设计成果形式以政策或指引为主，在整个运作过程中，不直接面对微观的、具体的建筑设计的开发建设。如表 4–3 所示为总体城市设计成果的构成：

表 4–3　总体规划层面的历史地区城市设计的成果形式与内容

研究报告——概念基础、空间框架与城市意象	城市发展状况
	城市空间结构与形态
	城市特色
	城市公共空间体系与公共活动

续表

研究报告——概念基础、空间框架与城市意象	城市交通系统	
	城市重要区域与节点	
	自然与文化遗产	
文本与图表——管理技术、图示、城市设计项目库、导则与图则	总则	说明成果编制的依据、原则、期限、设计范围等
	城市空间发展目标	根据城市发展需要，提出城市空间发展的具体控制目标
	城市空间结构	从城市战略层面对城市空间形态的发展框架提出全面、系统的构想与预测，论证并提出城市空间结构框架
	城市空间布局	根据城市空间结构特点和发展方向，统筹土地和空间资源配置，提出城市空间总体布局要求
	城市公共空间体系	建立相对完善、面向市民全天候开放并提供休闲活动设施的公共活动场所，形成公共空间系列，以满足居民日益丰富的文化体育休闲活动的多样化需求
	城市交通系统	从城市设计角度对城市道路网络（含高速路、快速路）、机动车道、自行车道、人行道和轨道交通设施的布局设置提出控制要求，建立方便、快捷、安全的轨道交通、道路交通、自行车交通、立体步行交通体系
	城市重要区域与节点	结合城市建设时序，界定城市重要区域与重点控制的空间节点
	自然与文化遗产	根据城市空间发展需求，保障城市生态安全和文化遗产安全，结合自然环境特点和文化遗产分布状况，界定生态保护区、水源保护区、风景名胜区、自然保护区、森林公园、郊野公园、湿地公园、生态廊道、隔离绿带及城市公园等空间管制范围；界定文物古迹、历史文化街区、传统民居、历史建筑及其周边环境等空间管制范围
	城市设计项目库	总体城市设计的成果应当建立一系列关联性强的、逻辑性强的、层次分明的城市设计项目库，将总体城市设计的各项目标和内容在空间和时间上加以分解与细化，形成城市设计项目集合，按照轻重缓急分别纳入近期实施计划和年度编制计划；项目库应该具有科学合理的实施操作性
	管理技术与实施措施	为实施总体城市设计，落实近期实施计划，应研究实施条件，提出相关的管理技术规定和政策建议，采取必要的保障措施
	附则、附录	图表是对总体城市设计的各项目标和内容的图示表达，主要是空间控制总图及其附表；按法定程序批准生效后具有法定效力
管理技术——弹性策略、应变机制	建立城市设计项目库	城市规划管理部门可依据项目库进行城市设计项目编制，避免规划编制的盲目性和随意性，同时可借助城市设计项目的媒介作用，将总体城市设计所涉及的要求贯彻落实到具体空间位置，强化对建设用地的空间管制
		建设主体在建设项目中依据城市设计要求进行建设，可对开发预期进行最直接的分析和判断
	城市设计项目库的管理	通过近期实施计划和年度编制计划的制定，将不同类型的城市设计项目分期分批纳入计划，及时完成编制工作，经批准后成为规划管理的法定依据；同时，项目库的管理也需要留有一定弹性，形成应变机制，可以根据城市建设的需要和管理要求，对项目库的具体项目进行适当的删减、增补和修改，项目库的动态更新与调整，应当按照管理程序规定进行
实施策略——公众参与、宣传手册	制定城市意象宣传手册	对政府而言，城市意象宣传手册可以体现塑造城市形象的战略策划，将城市空间发展目标加以直观表达，清晰描述城市未来发展蓝图，创造更美好的城市生活环境
		对于市民而言，城市意象宣传手册可以为市民提供熟悉了解城市发展方向和城市建设目标的沟通渠道，展示城市发展前景，鼓励长期居住和短期生活的居民珍惜环境、热爱城市、积极融入城市生活，共同参与城市建设和文化创作，增强市民对城市的归属感和自豪感
		对开发商而言，城市意象宣传手册可以成为投资兴业的风向标和指南针，也是吸引投资、引导开发的重要手段

5. 设计案例：上海市中心城总体城市设计

上海是世界著名的经济中心之一，同时也是城市历史文化特别丰富的城市，自 1986 年被国务院公布为第二批国家历史文化名城以来，一直以“建立最严格的保护体系”为目标，经过多年努力基本构建了“面、线、点”相结合较为完善的风貌保护体系。上海中心城已划定 12 片历史文化风貌区（面积 $27km^2$）、144 条风貌道路，各类优秀历史建筑、文物、保留历史建筑上万栋。上海中心城总体城市设计具有较好的示范性。

1）要素体系

成片历史地区风貌格局保护，涉及物质层面的主要因素包含空间肌理、建筑形态、景观环境等。空间肌理是在不同时代、地域、功能性质特征下形成的城市空间形态特征，包含街坊尺度、建筑密度、布局方式、体量高度、屋顶组合等多种元素的组合。建筑形态要素主要包括建筑本体、建筑高度、建筑风格（立面、色彩与材质、屋顶形式）、建筑细节（如连廊和骑楼、阳台、门窗、装饰）等内容。景观环境要素包括公园、绿地、广场、庭院、街道弄巷和河流水域以及植物配置、围墙、构筑物等。此外，还有传统的社会生活情态、历史记忆或事件等非物质要素，规划应关注与此相关的建筑、空间与场所的布局和设计。

2）空间肌理

空间肌理保护应以“历史肌理演变特征分析—确定地区典型肌理类型—规划地块肌理引导—局部肌理优化调整”为基本路径。历史肌理演变分析是空间肌理分析的前提与基础，通过对比不同时期的历史地图，了解肌理演变的过程与原因，是判断历史风貌价值和典型肌理、确定设计引导方向的重要依据。以《外滩风貌区保护规划》为例，通过对比 2005 年肌理图与 1948 年图后发现，约 2/3 的地块保持了原有的肌理特征，1/3 是 1949 年以后新建、重建的地块，空间肌理改变较大，新建建筑加大了后退道路红线距离导致街道界面凹进突出，连续性、完整性有所影响，居住建筑为满足日照要求间距大大提高，部分地块采用了当时普遍使用的高层塔楼加裙房形式，肌理特征与周边地块反差较大（图 4–1）。

确定典型肌理类型是根据不同地块上的建筑形态、建筑群体组合及空间布局关系的不同，将肌理特征分类。例如，将外滩风貌区地块肌理特征归纳为 5 大类、13 小类，梳理出 7 种体现风貌区历史风貌特色的典型肌理类型，明确规划应予以积极保护，包括保护街巷格局、历史建筑平面、立体几何特征、控制街坊内部划分地块尺度与形状等构成城市肌理的各种组织要素（图 4–2）。规划地块肌理引导应在典型肌理分析的基础上，以新旧肌理协调、延续风貌特征为原则。例如，外滩风貌区应保

图 4-1 不同年代的肌理对比

持街道界面的高度序列、街道连续、街廓周正、街墙高耸等特征。

同时根据可开发地块的功能和既定控规指标，统筹确定其肌理类型特征，提出合理的新建建筑体量、平面形态组合、建筑密度与群体空间布局等控制要求。肌理局部优化调整指确定规划地块的肌理类型后，根据规划建筑的用途细分和提供开放空间、空间环境改善的要求，提出建筑立体组合、开放空间布局、建筑高度细化、底层空间开放、屋顶形式设置等引导要求。

3）设计方法

肌理修复的方法包括：①违章拆除：拆除风貌质量低下的违章搭建建筑，恢复传统空间肌理，重新展现被其遮挡影响的保护保留建筑。②新建补全：局部增加新建建筑，修复完善肌理特色，包括填充完善沿街立面界面（如外滩 15 号的“镶牙工程”），增加东西向建筑，增加街道围合感，广场主要观景方向增加特色建构筑物形成空间限定感，较为开阔或空间单调的区域增加建筑分隔空间，丰富空间层次感，增加过街楼、围墙等形成广场、弄巷、院落空间，营造层次丰富、饶有趣味的空间格局，但这些均应基于新建建筑和保留建筑，在尺度上有机协调。③适当开放：在建筑密度较高的历史地区适当降低建筑密度，增加沿街转角广场，在重要历史建筑周边形成一定的开放空间作为观赏面，在人流密集处增加活动空间形成活力点。④改造提升：在部分重要的整体更新地区，根据功能使用和活动观景的需要进行局部拆减和增补，对历史建筑进行局部改造，局部加建新建筑或与新建筑形成组群，创造新旧融合的空间形式，提供满足使用功能或改善形象、增添特色的适应性空间载体。新建建筑在传统肌理传承的基础上可适当进行传承演绎。一般历史地区的

类型	空间特点		图底关系
A（独栋式）	独栋的低层建筑分布于较大的地块内，有宽敞的院落空间，建筑密度一般小于50%		
B（点式）	B1	以低层为主的点式建筑，按照一定的序列排列	
	B2	以多层为主的点式建筑，按照一定的序列排列	
	B3	以高层为主的点式建筑，独栋或按一定的序列排列	
C（行列式）	C1	以条状平行排列的低层建筑（以住宅为主）	
	C2	低层建筑条状平行排列、沿道路为周边式布局的组合形式	
	C3	以多层为主的条式建筑平行排列	
	C4	多层建筑内部条状平行排列、沿道路为周边式布局的组合形式	
	C5	以高层为主的条式建筑平行排列	
D（周边式或围合式）	D1	建筑沿道路周边布局（至少两条道路），对道路界面的界定具有积极的作用，地块内部一般有一定的空地	
	D2	建筑适应地块形状采用围合式布局，地块内部有院落或中庭空间	
	D3	建筑的部分沿街面留有广场等开敞空间	
	D4	建筑密度较高，底层部分或全部架空，提供开放空间	
E（满铺式）	E1	单栋低层建筑的地块，基本对地块为满铺形式，建筑密度大于90%	
	E2	单栋多层建筑的地块，基本对地块为满铺形式，建筑密度大于90%	
	E3	单栋高层建筑的地块，基本对地块为满铺形式，建筑密度大于90%	
	E4	裙房加塔楼布局，裙房对地块为满铺形式，建筑密度大于80%，基本为新建地块	

资料来源：《上海市外滩历史文化风貌区保护规划》（2005）

图4-2　外滩风貌区空间与肌理类型表

新建建筑肌理应以原有特色肌理为基础，宜选择与历史建筑同一类型或相近类型的肌理进行搭配，不应简单抄袭复制，不同肌理按照密度、组合方式等的相似度进行排列，推荐相邻或可组合的肌理模式，建议不同类型肌理进行组合时不宜跨越两级。同时考虑传统肌理与新功能的匹配性，结合现代使用功能需求，体现不同时代的建筑技术和审美取向，在原有肌理上进行适当创新和演绎（图4-3）。

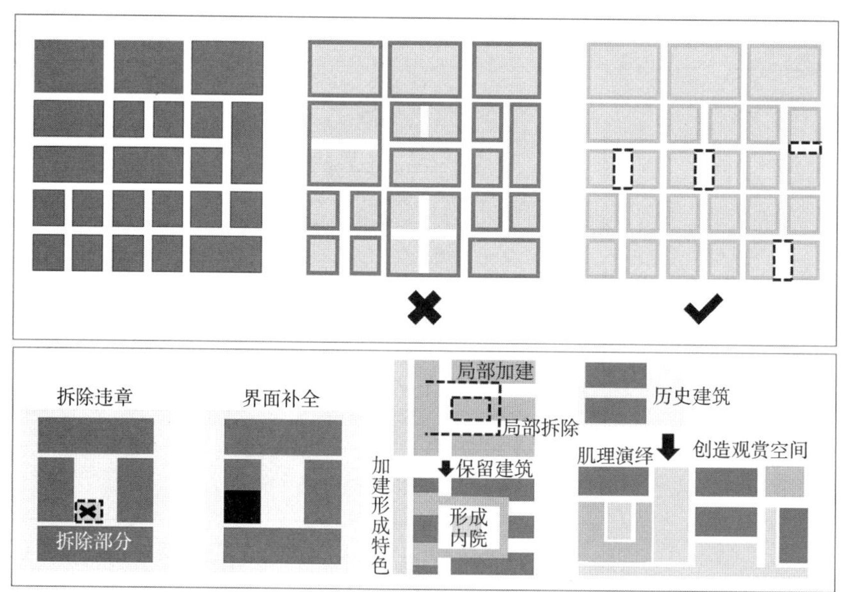

图 4-3 肌理修复示意图

4）建筑形态

上海市中心城风貌区除外滩、人民广场以外，历史建筑主要以低多层为主。但上海市中心城历史城区范围广、面积大，大部分与已形成的城市中心或重点功能区重合，20 世纪 80 年代初考虑到城市发展和功能集聚的需要，部分低层建筑被拆除后新建了高层建筑，导致现状中心城部分历史地区新建高层与低多层历史建筑呈交错布局，由于缺乏统筹设计，高层建筑布局往往相对零散，高度和布局缺乏秩序感。部分高层为体现标志性造型夸张，与周边历史建筑、环境形成鲜明反差，不少新建高层在建筑风格、材质、色彩及建筑细部等方面与历史环境缺少呼应，对整体风貌的协调性破坏较大，板式高层建筑形态对视线遮挡严重。

部分风貌区保护规划在编制初期，为确保规划的可实施性、促进保护和发展的平衡，在风貌区内进行容量转移，将核心保护范围的开发容量转移至风貌区内的其他可开发地块，导致部分规划地块规划容量、高度过高，一方面建设时难以实施、方案无法排布，另一方面建成后将对整体风貌产生负面影响。

5）建筑高度

建筑高度控制是整体格局保护的核心控制要素，上海中心城区历史地区建筑高度控制应当建立在风貌保护程度严格分类的基础上，结合总体城市设计进行整体统筹，并依据区域风貌保护特征，进行分类引导控制，辅以视线分析、焦点转移引导、环境美化遮挡等方法论证及优化。最严格控制范围对应历史文化街区、风貌区的核心保护范围，原则上保

图 4-4　外滩建筑界面（一）

图 4-5　外滩建筑界面（二）

持历史建筑高度，严格禁止新建高层建筑。重点控制范围包括历史文化街区、风貌区的建设控制范围以及风貌街坊，严格控制新建高层，新建建筑高度应符合所在片区的基准高度范围，并通过视线分析等多种方法论证合理高度。一般控制引导范围包括中心城的其他历史地区，适当限制新建高层，以风貌整体协调为原则，通过适宜的设计手法，减少高层建筑对历史风貌的影响（图 4-4、图 4-5）。

此外，在重要视线廊道、大型开放空间景观界面、主要空间轴线两侧以及已有高层集聚的各级公共活动中心周边，建筑高度应当加强引导，通过城市设计合理确定高层建筑布局、高度、体量和密度，协调新旧风貌，重塑秩序感，增强通透性，减少视觉干扰。

总体而言，中心城历史地区应严控高层建筑，首先应对容量较高的开发地块进行评估，尽可能采用容量区域转移平衡的方法予以降低，但由于历史原因（如毛地出让地块）、旧区改造保障民生等因素，需要按既定容积率实施的地块，鼓励采用适当提高建筑密度、采用围合布局、鼓励地下开发等方式降低高度，或者采用退台、高层布置于街坊内部、绿化遮挡等方法，减少主要街道的沿街建筑高度的空间压抑感。

根据风貌保护规划，建筑高度控制的基本目标是保持城市整体空间尺度并严格控制城市街道景观。新建建筑高度应当考虑历史地区现状基准建筑高度以及与历史建筑的关系等因素，风貌道路两侧的新建街坊应分别明确沿街高度和街坊高度两项控制指标。其中沿街建筑高度控制更为重要，一般规定当历史建筑相邻或位于主要风貌道路沿线，应与相邻的历史建筑高度相当，相邻历史建筑高度在 8 层以下的规划建筑与其高度相差一般不应超过两层，4 层以下相差不宜超过 1 层，而 8 层以上的历史建筑如为该段轮廓线的高潮，相邻的规划建筑不宜超过其高度。同时保护原有道路街巷空间格局，一般沿街建筑高度与街道宽度控制在 1∶2~1∶1 之间，延续宜人尺度。

在满足历史风貌保护对于建筑高度基本新建高层要求的同时，重点关注核心风貌地段、保护历史建筑周边主要活动空间和主要观赏点的景观保护，以人视点为主，选取 30° 至 45° 为适宜的视线仰角进行视线分析，新建建筑布局应尽量后退沿街历史建筑，减少视线干扰，例如上海老城厢豫园内九曲桥作为主要的活动驻留点，以园内不见高层为设计原则，周边地块建筑高度控制应当依据视线分析确定。

历史地区内现状已有高层相对集中的公共活动中心，例如人民广场、外滩、五角场、豫园周边等区域，或原规划未作控制的新增风貌街坊地区，确因各种原因需要建造高层建筑，应在区域层面统筹考虑高层建筑的体量、位置、数量、组合的设定：布局上，宜与现有高层相对集中设置，形成高低各自相对集中的城市格局；应结合现有建筑高度、天际轮廓线分析，在严格控制体量基础上（一般应将标准层面积控制在 1 200m^2 以下），分别采用秩序重塑或秩序融入等设计手法。秩序重塑指当现有建筑高度相对接近时，可通过新建标志性高层重塑地区高度秩序，建议新建建筑高度与现状高层建筑高度控制在 3∶2 左右，易于形成秩序感较好的地标建筑组群。在低多层密集地区新增高层建筑组群的，一是组团间应保持适当距离；二是控制高层栋数，一般每组不宜超过 3 栋。秩序融入指当现有建筑已形成一定高度秩序，通常表现为天际轮廓线具有较强的韵律感时，新建建筑高度应该通过多方案论证，以融入现有秩序为目标，保持原有韵律感（图 4–6）。

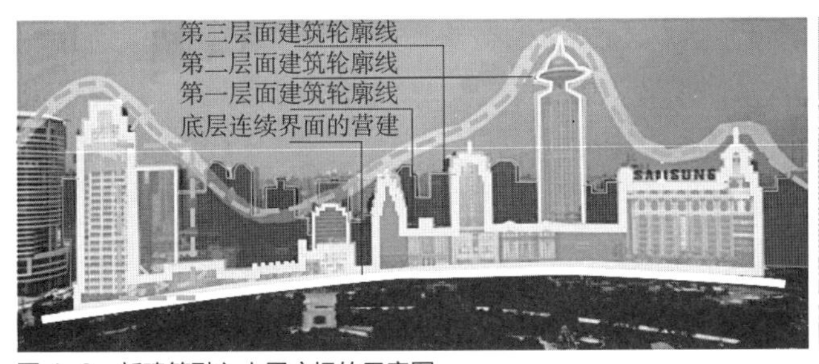

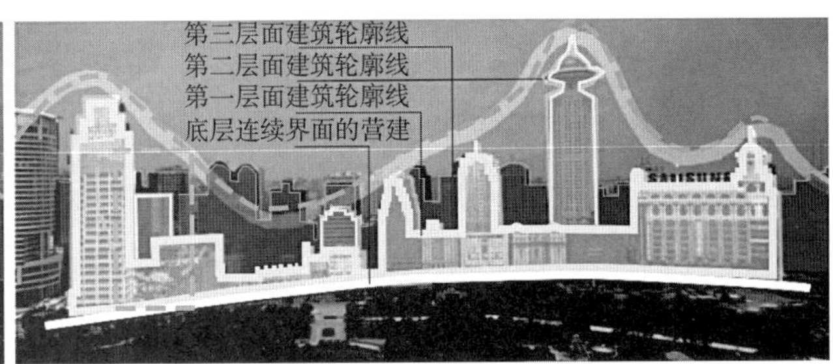

图 4-6 新建筑融入人民广场的示意图

4.2.2 中观——控规层面的历史地区城市设计

1. 基本概念

中观层面的历史地区城市设计，对应法定规划的控制性详细规划阶段。这一层面关注的范围为城市片区，其视角相比较总体规划阶段，适当减少对城市整体机能的考量，更注重片区内功能的完善和风貌的一致性。在设计阶段中处于承上启下的中间阶段，相关成果将直接用于指导地块开发建设，因此需要兼顾城市功能与建筑技术、功能运作与社群关系等问题。设计区域上，常包含历史街区和历史地段的城市设计、历史街道的城市设计，也是实际操作中最为常见的历史地区城市设计内容。

2. 设计要点

由于历史地区往往是人口密集的区域，其更新必然面对保护、拆迁、安置等一系列的问题，更新成本明显高于其他地区。同时在历史地区，建筑的容积率、高度等都受到限制，直接通过增加建筑面积来取得经济上的平衡比较难。因此，无论保护还是更新都面临巨大的资金压力。

同时，在历史地区的更新中，建筑风貌也一直是困扰规划管理和规划设计的难题。如果没有风格上的限制与控制，新旧建筑往往各自为政、格格不入，甚至相互冲突，对历史名城的城市风貌造成极大的破坏。如果严格追求与原有历史街区的协调，又往往成为不伦不类、没有灵魂的假古董，反而降低了历史文化名城的景观价值。

首先应明确基于文脉延续的历史地区复兴的意义。城市文脉是指特定条件的人工、自然环境、与相应的文化背景之间所有关系的总和。面对复杂的城市状况，文脉延续是认知城市的一种方法，也是解决城市更新问题的一种有效的手段。由于文脉延续视角下的历史地区城市设计，一方面排斥片面地模仿历史街区的场所与建筑特征，另一方面又重视现代与传统建成环境的有机整合。这种兼顾了历史场所延续和适当功能植入开发的城市设计方法，不仅在国外的相关历史地区更新设计上被广泛实践，取得了理想的效果（如伦敦泰晤士圆环广场、格拉斯哥商业城街区等），而且从“增量扩张”转向“存量优化”的城市建设大背景来看，也将成为历史街区解决新旧建筑并置，场所活力重塑的合理途径。

其次应明确基于文脉延续的历史文化街区复兴设计策略。文脉延续强调的是对既有文脉的继承和发扬，不同于静态复制的文脉统合和放任自由的文脉并置，而是一种保留内在基因，动态延续生长的过程。基于文脉延续而展开的历史地区城市设计策略主要包含以下几个方面：

1）保护历史，传承文化

历史地区见证着城市的历史变迁，在新的建设项目中必须保留其原有的历史风貌。在建筑场所设计中，应以历史地区为核心，积极弘扬和继承传统文化，将其融入新的生活方式之中。同时应以文物保护单位，以及优秀历史建筑保护范围、核心保护范围不变为前提，在核心保护范围内对用地性质作出适当调整，确定建筑风格，保留完整的古典建筑空间风貌，为整个区域的空间氛围奠定安静、休闲的基调。

2）整体优先，秩序重构

历史地区地处城市老城中心区，其所处环境十分复杂，既有尺度宜人的历史街巷，又有大尺度的现代单体建筑，加之其中住宅、商业、学校等功能设施相互交杂，其空间场所往往显得杂乱无章。设计还需要兼顾该地区内历史文化街区保护规划等相关规划条例的要求。因此，在历史地区城市设计中，必须合理回应基地严苛的外部条件，并综合处理好各种要素的设计和整体关系，重新整合日渐解构的空间秩序，使历史地区系统功能得以良好运转。

3）新旧并存，古今相融

一味地对过去的场所文脉进行模仿和粗暴地将新旧文脉拼贴在一起，无非是将城市环境落入两种境地：要么新旧混淆不分，要么古今格格不入。显然二者都不是一种适宜的历史地区城市设计方法。所以坚持文脉延续的历史地区城市设计方法必须在贯彻“文保优先”的准则下，确保地块建设项目落地。城市设计和建筑单体设计都要本着“新则自新”“旧则自旧”的思路，使传统与现代交相辉映，表达城市合理的时间梯度。

4）形态协调，功能合理

真正完成文脉延续的目标，还必须兼顾协调地区周边的建筑与开敞空间形态，为该地区的居民在身心感官上形成整体一致化的印象。另一方面，历史地区的复兴也离不开合理的功能置换和植入。充分利用好历史地区的人文资源，并依此系统性地对地区功能进行统筹策划，商业、旅游业、创意产业等产业协同发展，才能重新焕发地区活力，形成良性运转机制。

5）各方协调，利益共赢

历史地区作为城市稀缺的人文资源和旧城更新的土地资源，一直都是多方利益角逐的焦点，尤其是旧城更新中土地开发高强度压力与历史地区保持宜人尺度低密度建设的矛盾十分显著。如何处理投资方、决策方和使用方的利益关系势必影响城市设计方案的成败。因此，必须妥善处理好旧城改造更新诉求、规划主管部门依法行政的管理要求、利益相关者的权益保障、开发建设的可操作性及合理收益等四个方面的协调关系。

6）合理开发，适度发展

历史地区城市设计的维度包括了空间（三维）、时间要素，在规划中要注重开发的强度和实施的阶段性、动态性、生长性，确立灵活的、基于市场的开发策略。首先，对于核心保护区的建筑，应严格执行各项控制指标，从用地性质、容积率、建筑密度等各个方面予以控制，同时建筑高度、建筑体量也是需要严格控制的要素。其次，梳理不规则地块也是控制性详细规划城市设计调整的一项重要任务。

7）分层控制，弹性规划

根据与保护文物的距离和现状调研结果，在保护整体风貌的前提下，将历史地区划分为几个不同的区域和层次分别对待，即历史文物保护区、风貌重点控制区、风貌一般控制区、风貌较弱控制区等。同时，在历史地区中，由于其规划控制的特殊性，部分引导性指标会因保护性城市的要求而上升为规定性指标，如建筑形式、色彩和尺度等。

历史地区作为一个有机的生命体，有着一定的自我协调能力来适应不断变化的外界环境。因此，其控制性详细规划及城市设计应引导历史街区向良性方向发展，同时提倡弹性规划的理念。

3. 操作流程

控规层面的历史地区城市设计的对象层次属于城市局部地区的城市设计，它的工作对象主要针对控制性详细规划工作所开展的城市历史地区。但在实际操作中，要不拘泥于规划的实际范围，应坚持研究范围大于项目范围的原则。

依据控规层面的城市设计的本质定位，它的工作内容和任务具有复合的内涵：在内容层次上要具有宏观与微观、整体与局部的双重属性，起到承上启下的作用；在内容广度上要兼有城市空间环境和运作、管理的双重维度。

概括而言，控制性详细规划层面的历史地区城市设计的具体任务是：以总体规划、分区规划和总体城市设计所确定的原则为依据，与控制性详细规划保持互动协调，综合分析该历史地区对于城市整体的价值，保护和强化该地区已有的自然环境和人造环境的特色，挖掘开发潜能并详细制定城市各空间环境要素的控制与引导准则及管理要求，控制和引导未来该地区综合空间环境的发展方向，并提供和建立适宜的操作技术和设计程序。同时，成为宏观调控的手段和依据，用以指明分期开发的步骤和优先发展的地区及具体的项目分布。具体流程包括：

（1）基础调查分析，历史地区主要有历史沿革、街巷格局、土地利用、建筑层高、建筑风貌等基础调查分析。对于这些基础现状进行深入调查研究和归纳总结，能够深刻地反映历史街区现状所暴露的问题。

（2）在现状调研、综合分析的基础上，确定规划设计范围内的空间环境格局、明确空间景观特征的定位及其构成。

（3）提出规划设计地段的未来的可能形态和发展方向，确定明确的历史地区城市设计目标。

（4）组织、优化和修正在控规的规划结构基础上的该地段的空间结构，并反馈到控规中，使各系统作相应的调整，并规定空间结构的详细控制原则。

（5）确定历史地区的城市设计结构——城市的空间结构形态的组织与设计，并反馈到控规中。规定空间结构形态及其各构成要素的控制原则。其中要注重意象论的应用，建构城市的景观组织脉络，组织该地区可能的景观轴线、视线通廊、空间景观序列等。

（6）确定规划设计地段的重要节点或地区，深入研究并制定相应深度的控制准则。

（7）确定历史地区空间结构形态的各构成要素的详细控制准则，如建筑要素、环境设施要素、公共空间要素、交通组织要素、人文活动要素的控制准则等。

（8）设计导则成果内容要与控规的文本和分图图则的内容相协调，让控制准则的内容能够落实到控规划定的各地块上。

（9）提出城市设计的分期建设等内容的实施措施，以及制定附加在相应土地使用上的城市设计规定、激励措施以及其他的管理规定。

4. 成果内容（表4-4）

表4-4　控制性详细规划层面的历史地区设计的成果内容

<table>
<tr><td rowspan="7">城市设计文件</td><td rowspan="5">设计导则</td><td>总则</td></tr>
<tr><td>总体控制</td></tr>
<tr><td>要素设计准则</td></tr>
<tr><td>各地块控制准则</td></tr>
<tr><td>实施措施</td></tr>
<tr><td rowspan="2">附件</td><td>说明书</td></tr>
<tr><td>基础资料汇编</td></tr>
</table>

续表

城市设计图纸	现状图纸	区位图
		现状交通分析图
		现状公共服务设施分析图
		现状建筑质量分析图
		现状建筑高度分析图
		现状建筑年代分析图
		现状建筑肌理分析图
		现状景观分析图
		现状公共空间分析图
	规划图纸	历史地区空间结构规划图
		历史地区空间形态规划图
		历史地区功能分区规划图
		历史地区高度分区规划图
		历史地区密度分区规划图
		历史地区交通组织规划图
		历史地区道路断面规划图
		历史地区公共空间规划图
		历史地区夜景照明规划图
		历史地区地下公共空间规划图
		历史地区重点地段设计规划图
		历史地区城市设计分图图则

1）城市设计文件

（1）设计导则

控规层面的历史地区城市设计导则是设计、管理和法规的结合点，也是控规层面城市设计控制体系的核心构造。它在基本原理上与控规中的文本具有相似性。所以，它的具体建构可以按照控规文本的形式来进行。控规的文本是控规法制化和原则化的体现，它以简练、明确的条款及图表形式表示各项内容，经过批准后可成为土地使用和开发建设的法定依据。其内容实质上是对控规的土地使用控制的各个环节的反映，以及对控规控制体系和内容的集合和浓缩，即体现了“规划目标——土地使用控制”的基本模式。因此控规层面历史地区城市设计导则的基本构成内容主要包括总则、总体控制、要素设计准则、各地块控制准则、实施措施。

• 总则是描述或规定城市设计依据、原则和目标及主管部门和管理权限、有效时限及操作程序等内容。

• 总体控制是描述或规定整体层面上的内容，包括：历史地区的环境格局、空间结构及形态、景观组织、历史文脉及人文活动等方面的基本构成和控制原则等。

• 要素设计准则是规定城市空间环境各要素，包括：建筑、公共空间、交通组织、绿化、环境设施与小品等要素的具体控制要求和设计要点。在规定性上要区分强制性控制和指导性控制。

• 各地块控制准则是将要素控制的原则要求综合落实到控规所划分的各地块上。它是对要素控制的进一步深化和落实，相当于控规的各地块控制指标一览表。在实际操作中既可以以控规的分图图则为载体，也可以在分图图则后单独制作城市设计的分图图则以共同构成控规文本的内容。

• 实施措施是建议或规定城市设计的分期建设、城市设计激励与补偿等方面的管理规定。

以上是控规层面的城市设计导则的具体构成内容。在对它的制定过程中一定要坚持与控规相协调的、坚持因地制宜的，以及跨学科融合的原则。

（2）附件

附件包括两部分内容：一是说明书，它是对控规层面历史地区城市设计研究成果的具体解释和说明，包括现状资料分析、规划条件分析、设计目标与原则、城市设计构思、空间结构形态布局、景观组织、各要素设计等方面的内容，如同控规中文本与说明书的关系；二是与历史地区城市设计相关的基础资料汇编，如现状自然景观资源、历史文化遗产等。

2）城市设计图纸

控规层面的历史地区城市设计图纸包括规划地区的现状图和规划设计图两种类型。

其中历史地区现状图用于绘制和反映综合现状，包括现状的城市图底关系、现状公共交通、现状建筑综合质量及高度、现状公共空间、现状景观等内容。它用以分析论证规划地区的区位特征、空间结构及形态特征、空间要素特征、自然及人文环境特征等。

历史地区城市设计规划设计图纸是针对现状的主要问题和城市设计目标及构思，而制定表达在图纸上的综合规划设计内容，包括历史地区的整体设计、系统设计、重点地段设计及分图图则四部分内容。其一，历史地区整体设计是与设计导则中总体控制相对应的，是对历史地区城市设计结构的综合反映，包括空间结构图、空间形态图、功能分区图等；其二，历史地区系统设计是与设计导则中要素设计准则相对应的，包括夜景照明、地下公共空间规划、高度分区、密度分区、交通组织、公共空间规划等图纸；其三，历史地区重点地段设计是针对整体设计中所确定的重要节点或地段所进行的规划设计图，包括意象设计图等；其四，历史地区城市设计分图图则是以若干地块为单位详细标明地块内城市设计各项元素的控制要求，它可作为设计导则的组成部分，一并纳入控规的文本中。

5. 设计案例：南京市钟岚里地块城市设计

钟岚里地块位于南京市主要东西轴线中山东路一侧，临近贯穿南北的交通干道城东干道，处于中山东路以北、长江路以南、汉府街以东、交通控股大厦以西的范围内。基地与南京市中心新街口相距约 1.5km，地理位置优越。基地总用地面积 2.7hm^2。项目以延续文脉为出发点，通过系统整合、新旧融合、形态协调、多方协商等方面的手段来实现历史地区复兴、重塑整体优先的空间秩序（图 4-7）。

1）文保建筑空间优先策略

重构历史地区空间秩序的核心就是要坚持文保优先的原则。首先，将历史建筑群以绿树环绕，既处理了老建筑与新建建筑形体上的突变，又凸显了历史建筑的珍贵。其次，在人流主要来向之一的主干道——中山东路，形成与钟岚里地块的视觉通廊，和进入场地内部的积极通道。并将其设计为丰富的商业界面，激活将要被改造为商业街区的钟岚里地块。梅园新村历史文化街区与中山东路民国轴也在这里连接，更加彰显南京市的民国氛围。再次，在形成向中山东路通廊的同时，适当将梅园新村至钟岚里区域城市肌理延伸至中山东路。最后，从梅园新村历史文化街区到中山东路，形成小尺度民居建筑与大尺度新建筑之间空间形态尺度的过渡，避免历史建筑与新建建筑在空间形态上的突变。

图 4-7　长江路文化特色街区示意图

2）场地空间结构整体策略

通过以上分析，并考虑开发强度的要求，对地块内品牌酒店、高层公寓与现状建筑进行整体布局：品牌酒店与服务式酒店公寓布置在长白街、中山东路一侧，其中服务式酒店公寓（高层）临中山东路布置，形成充满活力的城市界面。开放空间强调历史建筑群与中山东路的连接，在服务式酒店公寓与现有高层之间形成活跃的城市广场，广场上新建建筑延续钟岗里街区的尺度。

3）用地性质调整

方案本着地区功能协同、系统整合的原则对控规的相关用地进行了部分调整。对选址要求敏感性较低的小学用地进行调整，小学原址与周边地块整体控制更改为商业用地。另一方面，综合考虑历史文化街区保护和利用的需要和品牌酒店项目功能的需求，将钟岚里地块重新进行用地归并与划分，从而利于该地块的整体品质塑造和城市环境提升。

4）打造古今相融的城市环境

为了使钟岚里地块建设达到“新旧并存，古今相融”的目标，重中之重的是必须对新建的高层酒店进行高度判断。采取适当的高度，使之不至于对梅园新村历史街区等空间敏感区域产生视觉压迫。为了便于研究的进行，此设计策略的推进包括两部分的内容：第一选择几处重要的敏感视点，再依这些视点来做视线分析，第二判断新建建筑的高度。

敏感视点的选择。为了研究新建建筑与周边视点的视线关系，依据人车活动情况，设置了 5 个重要视点位置，以此为观测点预判新建建筑形象及其对视觉的影响效果。

新建建筑高度的判断。首先，服务式酒店公寓退中山东路道路红线以交通控股大厦退界为参照，设定为 10m，公寓楼进深按常规设计 27m 考虑，标出公寓楼可能的位置。然后，以各个敏感视点为观察视点，对新建公寓与中山东路南侧现有高层的关系做视线分析，得出控制线内服务式酒店公寓与现有高层相叠加的部分。接下来，从观察视点做连续剖面，考察新建高层建筑与中山东路南侧现有高层天际线的相对关系，判断从敏感视点看向新建建筑，新建建筑高度低于现有高层天际线的情况。再从连续剖面得出新建建筑在现有高层天际线轮廓以内可能的高度——因为现有高层高度不同，推测出因此完全处于现有高层天际线轮廓以内的高度的大致范围。同时，考虑相关建筑和高大乔木对新建建筑遮挡的影响，以确定建筑设计中的顶部特殊处理。最后通过计算机模型再次对新建建筑做敏感点视觉验证。

5）设计协调的建筑形态和功能

相关建筑群落的位置、高度确定以后，为了保证其形态的协调，还必须从建筑肌理、界面、材质、屋顶方面进行相关的设计研究，具体策略如下：

肌理：建筑肌理延续该片区传统竖向肌理，在立面中体现民国时期建筑的元素。

界面：长白街、中山东路界面适当采用骑楼、凹凸阳台等设计手法，创造与城市互动的积极界面。

材质：新建建筑材质建议以玻璃幕墙或浅色材质为主，可以在一定程度上减轻视觉上的体量感，材质的浅色也顺应地块周边建筑的主体色彩。

屋顶：新建建筑顶层建议布置若干与历史建筑肌理相似、尺度相当的屋顶花园，提高建筑在第五立面上与历史文化街区的整体性。

4.2.3　微观——修建性详细规划及建筑设计层面的历史地区城市设计

1. 基本概念

微观层面的历史地区城市设计，对应于法定规划体系的修建性详细规划及单体建筑设计层面，常包含文物保护单位的城市设计、传统村庄和乡村遗产的城市设计等。相比宏观和中观层面的历史地区城市设计，更关注建筑风貌及传统技艺的延续、景观环境的维护和协调、建筑功能的改造或者置换等更细节的内容。

2. 设计要点

1）建筑风格

（1）建筑形式

历史地区新建建筑在立面风格上应与历史建筑协调，又具有可识别性，展现地区典型风貌特色。可以适当借鉴原有的建筑样式、立面分段和局部装饰，但不应简单盲目地照搬原有的建筑要素，如柱式、檐口、山花等，建造“假古董”建筑，造成历史真实感判断的困惑。

（2）建筑选材

在建筑选材、色彩等方面应含蓄、淡雅，细部适当装饰精致，根据历史建筑立面材质和新的功能，选取协调的建筑材料，如透明玻璃、砖、石材、木材、素混凝土等都是与历史建筑较容易协调的材料，其相互组合可取得良好的景观效果，不宜使用鲜艳的色彩和大面积反光玻璃等材质。

（3）建筑体量

新建建筑的体型宜简洁，不应采用过于夸张或繁复的造型，新建建筑立面分隔等应与历史建筑协调，可采用相近的模数、窗洞比等。同时应注意建筑体量与现代使用功能和建筑结构相适应。针对单体建筑物而言，要控制建筑物的占地面积和高宽比；针对街廓而言控制地块平面肌理，保证建筑体量与肌理和建筑风格相匹配。

（4）第五立面景观

由于现状历史地区内和周边已有不少高层建筑，从这些建筑上观察的历史地区可以看到成片建筑的屋顶面，因此第五立面（即屋顶面）也是空间格局体系的重要构成要素。中心城区新建多层、低层或建筑裙房的屋顶形式往往与历史建筑的协调感参差不齐。城市设计中应做系统梳理，拆除现有建筑屋顶杂乱的搭建、加层、构筑物等。大体量的平顶现代建筑可结合建筑自身条件适当做一些以草坪、花卉、灌木为主的屋顶平台绿化，沿大型开放空间和水体等景观较好又对公共开放的建筑屋顶可作为观光平台。但平顶的历史建筑考虑其外观的完整性及结构承载应慎用屋顶绿化，尽可能不布置在建筑屋顶的外围。规划多层建筑或建筑裙房屋顶形式和色彩、材质应与周边屋顶相协调，可通过屋顶形式创新如组合坡顶、平坡结合以及材质的变化，如采用通透的玻璃天顶赋予丰富的视觉感受。

2）景观环境

（1）开放空间

开放空间包括公园、街头绿地、广场、公共庭院、街道等，城市设计引导应当结合历史地区功能转型，满足公共活动需求，关注开放空间数量增加、布局优化、系统完善和品质提升。系统梳理空间资源，整合消极空间，结合肌理修复，因地制宜地在转角、沿路、街坊内部、历史建筑周边挖掘中小型开放空间，增加广场、绿地的数量与密度，优化布局提高服务半径覆盖率，并通过街巷串联成网络，增加空间环境特色，提高人流的容纳性，创造交往空间，激发地区活力。主要途径包括：挖掘和改造消极空间，未被充分使用的空间进行环境处理，增强空间限定感；整治零星地块，对规模过小或形状不规则、无法整体开发的零星地块改造为小型广场；拆除违章搭建，释放空地用作城市遗产保护开放空间；利用具有一定宽度的建筑侧向间距空间，改造为带状公共空间；打开现有围墙，开放单位或街坊内部庭院作为公共空间；在特色建筑与构筑物、古树名木、水边等观赏点周边增加小型广场，结合 300 m 服务半径分析，在待改造地块结合城市更新办法增设附属小型广场；恢复部分负有盛名和特色、已消失的历史园林，如老城厢地区结合历史资料考证，修复园林等。

通过精心的设计营造优美宜人的开放空间，主要方法包括：控制周边的建筑高度和尺度，与广场宽度比例宜控制在 1∶1 以下，若原有建筑较高，可在建筑与广场之间通过加建低层建筑进行过渡。街角或沿路广场应处理好与周边道路的关系，通过高差、绿化、围墙、水体等限定空间，保障安全和隔离喧嚣，对街坊内部广场周边美观程度不理想的建筑背面、山墙面予以整饰修缮。

（2）街道空间

街道空间是历史地区最重要的公共活动场所，大部分历史地区现状道路网密度较高，街坊间距较小，但许多道路不同区段路幅宽窄不一，人行道普遍较窄，设施占路情况也比较突出，存在许多瓶颈区段，慢行体验不佳。城市设计应当对历史街巷空间体系与街道界面（包括退界、贴线率等）、线型布局、建筑景观等风貌特征提出优化建议。构建高密度、连续可达的街巷体系，充分利用原有巷弄、建筑通道、过街楼、部分开放的建筑底层等，衔接形成连续完整的慢行系统，串联城市道路、街坊内部、主要开放空间、公共活动节点、地铁和公交站点等，合理设置公共设施如商业休闲、文化娱乐、社区服务、健身康体等，提升街道活力，提升街道空间品质，丰富步行体验。保持风貌道路、街巷原有宜人的空间格局和尺度，控制街道贴线率。街巷线形可直曲结合，路线步移景异、富有趣味，部分较复杂的步行系统应增强标识性。优化部分道路断面，适当放宽人行道，对人行道特别狭窄而沿路又为保护保留建筑无法拓宽的路段，可将部分建筑底楼改为骑楼形式。改善地面铺砌，种植行道树、增设必要的街道设施。对质量不佳、风格不协调的沿街建筑立面进行整治和改建（包括历史建筑、新建建筑），拆除简陋的搭建、加层建筑。整治路边停车，停车需求可通过地区整体系统统筹解决。

3）微观建筑与环境设计手法

在上述城市设计的基础上，为了达到更适宜的功能载体、更丰富的空间层次、更优质的景观氛围以及更多元的活动体验，可对建筑和局部环境进行深入细化的设计引导。

根据历史地区不同的风貌特征和更新需求，应制定具有多样灵活并具针对性的设计手法。常见的建筑设计手法包括：

“整”——城市历史地区由于受到建筑技术、经济条件、使用需求的限制，原有的大量住宅或公共建筑体量较小，为适应现代使用需要，通过建筑间加建连接体，增加中庭、院落等手法将小型建筑空间化零为整。

“补”——对原有建筑局部进行加建，满足使用要求，同时也加强开放空间围合感，或是加建有特色的建筑细部而增加场所感。

“隔”——通过设置壁、墙或小型建筑，对原有空间进行重新划分，创造多层次的空间体系以满足不同功能的使用需要、丰富空间感受。

“联”——在历史建筑周边通过联结新建建筑组合成具有错落感的建筑组群，提升趣味性和体验性。

“组”——对于公共活动较为集中地区，对历史肌理空间演绎，形成一整组规模较大、肌理完整的建筑组群。

“空”——拆除建筑局部形成开放空间或者庭院空间，留白增加开放空间。

“显”——在建筑主要观赏面前留出开放空间，为风貌展示提供驻留观赏空间。

环境设计覆盖构筑物、植被、铺地、家具小品等多种内容，设计风格应当尊重历史环境，与建筑风格、材质等相融合。

3. 操作流程

历史街区城市设计导则属于详细规划阶段的城市设计导则，它的编制首先以城市总体规划和街区保护规划的相关内容为依据。

根据历史地区城市设计导则编制运作过程的实际工作内容，可以将编制运作过程划分为基础资料收集分析、城市设计研究、成果编制研究三阶段，它们相互依据形成一个完整的过程。

1）基础资料收集和分析

历史街区城市设计导则的编制应对街区的社会经济、人口状况、土地利用、文化遗产、建筑质量、建筑风貌等历史和现状情况做深入的调查研究，通过现场勘测、实地摄影、文献研究、典型抽样、问卷调查等手段，建立街区客观、准确、详实的本底资料；同时收集关于总体规划、街区保护规划以及与街区相关的研究资料，作为编制研究的依据和参考。基础资料的收集和分析主要从以下几方面展开：

（1）土地利用

——研究区域内和区域周边的土地使用现状和功能分布

——城市总体规划、保护规划及相关规划中对土地使用的要求和安排

——政府和相关部门对街区土地使用的要求和建议

（2）整体形态

——城市总体规划、保护规划及相关规划对整体形态的要求和分析

——历史上和现状街区形态肌理的特征和演变

——构成街区的基本单元特征

——街区现状的结构网络、重要节点、历史建筑资料和分布

——现状建筑高度分布、建筑功能、建筑质量、建筑风貌、人口状况等

——主要街道的形态、人流、使用性质

——公众和使用者对街区的认知、评价和建议

（3）空间环境

——现状公共空间的分布、活动内容、分类

——现状公共空间的界面和围合特点及其空间形象和感受

——现状公共空间的小品设施和基础设施分布

——公众和使用者的认知、评价和建议

（4）建筑单体

——现状建筑单体的分类和现状详细资料

——历史建筑的测绘、勘测和鉴定

——现状建筑单体的形态、风格、尺度、色彩、材料等特点及群体组合方式与类型

——城市相似街区建筑单体的基本要素特点

——公众和使用者的认知、评价和建议

（5）细部装饰

——现状建筑装饰的类型、含义、部位、材料、尺度等特点

——城市相关历史街区建筑装饰的基本要素特点

——公众和使用者的认知、评价和建议

（6）相关资料

——街区及周边区域人口、经济状况

——城市总体规划和相关保护规划

2）历史街区城市设计研究

历史街区城市设计研究是通过对街区历史资料和现状资料加以分析，总结存在问题和重要特色，明确街区保护重点，制定街区城市设计导则的目标和原则，提出街区城市设计的五方面内容和各个要素具体控制性或引导性要求。历史街区城市设计研究的主要内容包括：

（1）土地利用

——确定街区土地利用性质

——合理划分保护规划中地块规模

——确定各分地块土地开发强度，参考控制性详细规划中的指标体系

（2）整体形态

——合理调整街区的功能结构

——明晰各功能分区的形态风貌

——保护街区整体的形态肌理

——梳理完善的街巷格局

——营造宜人的街巷节点

——强化基本的建筑单元

——合理划分街区的更新单元

——明确更新单元的更新次序

——营造街区的门户形象

——控制街区界面轮廓形态

——控制街区建筑贴线率

（3）公共空间

——明晰公共空间的规模层级

——确定公共空间的结构形态

——明晰公共空间的垂直界面尺寸和基地界面尺寸

——设置宜人和谐的家具小品和公共设施

（4）建筑单体

——明确街区建筑类型和保护整治方式

——确定更新类建筑的布局形制、风格特征、高度体量、比例尺度、屋顶形态

（5）材料与建构、色彩与装饰等细部装饰要素的控制和引导要求

——突出细部装饰形态塑造的主题

——明确各种细部装饰构件的位置

——区分传统商业店面装饰的类型

——设置传统风格的商业招幌标志

——控制户外广告尺寸和悬挂位置

3）城市设计导则的成果编制

（1）成果形式

历史街区城市设计导则的成果形式以条文、图表和必要的图示等形式表达城市设计的目标、原则、研究内容及体现研究内容的指引体系和实施措施。

（2）成果内容

一般城市设计导则的成果内容分为总则、细则、附则和说明书。

总则：说明历史街区城市设计导则的研究范围、研究依据，明确历史街区的特色和问题，目标和原则。

细则：针对历史街区土地利用、整体形态、公共空间、建筑单体和细部装饰五个基本内容和要素以规定性和引导性制定具体的措施。

附则：对历史街区城市设计导则术语、符号标记、用词标准进行解释，并附录相关必要文件。

说明书：对导则的编制研究进行必要的详细说明。

4. 成果内容（表 4-5）

表 4-5 修建性详细规划层面的历史地区城市设计的成果内容

目录	编号	图则
现状分析	1	项目背景
	2	历史介绍
实例分析	3	国外优秀案例
	4	国内优秀案例
	5	优秀案例与本项目的尺度比较

续表

目录	编号	图则
设计理念	6	设计理念
设计导则	7	规划背景及项目区位
	8	基地现状分析
	9	鸟瞰图
	10	总平面图
	11	经济技术指标
	12	重点片区透视图
	13	规划结构分析图
	14	城市肌理对比图
	15	院落分析对比图
	16	建筑类别分析图
	17	交通分析图
	18	景观分析图
	19	开发强度分析图
	20	地下空间规划图
	21	地块分布图
建筑部分	22	建筑单体设计图
景观部分	23	街道标识设计
	24	公共设施平面布置图
	25	照片设施设计原则
	26	广告设计导则
	27	标识照明及道路照明
	28	铺装规则
	29	铺装形态
	30	铺装尺度
	31	植物配置
	32	景观小品设计

5. 设计案例：杭州市南宋御街城市设计

南宋御街位于杭州市老城区，始建于吴越时期，钱镠规建杭州时将其建设为城市中轴线，贯穿城市南北。南宋御街南起皇城北门和宁门（今万松岭和凤凰山路交叉口）外，经朝天门（今鼓楼）、中山中路、中山北路、观桥（今贯桥）到凤起路、武林路交叉口一带，全长约 4185m。南宋御街作为南宋都城的核心街道，是皇帝于“四孟”（孟春、孟夏、孟秋、孟冬）到景灵宫（今武林路西侧，供奉皇室祖先塑像的场所）朝拜祖宗时的专用道路。作为南宋的政治经济文化中心，它两旁集中了众多商铺，旧时临安城一半的百姓都居住于御街附近。南宋御街拥有丰富的历史文化遗存，在改造过程中设计者对街区内的建筑、设施做了较为全面的考虑，坚持了最初规划制定的“应保尽保”原则。在保护的同时，融入了创意性的设计元素，使街区呈现出富有现代设计意味的改造特色，凸显出现代与历史交融的特征（图 4-8）。

1）街区交通与道路尺度

整个保护工程以中山路为中心，北至环城北路、南至清河坊鼓楼，南北全长 4.3km，区块总面积约 87hm^2，街道宽度约为 13m。街区内部道路以中山路为主，辅以王家巷、观音庵巷。中山路在综合保护与有机更新过程中，基本保留了原有的路幅宽度，不仅与周边建筑尺寸协调，也体现了历史街道的亲近感、纵深感和历史沧桑感。然而有部分街巷虽保留着狭窄的步行尺度，但难以满足消防要求，缺乏停车场地，需从历史街区的现状出发综合考虑梳理街区的内外交通（图 4-9）。

2）街区功能现代重组

街区根据不同的主题以组团式布局各功能。改造完成的南宋御街作为杭州重要的城市商业中心和老城的中轴线，主要分三段：首段从万松岭到鼓楼，是当时的政治中心，消费与购买力最强，改造后该段店铺主要经营金银珍宝等高档奢侈品。第二段从鼓楼到众安桥，以羊坝头、官巷口为中心，是当时的商业中心，改造后主要经营日常生活用品。最后一段从众安桥至武林路、凤起路口，目前规划成为商贸与文化娱乐相结合的街段。利用改造良机，在保护旧有建筑的前提下，适当地增加茶楼、

图 4-8 杭州御街周边街巷肌理

图 4-9 杭州御街道路尺度

历史博物馆等餐饮娱乐和文化展览功能，以及宾馆、银行等公共服务设施，使这片街区成为商业旅游与古城文化巧妙结合的历史文化街区。

3）建筑保护与创意改建

建筑作为历史街区改造保护的主体，本着保护街区环境和空间格局的原则，所有建筑按照建造时期采取了不同的保护与整治模式。历史建筑按照“应保尽保”原则，采用最大的保护、最小的限制方式，重点修缮整治御街两侧的传统民居院落和街区内传统街巷空间环境，包括对优秀历史建筑的修缮和周边环境的整治，重点突出坊巷特色。对近现代建筑，采取“舍卒保帅”方式，实现利益最大化。新建筑则体现时代风格和大师印记，丰富整个中山路建筑类型。

• 历史建筑的改造更新

南宋御街两侧建筑以传统商业和传统居民建筑为主，鼓励发展传统商铺、恢复老字号和产商结合的手工作坊。通过建筑功能置换、建筑形态的保护以及建筑的再利用，完成优秀历史建筑个体的合理更新。

对文物保护建筑采取以下 3 类保护措施：①传统民居建筑作为御街传统风貌再现的重点保护主体，选择了相对完整地段成片加以维修恢复。建筑物高度一般不超过 2 层，局部 3 至 4 层；②保持建筑原有空间形式及格局，保留和清理恢复古井、古树及反映居民生活的特色庭院，不符合历史风貌要求的建筑进行改造或拆除；③ 3 层以下（包括 3 层）的木结构建筑都保持坡顶青瓦翘檐式，并采用小青瓦铺设，同时保留屋顶上的老虎窗，再现江南民居特色。历史建筑门、窗、墙体等其他细部严格按照杭州浙派民居建筑的装修和形式修缮。

• 新建筑的创新形式

为使历史街区更迎合时代的步伐，南宋御街在建筑的改造中加入了许多现代元素，并服从了“建筑体量小、色调淡雅，布局不高、不密、多留绿化带”的原则。新建建筑门窗采用亚光的金属材质，以黑色、深灰色或深栗色为基本色调，匹配建筑整体材料和颜色。运用钢筋混凝土现浇，配以木质材料，加入新型小品式建筑。个别建筑为了保留原有建筑屋顶墙体的风貌，采用新的结构体系，如以现代结构（钢结构，框架剪力墙结构等）代替或覆盖原有毁损的木结构体系，这样可以使传统建筑的室内空间不受原有柱网的限制而改造成大空间。为保护木构老建筑外立面不受损坏，运用现代建筑建造手法，在建筑立面外侧加上玻璃幕墙，进行建筑老建筑立面的整体保护（图 4–10）。

• 其他整体整治修缮措施

南宋御街中建筑的门、窗、墙体、屋顶等形式尽量符合历史风貌要求，色彩控制为黑、白、灰三色，同时用现代明快的色彩辅助。底层商铺采用排门形式，结合店招，形成连贯的底层沿街面。

图 4-10 杭州御街新建筑

4）建筑外部环境的创意性塑造

整个南宋御街的风貌景观规划为三个部分：传统商业建筑风貌区、传统民居建筑风貌区、传统园林风貌展示区。以传统商业建筑为主，两侧为传统民居建筑，以及由南宋御街东侧的洗马池遗址公园组成的传统园林风貌展示区。改造中保留了南宋御街传统的商业景观轴，加强了传统居民区的景观规划和洗马池路的绿化造景，设计形成开放空间系统和标志景观系统，形成南北向景观渗透。在南宋御街主入口，即南宋御街与内环路交会处，设置入口牌坊，利用南宋御街两侧建筑围合成入口广场，以雕塑、绿化、铭牌等形式记述南宋御街的发展历程；以铺地、绿化、浮雕组合创作创意景观以展现杭州市民俗文化与古典历史文化。类似创意性的景观设计方案，增加了历史街区景观的趣味性。

4.3 按更新模式分类的历史地区城市设计构成类型

4.3.1 立面化模式

1. 定义

立面化模式是对历史地区风貌的一种较严格的博物馆式保护方法，其街区立面有效地保护起来，对于风貌不符的建筑进行针对性改造，但建筑内部的结构、材料和装饰可以适当改造，使其符合其原有功能的定位。在我国，大量的历史地区采用街景整治的方式进行规划设计，均属于这种模式。

2. 关注要点

立面化模式关注城市外部空间风貌的延续，对于建筑风格、建筑材料、历史背景均进行详细而深入的考证，以此作为城市设计的主要内容。

1）物质层面的设计要点

（1）基于价值判断的建筑的保护与更新策略

历史建筑的价值可以分为很多层面和维度，如：历史价值、科学价值、经济价值、文化价值、景观价值、结构价值等等，首先要针对建筑个体的不同属性和特点，找出不同种类的建筑所隐含的多种不同的价值，再考虑是以什么目标和手段来凸显其有价值的部分，使其能够更好地为今人所用。只有在充分调查了解的前提下，采取恰当的措施去对待不同的历史建筑单体，才能恰如其分地凸显其应当展现的价值要素。根据历史建筑单体不同的价值要素类型侧重，对一定区域内的历史建筑进行分级是必要的。对于不同建筑的现状情况应进行摸查和对其历史背景和史料的搜集。经过研究后，是保留、修缮、改造还是更新，应分级、分类，做好梳理。对建筑的保护和规划措施参照之前的研究可分为：严格控制、一般控制、修建、改造、保留和重新定义。针对不同保护级别的建筑进行不同程度的介入、有限度的保护和改造措施，相得益彰地展现不同的价值要素，以体现建筑的构造完整性和文化多样性。

（2）环境与服务设施的提升

可以说历史街区的衰败与凋敝，是伴随着整个片区的基础设施老化并逐渐落后于时代的过程。升级改造周边的城市基础设施和环境整治是必要的，升级改造以适应现代城市生活，满足人们当下的生活需要，是恢复历史街区的活力，吸引人群回流的一个重要条件。具体来讲，应该重新梳理城市排水设施、道路系统，以及老化的与生活配套的基本生活设施。不管是单个的历史建筑还是历史街区片段，都不可能与周边环境割裂开来，一定都是一个城市或者一片区域的有机组成，如何将散落在不同地方的历史建筑和历史街区之间串联整合起来是一个应该思考的问题，由点及片，由面带动整个城市资源的互相联动，可以更全面地体现一个城市的历史和城市魅力所在，应该充分挖掘和整合各个资源，活化和拉动整个片区的发展，打造城市旅游资源，成为城市的形象和“名片”。

2）非物质层面的设计要点

（1）邻里关系的维持

《奈良宣言》提出并阐述了历史建筑和街区的原真性保护，保护的对象不仅应该针对有形的物质，即建筑本身，也应该注重无形的、当地的原住民和生活方式的保留，将之视为一个“活的历史”，而非只注重“外表”而更应注重“内涵”，历史建筑只是一个载体，承载的是关于“人类的活动”。以人为本体现了平等的价值观，对普通民众和弱势群体的关怀。如果只是简单地将原来的居民赶走，整个街区充满原真性的“历史场景”将不复存在，只剩下虚假的空洞的“人造景观”式舞台布景，同时也将加剧社会的不平等。传统的街区氛围的营造也需要在地居民邻里关系的维系。在城市改造项目中原住民搬迁，置换进新的人口进入，或居住或工作，可能带来一些新的问题和挑战，应处理好“新的居民”和“旧的居民”之间的关系，共生共成长，为历史街区的“有机更新”注入新鲜血液。特别是旧的历史街区往往都是老龄化人口比较严重的区域，新的年轻“居民”可以改善人口年龄结构，为“活化”历史街区作出贡献。

（2）场所记忆的延续

空间格局是由一定历史时期形成的，“自然生长”的空间结构序列，是与一定时期社会文化和建筑群落功能相匹配的，保留空间格局的完整就是保留了“历史原真性”和“场所记忆”。街巷的长短、尺度和收放节奏，都体现了与人的特定的“场所关联性”，空间的格局是形成“场所记忆”的基本要素。特定的空间节点，例如：一棵树、一口井、一个院子、门前的一条石板路，甚至是一种气味或者一种触感，都是形成“场所记忆”的关键线索，某种能够与人的心智活动相关联的具体的而又高度抽象化的“情感触发器”。对于关键节点的保留是很有价值的，否则人的情感和回忆将无处寄托。

（3）历史文脉传承

一栋历史建筑，或者一片历史街区都是承载着一段历史，而历史又是由人的活动产生的，在建筑的修复过程中应体现相关联的历史人物，大浪淘沙地从将埋没或少人知晓的历史人物和历史片段挖掘出来，充分展现在世人面前，凸显其历史人文价值。应着力打造传统风貌成片片区，对于传统人文景观、民俗文化、历史场景应该在保留历史原真性的同时，将传统风貌“原汁原味”地展现。对于因历史原因改建或者加建的部分建筑，应该在建筑价值评估判断后，谨慎地修缮和整改，尽量恢复到历史原貌。

3. 设计案例：保定城隍庙街城市设计

1）街道整体定位

城隍庙街——展现保定古城历史传统及民间文化的载体。保定城隍庙街与东大街、莲池南大街、北大街四条风貌保护街道，同属古城范围内的“两片、四街、一环”的重点保护框架之下，共同承担着体现保定古城风貌的重任。城隍庙街位于保定古城保护区内的重要地段，是保定市文物古迹、历史遗存最为集中的地方，同时也是保定历史文化和传统商业的中心区。城隍庙街作为西大街向北侧观看的视线通廊，以北侧的城隍庙为视觉中心，街道两侧主要分布有明清及民国风格的建筑，以及少量新建建筑，现有业态形式为商业街。

根据城隍庙街在保定古城区的地理位置和周边自然及人文环境，将城隍庙街定位为步行传统文化商业街，作为西大街向北观看城隍庙的视线通廊，以传统商业文化、民间文化以及城隍庙文化为主题，尽可能恢复原有街道景观及建筑风貌，集中体现保定古城的商业文化与民间传统文化（图 4-11）。

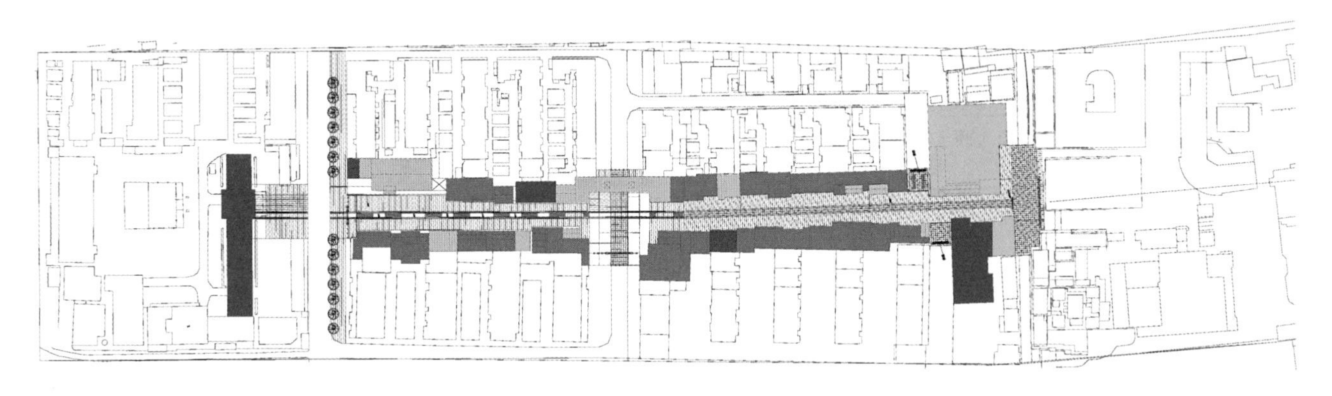

KTV 娱乐　土产百货
古玩字画　其他行业

建筑编号	建造年代	建筑风格	店铺名称	所属行业	建筑编号	建造年代	建筑风格	店铺名称	所属行业
A-1	当代	现代	369 娱乐城	KTV 娱乐	B-6	当代	清式	礼品专家	古玩字画
A-2	当代	混乱不清	至乐轩	古玩字画	B-7	民国	民国式	白杨印社等	古玩字画等
A-3	清代	清式	保定艺苑	古玩字画	B-8	民国	民国式	金马摄影器材	土产百货等
A-4	当代	混乱不清	爱心老年会所	其他	B-9	民国	民国式	自由自在 KTV 等	KTV 娱乐等
A-5	当代	清式	明都 KTV	KTV 娱乐	B-10	民国	民国式	宝玉画廊	古玩字画
A-6	当代	清式	万星娱乐中心	KTV 娱乐等	B-11	民国	民国式	红房子 KTV 等	KTV 娱乐
A-7	当代	混乱不清	未知	未知	B-12	民国	民国式	全自动锅炉等	土产百货等
A-8	当代	混乱不清	大世界练歌房	KTV 娱乐	B-13	当代	现代	兴惠车业连锁	土产百货
A-9	清代	清式	润宝斋	古玩字画	B-14	当代	混乱不清	忠诚劳保等	土产百货
A-10	当代	民国式	吉利烟酒等	土产百货等	B-15	当代	民国式	新日电动车	土产百货
A-11	当代	混乱不清	知足常乐	其他	B-16	当代	民国式	保定艺术剧院	其他
A-12	当代	混乱不清	丑牛美术部	古玩字画	B-17	当代	民国式	老渔翁铁锅炖鱼	其他
A-13	当代	混乱不清	云海阁等	古玩字画	B-18	当代	混乱不清	天龙画店	古玩字画
A-14	当代	混乱不清	金星 KTV 等	KTV 娱乐等	B-19	当代	混乱不清	乾坤工艺	古玩字画
A-15	当代	混乱不清	西德记茶庄等	其他	B-20	当代	混乱不清	秋开阁等	古玩字画等
A-16	当代	混乱不清	赏艺堂等	古玩字画	B-21	当代	混乱不清	艺海书画等	古玩字画等
A-17	当代	民国式	古城宾馆	其他	B-22	当代	民国式	易水砚总经销	古玩字画
B-1	当代	清式	紫光画店	古玩字画	B-23	当代	混乱不清	墨默书画廊	古玩字画
B-2	民国	民国式	宏德画店等	古玩字画、土产百货	B-24	当代	混乱不清	金池画廊等	古玩字画
B-3	民国	民国式	仰山堂等	古玩字画等	B-25	当代	民国式	鼎彩广告	其他
B-4	民国	民国式	爱之声 KTV 等	KTV 娱乐等	B-26	当代	混乱不清	乾坤画店等	古玩字画
B-5	民国	民国式	富丽画廊等	古玩字画	B-27	清代	清式	直隶艺术馆	古玩字画

图 4-11　保定城隍庙街现状建筑业态

2）整体景观结构及意象

（1）空间网络布局

城隍庙街作为保定古城曾经的商业中心较好地保存下来，具有较为完整的界面及街巷风貌，整条街道空间收放有序、尺度适宜。从南到北形成统一的传统文化氛围，有多处空间节点，形成“开端—展开—小高潮—延续—高潮”的空间序列。具体到城市空间布局上，从南到北依次为：西大街、保定古城传统商业街与城隍庙街的交接处，空间上的开端；然后是西大街到市府前街的具有民国建筑风貌的街巷空间，是对保定古城近代特定历史节点的真实反映；再到有过街楼的十字路口的空间节点，节点放大，空间上达到一个小高潮；然后是由市府前街到市府后街的传统街巷空间延展，展现明清及民国风貌的传统街巷；最后到达以城隍庙及其文化氛围为主体的空间高潮，统领整条街道。整条街道作为一条步行商业街，尺度宜人、肌理完整，空间结构关系良好。

（2）道路文化风格

在道路文化风格上，城隍庙街集中体现了保定古城的商业文化及城隍庙文化。结合城隍庙街与城隍庙、西大街、“老马号”的关系，体现保定古城的传统文化及街巷与建筑风貌，利用原有街巷格局与保留建筑，以及空间节点等物质景观体现保定古城的历史文化积淀；同时，利用城隍庙的历史文化地位，结合庙会等节日活动，将保定传统的民间文化引入街区，展现具有保定特色的地域文化（图 4-12）。

3）景观结构及节点景观意象

（1）一条景观主线、三个空间节点

城隍庙街由北侧的城隍庙到南侧的西大街，全长约 424m，《保定市历史文化名城保护规划》确定建设控制地带为红线外侧 15m。在规划范围内，街巷格局保存完好，建筑风貌质量良好，视线通廊畅通，形成由南至北的一条景观主轴线，由南至北依次重点塑造三个空间景观节点，衔接紧密，作为城隍庙商业街的开放空间，对人流聚集、空间高潮的营造等起到了积极作用（图 4-13）。

（2）节点空间意向性设计指导

在城隍庙街规划范围内，由南至北，依次有三个景观节点：

• 西大街与城隍庙街的交接处

此处为两条步行商业街的交接处，需考虑这两条街肌理、街巷格局、建筑风格的统一；转角处建筑两个立面的处理；人流的转向引导等方面的问题。

• 市府前街与城隍庙街的交接处

此处位于商业街的中心，在街道东侧保留有一个过街楼，为明清时代样式，风格较为纯正，只因缺乏规划管理，导致建筑年久失修、广告

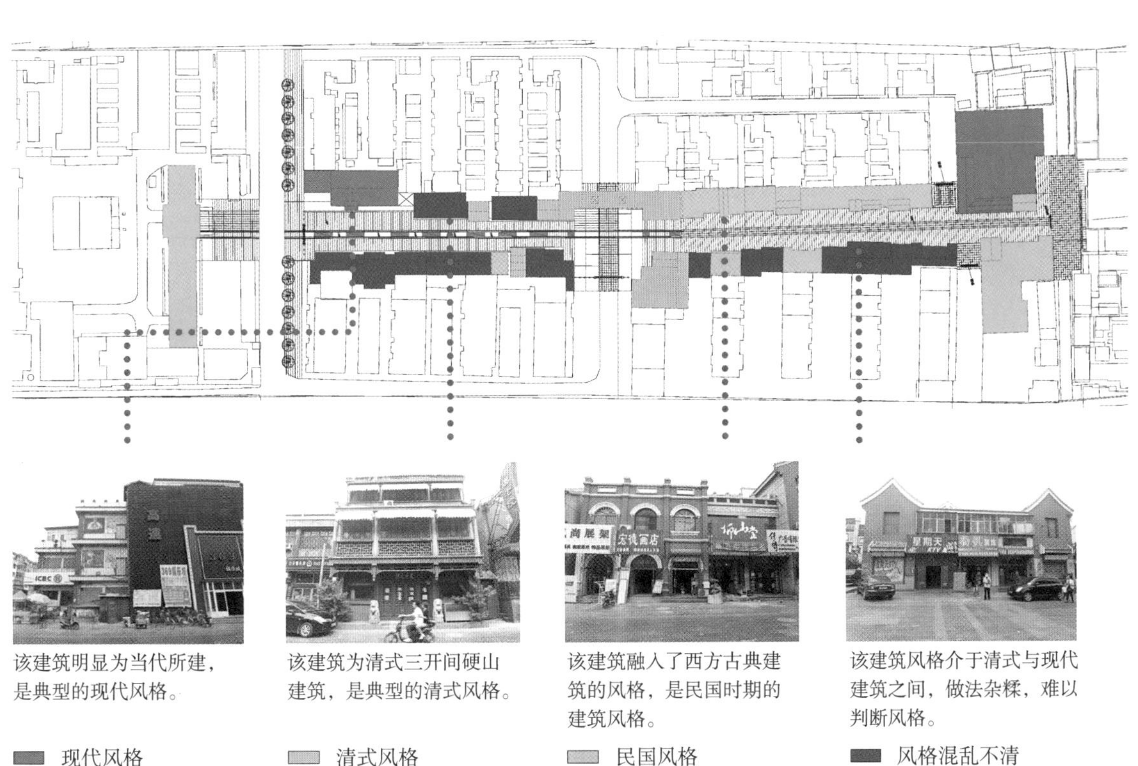

图 4-12　保定城隍庙街现状建筑风格

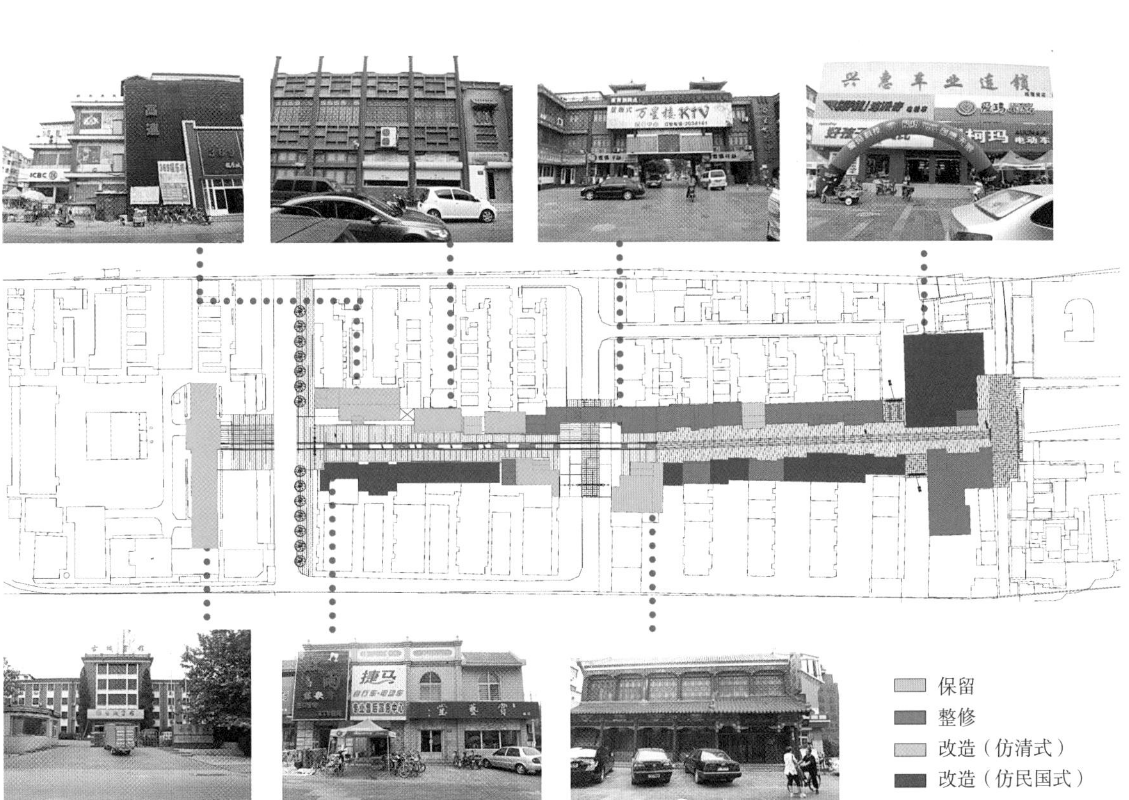

图 4-13　保定城隍庙街改造措施

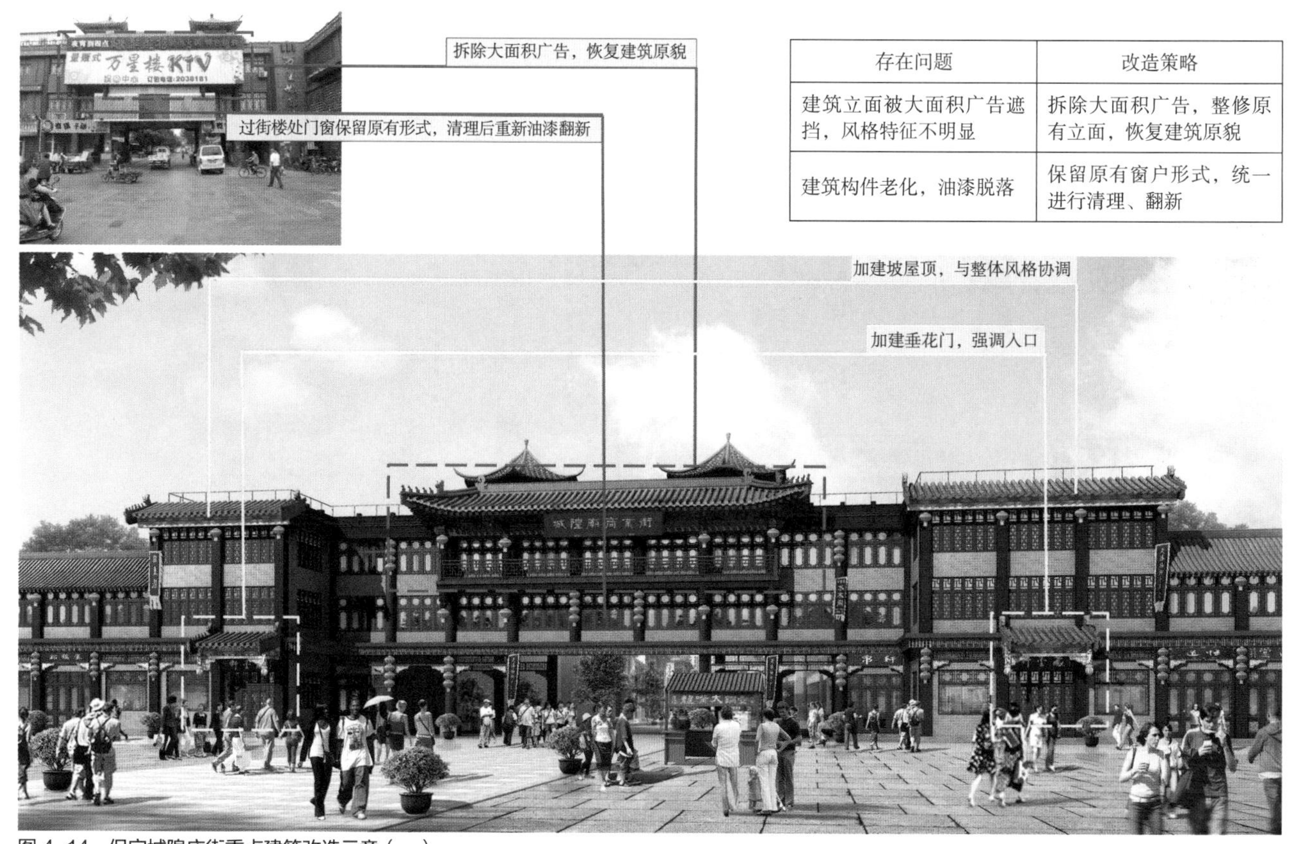

存在问题	改造策略
建筑立面被大面积广告遮挡，风格特征不明显	拆除大面积广告，整修原有立面，恢复建筑原貌
建筑构件老化，油漆脱落	保留原有窗户形式，统一进行清理、翻新

图 4-14　保定城隍庙街重点建筑改造示意（一）

牌混乱。只要稍加整改，便能恢复其原貌。在过街楼前宜设置一个小型广场，对于商业街的空间序列、氛围营造等有着重要作用。

·市府后街与城隍庙街的交接处

此处为商业街的最北端，城隍庙所在之处，是整个商业街的视觉焦点与统领核心。需要在此结合城隍庙进行设计，在空间序列上是整个街道的最高潮，宜结合文化活动项目设计，使人们在游览之余，还能集中体验保定古城的民俗文化（图 4-14、图 4-15）。

4）绿化及道路铺装、道路公用设施小品设计

依据城隍庙街的街区定位、改造策略，其绿化、道路铺装、道路环境设施、街道家具设计具有以下几个方面的意向：

（1）绿化设计

由于街道宽度为步行街适宜尺度，故而在街道路面上不宜设置较大面积的绿化区域，于是采取在道路中央放置条状绿地的布置形式，间隔 6 ~ 12m 不等；此外，在贴近建筑立面处，则采用小尺度盆栽、花卉的绿化形式，这样既节约了成本，又能点缀街景，还不会对街道的整体风貌

存在问题	改造策略
建筑立面被大面积广告遮挡，风格特征不明显	拆除大面积广告，整修原有立面，恢复建筑原貌
建筑细部残损，构件老化	保留原有细部及构件形式，统一进行修复、翻新

图 4–15　保定城隍庙街重点建筑改造示意（二）

产生破坏。

（2）道路铺装

为了表现古街风貌，道路将进行重新铺装，采用灰砖铺地，在道路中央采用不规则石块铺地，二者以两道立砖铺地隔开。

（3）道路环境设施及街道家具

饮水器、座椅、售货亭、垃圾桶等街道家具进行统一设计，以城隍庙为主题，风格为新中式结合明清建筑风格，并将其布置在街道中央的不规则石块铺地区域，与绿化带结合放置。

5）灯光照明，广告牌匾设计引导

在灯光照明方面，根据城隍庙街的整体街区定位，以及不同建筑的风格与位置，采用四种灯光照明方式：

（1）灯笼——主要在明清风格建筑上采用，既可以满足照明效果，又可以起到装饰的作用，在节假日还可起到烘托节日氛围的作用。

（2）壁灯——主要在民国风格建筑上采用，灯的风格形式为新中式，既能与明清时期建筑风格以及城隍庙的主题相呼应，又能结合民国建筑风格的现代感。

（3）路灯——采用民国时期的路灯样式，放置在道路中央，与座椅等街道家具结合放置。

（4）地灯等景观照明灯——为了烘托气氛、加强重点建筑的夜景效果，局部成组采用地灯等景观照明灯。设置时需考虑灯光的气氛渲染作用以及对重要建筑形体的辅助造型作用。

牌匾、广告牌、店招等将进行统一规划设计，主要集中在形式、面积、材料、色彩等的选择，以及广告牌匾放置的位置这两个方面。

4.3.2 适当再利用模式

1. 定义

针对旧有区域或建筑，对建筑外部和街道立面进行修复，内部赋予新的用途并进行改造利用，实现功能现代化，风靡西方的Loft运动即是这一模式的典型场景。我国近些年来也出现较多的利用废旧工厂、仓库等区域，加以改造再利用的文化、商业园区设计，均属于这一模式的应用场景。

2. 关注要点

适当再利用模式关注的要点，除“立面化”模式所关注的问题之外，更着重城市新功能的引入及其运作。

1）功能置换

历史街区改造过程中根据不同地段和建筑布局，适当地引入商业业态，对于历史街区产业的提升和在地居民的就业以及收入的提高有很大帮助，但方式方法应该听取各方意见，改造后的运营模式应根据具体项目进行区别对待，或居民自营、或出租，改造为创业办公孵化器或是餐饮饮食、小商品零售等合适的商业模式。应与改造的传统街区氛围和“性格”相协调一致。

公共文化设施的引入有益于激发一些适合对外开放的历史街区的活力，通过举办一些文化活动，能够提升整个区域的人气，营造历史街区的文化氛围，吸引城市高端人群。功能的多样性和人的活动的丰富性对于创造街区的活力也很有帮助，比如改造后的历史建筑首层可出租做轻餐饮，而二层以上可以作为民宿或者办公，使之成为一个“可居可游”的充满丰富生活场景的多元化的街区环境，并融入人们的生活。

2）制度性的建立

政府部门应出台一些鼓励个人和企业参与到历史建筑和街区的更新活动中来的政策，一方面可以调动社会各界的资源，另一方面可以激发公众参与的积极性，以扶持相关项目的建立和实施，同时应给予资金支持。政府应配合项目的实际情况建立可良性循环、可持续的项目运营模式。对于历史区域改造更新计划应逐步开展实施，在处理好各方利益博弈的前提下，以润物细无声的方式逐步完成对既有历史街区的改造。

3. 设计案例之一：广州白鹅潭地区城市设计

广州白鹅潭片区紧邻近代洋行码头地区，区内既有随着近代轮船运输业的发展而形成的码头仓库区，又有为社会主义工业发展而建设的工业区，浓缩了广州从外商夷馆十三行到今天 100 多年的工业发展历史，是广州近现代工业发展的重要见证。2008 年，该地区的花地仓等 7 个洋行码头仓库遗址已被列入广州市第七批文物保护单位。除此之外，该区域还拥有堪称广州近代民族工业缩影的协同和机器厂，以及大量中华人民共和国建国初期建造的仓库、厂房等，其历史信息非常丰富，具有很高的历史、艺术和经济价值（图 4-16）。城市设计中采用了保护的设计手法，以文化保护为第一要素进行空间演绎，在创造经济价值和发掘文化价值两方面获得双赢。

图 4-16 广州白鹅潭地区街巷肌理

1）选择合适的街区尺度

充分考虑历史遗存的特色和空间体量，以及区域的可达性、核心区的功能互补性，选择合适的街区尺度。结合现状道路和用地产权线将二线开发地块划分成小街廓，通过对空间模型的推敲和对沿江天际线变化的分析，创造出与历史街区相协调的空间形态。小尺度地块的划分与高密度支路网的建设将增强历史地区的可达性。

2）构筑文化创意廊道

通过整修和重新利用历史保护建筑和构筑物来复苏长达2km的工业滨水区，使其发展成为一条充满创意的文化时空长廊。滨水区将从一个被遗忘的工业区转型成为一个充满活力、以人为本的地区，为居民提供各种艺术和文化活动，同时与商务利用和学术区和谐共存。创意产业区将展现此区的工业特色并提供高品质的园区式工作环境，游览其中，犹如置身于一条跌宕起伏的时空长廊，体会着不同时代的多元文化。

3）融合水秀花香特色

以滨江沿线、大冲口涌、沙涌等自然的生态水系和林荫大道为主线，串联起若干个主题公园和绿地广场；结合滨江景观资源和地域文化特质，打通连续滨水休闲岸线并依托水系横向延伸至社区内部，形成层次分明、渗透性强的绿地开敞空间，发扬城市水秀花香的优秀传统。

4）重塑历史码头岸线

沿珠江岸线设置串联德国教堂婚庆广场、花地仓文化体验区、渣甸仓公共文化中心、龙唛仓文化艺术公园等景观节点的、南北贯穿的滨江步行系统，形成集文化展示、公共体验、观光旅游、时尚消费于一体的创意产业集中地。利用仓库、码头、吊机、集装箱、大榕树、河道、江岸等元素，重组构成不同的主题空间，塑造具有强烈标志性和感染力的场景，在新的城市景观里延续工业文化记忆。

4. 设计案例之二：新加坡克拉码头的保护规划历程

1）20世纪80年代中期历史街区的划定

20世纪80年代初，新加坡政府在经历了建国初期的急速建设和大规模旧城改造后，逐渐认识到历史建筑、历史街区的价值及其保护的必要性。经过4年的筹备，1986年城市重建局（Urban Redevelopment Authority，URA）公布了中心区结构规划，划定克拉码头、驳船码头（Boat Quay）等7处为历史街区，总面积约55hm^2，占中心区面积的4%。该规划受到了当时新加坡旅游促进局的旅游产品发展规划的影响，强调保护历史街区能够带动旅游业的发展，进而提升城市的经济生存能力和增进国家自豪感。

2）20世纪80年代末期的保护总体规划

1989年政府颁布了保护总体规划，其中新加坡河历史保护区面积约

$96hm^2$，可分为 3 段：①从河口至新桥路为驳船码头，其北部是旧殖民时期的行政中心，有议会大楼、维多利亚纪念堂等，南部沿着新月形的河岸坐落着本地特色的店屋，与其后金融区地标性摩天楼形成对比；②从新桥路至克里门梭道为克拉码头，主体为建筑价值较高的低层老仓库和店屋；③从克里门梭道至金声路为罗拔申码头（Robertson Quay），保存有一些质量较好的仓库货栈。

3）20 世纪 80 年代末期克拉码头地区复兴导则的制定

1989 年，URA 将克拉码头地区划分成 5 个地块，租赁期 99 年，要求开发商将其打造成面向居民及游客的步行性节日村（Festival Village），一方面保留原有的 50 多栋历史建筑，另一方面引入以文化为基础的活动并实现适当的活动混合。当时的复兴导则主要包括 5 个方面：①随着现代技术的到来，河道原来的贸易活动和支持性居住功能已消失，属于自然死亡，应引入适合时代和当前发展阶段的活动，为该地区注入新的活力。②承认建成环境对定义场所精神至关重要。广场、街道、拱廊、建筑物高度和立面有着经受时间检验的内在特质。承认它们的相关性，必须将拆除减至最少，而且插建新建筑必须考虑这些特质，以获得场所精神的延续。③建筑物的外壳或表皮可以保留，内部空间可以再利用或重新诠释，并能随着需要发生改变。④必须保持建筑物同河道的联系。过去河道是贸易的生命线，仓库是货物的存储中心。这种工作关系已随时间逐渐消逝，但可以取得新的延续性对话，即河道是娱乐休闲的放松空间，仓库是文化展示和游客接待的中心。⑤克拉码头和周边城市环境的关系需要梳理：过去周边主要是低层建筑，但今天摩天楼林立，新的步行系统亟待完善，需要充分利用克拉码头为闹市区中小尺度环境提供舒适的放松空间。

4）20 世纪 90 年代初期新加坡河的总体规划

1992 年进一步制定了新加坡河总体规划，3 段地区采用不同的策略：①驳船码头的店屋保留作商业用途，引入新的娱乐和居住功能来复兴该地区，滨水区将进行绿化并建设公共散步道；②克拉码头将被打造成娱乐和商业中心，鼓励文化性活动的举办，将会有户外餐饮和街道休闲娱乐设施；③罗拔申码头附近建有众多酒店，定位为购物、酒店和居住功能。总体而言，政府试图通过对现存旧建筑的保护和再利用，并引入新的娱乐场所、购物商场、酒店和文化活动来实现该地区的复兴。

5）21 世纪初的克拉码头再开发策略

2006 年 5 月，运营克拉码头的凯德置地（CapitaLand）耗资 8 000 万美元，完成了为期 2 年的克拉码头再开发计划。英国著名建筑师事务所奥斯普（Alsop）受聘担纲设计，添加了调节微气候的复杂遮荫 / 制冷系统来庇护 19 世纪以来建成的店屋和仓库，赋予克拉码头国际化的时尚炫目外观。五彩缤纷的巨大罩篷利用空气流动技术、水冷却和树木荫蔽特性来保持内部街道的温度平衡。受花朵结构启发的“莲花座”装点着新加坡河畔平台，其上悬挂着“风铃草”翼瓣，营造了花园般的滨水餐饮环境。改造后的店铺面积大幅增加，沿着新加坡河内侧增加了 50 多家餐饮店。

6）克拉码头的规划实施

（1）20 世纪 90 年代：节日村改造工程

节日村的设计理念源于节日市场（Festival Market），是 20 世纪 70—80 年代美国主要城市闹市区复兴的首要策略，有效应对了郊区巨型购物中心模式。它借鉴欧洲的市场形式，结合本地的承租方式而非连锁店，提供摊位和共有区域来激活空间。其运营强调地方参与，提供各式餐厅、特色零售店铺、国际风味食阁等，同时重视夜间娱乐活动，较成功的案例常常借助了滨水的有利位置。克拉码头节日村的改造模式取得了一定的成功。对使用者的调研结果表明，该保护工程的优点在于：保留了历史建筑的特色，营造出令人愉快的环境。到访者来自新加坡各地，职业各异，收入跨度大，大多同朋友（40%）或家人（21.5%）一起游玩。约 32.5% 的访客是被改造后的新奇景象所吸引，11.9% 是喜爱它的户外氛围和环境，乐队表演和街道娱乐营造了热烈而轻松的气氛。户外的餐饮设施也备受欢迎，8.1% 的游客来此是因青睐多样化的餐厅，以及紧邻新加坡河就餐的独特体验。保留的老建筑引发了怀旧之情，开发的规模不仅营造了满足不同购物需求的多样空间，而且没有因规模过大而失去亲切感。

作为当时新加坡河畔规模最大的保护工程，克拉码头节日村于 1993 年 12 月 10 日正式开放。遗存的店屋和仓库被精心修复，部分旧建筑因老化严重被整体重建。新建筑遵从设计要求同 19 世纪风格的历史建筑互为补充。原有的 5 个街区被改造成 5 个特色区域：A 商家庭院（Merchant's Court）、B 铸造厂（The Foundry）、C 罐头厂（The Cannery）、D 店屋行（The Shophouse Row）和 E 商贩集市（Trader's Market）。此外还开展了许多基础设施改造工作，例如加固河堤、修缮桥梁、引入街道小品（包括公共雕塑）、增设照明系统等。克拉码头经整修后，游客可以尽情购物，品尝来自世界各地的美食，或乘坐游船观赏沿岸景观，抑或尝试绑紧跳椅等刺激游戏。周末还有跳蚤市场，游客在此可以淘到各类古玩和纪念品。

（2）21 世纪初：世界性再开发

2006 年的再开发成功营造了免受天气影响的舒适环境，有效增加了空间的利用率。新加坡靠近赤道，全年炎热多雨，日平均气温 24 ~ 31℃，相对湿度 87%，年降雨量 2 150mm。由于气温高、湿度大，步行者在户外难以感到舒适。更新设计尝试通过遮阳减少热辐射、加大通风等被动式手段来改变该地区街道和广场的微气候。人工罩篷采用四氟乙烯双层结构，如同城市树林般平衡优化了日照、荫蔽、视线和微风等诸多元素，

图 4-17　新加坡克拉码头内景

图 4-18　新加坡克拉码头滨河景观

提高了热带湿热环境的舒适度。罩篷悬于建筑物之上，相互连接覆盖了主要街道。它高于屋顶，让河面的微风能穿过城市街道，并设置风箱增加空气流动，使街道平均空气流量达到 1.2m^3/s。此外，街道中还种植了树木，通过土壤的水分蒸发降低局部气温。树木长大后，将提供超过 30% 的遮阳并美化环境。罩篷的透光性特别考虑了植物生长需求，同时限制多余的热量聚集，其中心和边缘有图案装饰，总体遮阳系数达 0.51。树木的布置和尺寸经过综合设计，一方面最大化荫蔽，另一方面不阻挡气流，树木须定期修剪和维护，以满足高度需求。在四条主要步行街交会处的中心庭院设计了喷泉，不仅增添了空间趣味性，还具有蒸发降温的功能，而且水流须经过铺砌的石板才能到达沟渠被收集，增强了降温效果。据测算，改造后的克拉码头因采用开敞的罩篷系统，能耗只有同等规模同样热舒适度的空调制冷的 1/10（图 4-17、图 4-18）。

4.3.3　功能混合模式

1. 定义

功能混合模式是将历史街区内部与其周围的居住、商业、工业和办公等用途相结合，历史地区的核心区域进行保留、改造，片区重新开发建设以形成新的城市功能综合体的开发模式。该模式与保留、延续文脉的思路存在较大不同，是一种动态发展的城市开发模式。其优势在于可平衡开发商、政府、居民三者之间的利益关系，实施性和效益性均较高。但因对街区改动较大，也往往受到城市文化学者和历史学者、城市居民等群体的质疑。

2. 关注要点

功能混合模式是对城市功能结构调整较大的一种城市设计模式，是一种将历史街区作为城市文化资源、对城市结构的“再创造”，其开发切入点是城市功能的完善和经济发展，对历史街区旧有社群的冲击很大。

1）区域功能重新定位

历史街区在城市中曾经承担着重要的城市功能，而今，随着城市的发展、城区范围的延伸和城市主导产业的改变，历史街区的旧有功能逐步剥离或衰落，需要结合城市现有的空间布局重新定位，使之在城市发展中保持活力。例如：初创时的城外别墅区，而今已经位于城市核心区，成为著名的旅游区，典型代表如：天津的五大道、上海的武康路、青岛的八大关，等等。

2）公服配套设施完善

历史街区作为城市发展过程中的精华，其旧有的配套设施曾经是城市的标杆，然而随着社会生活水平的提高、街区功能的定位变迁，往往面临着道路承载力严重不足、停车设施配置不足、绿化空间因私搭乱建等蚕食而不堪使用、公共服务建筑配置标准落后等问题，需要按照现有的城市水平综合考量、完善。

3）商业开发模式调整

历史街区的产权复杂、功能混合度较高，虽然从城市文化的角度认知是城市活力的重要载体，但是如果长期缺乏必要的商业开发运营顶层设计，难以发挥其文化、经济价值。现有的历史街区，绝大多数以独立门店或小型单位为主，对于综合性的功能配套和高层次、高密度的城市服务存在欠缺，因此，如何完善其商业开发模式，同时又保证适度的功能混合和文化多样，需要在规划之初就加以考虑。

3. 设计案例：杭州市武林广场及周边地区

宋元时期，武林地区因毗邻京杭大运河而成为城市的重要商埠之一，武林夜市及米市等名噪一时。由繁荣的商业活动而发展起来的勾栏瓦子等文化娱乐设施不仅延续了汴梁的传统，而且在规模和形制上更胜一筹。近代以来，曾一度集中于运河之滨的许多重要的码头、商行和作坊随着城市交通系统的变革而逐渐走向衰落，以至于大片用地变为农田和菜地，仅有少量市场和摊贩。当前社会经济的发展使武林地区的商业功能得到加强，凭借其优越的交通区位优势，加强文化和服务功能，实现自身功能的完善和升级，从而成为集多种功能于一体的城市中心区（图 4–19）。

图 4–19　杭州市武林广场规划总平面图

1）区域功能的定位

从城市层面来看，武林地区、西湖湖滨地带和河坊街—吴山广场一带是杭州三个重点商业片区。这三个片区集中了高密度的商业服务设施，且都拥有特征鲜明的历史文化和自然景观，面对新一轮的发展，其各自功能被进一步整合，共同构筑城市中心的三大核心片区：武林片区以综合性商业功能为主，是商务、商业、文化、娱乐、居住功能相互叠加的城市核心活动区；西湖湖滨片区以旅游度假、休闲娱乐功能为主，是一个饱含西湖文化底蕴的滨水商业文化旅游区；河坊街—吴山广场片区以传统商业功能为主，并以南宋宫城遗址为背景，突出明清市井文化和山林景观特色。

2）道路交通的整合

作为杭州市的城市中心区，武林地区的功能辐射整个杭州市域范围，要解决其交通问题，就必须从整个城市的角度考虑。规划将环城北路和体育场路的东西向穿越式车行交通通过隧道引入地下，同时在地面增加步行通道，以加强武林广场南北轴线空间步行系统的整体性和连续性。

由于薄弱的次干道与支路网络系统制约着交通通行能力，规划在地段现状道路系统的基础上，拓宽百井坊巷和狮虎桥路，并在百井坊和狮虎桥地块内设置两条南北向次干道，与武林广场东、西侧次干道实行对接，构筑一套相对完善的次干道和支路系统，以缓解主干道交通压力。

延安路上的穿越式交通在凤起路和百井坊巷路口被两次分流到环城西路、武林路、中山路和中河路上；向心式交通则通过百井坊地块和狮虎桥地块新增的次干道疏解。百井坊巷以北的延安路路段设置成限时步行区，与武林广场步行区连接，形成以武林广场为中心、贯穿南北、衔接东西的步行系统，改善城市商业步行空间质量。

3）商业开发模式的调整

在综合分析杭州城市发展水平、居民收入和城市商业规模的情况下，规划提出在武林地区以街区商业模式取代延安路原有的带状商业模式，提倡商业成组布置于道路围合的街坊内。与沿道路两侧的带状布局有本质的区别，其最大优点是保证了城市交通与商业文化等公共活动的相对独立，使街坊内形成安全舒适、丰富多变的步行化、立体化的商业街区空间。此外，规划通过商业设施的聚集提高武林商圈的人气和规模，提升商业利润，在百井坊地块建立包括商业购物、商务办公和文化休闲在内的商业街区，在狮虎桥地块建立以商业金融和酒店服务为主的商业街区。

4）城市活动空间的完善

针对武林广场地区市民活动空间缺乏的现状，规划提出开辟城市开放空间、完善公共活动场所、改善城市空间环境的具体措施，在百井坊地块设置下沉广场，在运河之滨设置带状河滨广场，改造现有武林广场，建立自延安路经过武林广场到达西湖文化广场的南北向步行带，使运河之滨真正成为市民可以自由抵达的场所。

5）地下空间的利用

为适应社会、经济诸多方面的发展，城市会向不同的维度扩张，仅仅依赖地面空间已经远远不够。根据地铁交通的规划，未来的武林广场地下将设有多层空间。武林广场地铁站作为武林地区地下空间的核心，所有的地下空间都可与之连通。一条南北向地下空间轴线从地铁站向北穿越大运河到达西湖文化广场，向南连接延安路和百井坊巷地下空间，并与延安路两侧商业建筑的地下空间衔接，形成以地铁地下空间为核心、以南北地下空间走廊为轴线、以片区地下空间为节点的互联互通、功能完善的地下空间系统。

小结

本章简要介绍了历史街区城市设计的类型、层次、范围以及实施步骤；进一步从与法定规划的关系和更新模式的不同角度阐释了历史街区城市设计的内容、步骤和关注要点等。本章内容着重强调理论与实践的结合，对各类城市设计均结合一个实际案例进行剖析。

思考题

1. 历史地区城市设计的基本步骤是什么？
2. 历史地区的城市设计包含哪些层次，各层次的编制要点有哪些？
3. 按照更新模式的不同，历史地区城市设计分成几种类型？各类型的设计特点是什么？

延伸阅读推荐

[1] 吕斌. 城市设计面面观 [J]. 城市规划，2011，35（2）：39-44.

[2] 黄勇，石亚灵. 国内外历史街区保护更新规划与实践评述及启示 [J]. 规划师，2015，1（4）：98-104.

[3] 奚文沁. 历史地区整体空间格局保护导向下的城市设计方法探索——以上海中心城为例 [J]. 上海城市规划，2016（5）：9-18.

[4] 王霖，张苒，李慧蓉. 城市设计中的历史文化保护策略与设计手法探索——以广州白鹅潭地区城市设计为例 [J]. 规划师，2010，26（7）：41-46.

[5] 段德罡. 我国现行规划体系下的总体城市设计研究 [D]. 西安：西安建筑科技大学，2002.

主要参考文献

[1] 喻祥. 对我国总体城市设计的思考 [J]. 规划师，2011，27（S1）：222-228.

[2] 魏枢，危良华．历史文化名城历史地段的文化更新——以淮安市楚州区三湖地区城市设计为例 [J]．城市规划，2006（10）：89–92.

[3] 刘奕秋，周兆前．基于文脉延续视角的历史地区城市设计研究——以南京钟岚里片区城市设计为例 [C]// 中国城市规划学会，沈阳市人民政府．规划 60 年：成就与挑战——2016 中国城市规划年会论文集（06 城市设计与详细规划），2016：12.

[4] 黄秀钿．石狮市东区修建性详细规划中的整体城市设计 [J]．建材与装饰，2018（34）：113.

[5] 韩高峰．历史街区城市设计导则研究——以北京鲜鱼口街区城市设计导则研究为例 [D]．北京：北京建筑工程学院，2008.

[6] 付哲．城市历史街区更新改造模式的思考 [J]，建材与装饰，2017（17）：70–71.

[7] 王霖，张苒，李慧蓉．城市设计中的历史文化保护策略与设计手法探索——以广州白鹅潭地区城市设计为例 [J]．规划师，2010（7）：41–46.

[8] 孔孝云 董卫．历史城市中心区的演变过程及其空间整合研究——以杭州市武林广场及周边地区概念性城市设计为例 [J]．城市建筑，2006（12）：42–45.

第5章 历史地区城市设计的管理与实施

内容提要：城市设计方案的实施与管理是完成历史地区城市设计方案后的工作环节。它既是设计方案付诸实现的保障，也是积累经验与教训的成果评估和结果检验过程。历史地区城市设计的管理与实施是一个系统的、不断的决策和公众参与的结果，一般包括设计管理、审查审议、审批、开发建设和管理运营诸多层面，还包括城市设计领域法律法规的建立，技术标准和设计准则的制定。也是进行历史地区城市设计的目标。

本章从城市设计方案的管理与实施角度，介绍保证实施的法律依据、实施后管理的模式与内容等，主要包括：历史地区城市设计管理与实施的意义、现行的相关法律法规与管理文件、管理的典型模式与内容、管理与实施的法定化以及历史地区城市设计实施的监督与保障五个部分。通过本章的学习，了解历史地区城市设计的实施过程、管理模式，了解历史地区城市设计管理的法定化过程与内容，了解在实施和管理中监督与保障的方法。

本章建议学时：2学时

城市设计方案的实施与管理是完成历史地区城市设计方案后的工作环节，也是进行历史地区城市设计的目标。它既是设计方案付诸实现的保障，也是积累经验与教训的成果评估和结果检验过程。历史地区城市设计的管理与实施是一个系统的、不断的决策和公共参与的结果，一般包括设计管理、审查审议、审批、开发建设和管理运营诸多层面，还包括城市设计领域法律法规的建立、技术标准和设计准则的制定等。

5.1 重视历史地区城市设计管理与实施的意义

5.1.1 历史地区城市设计方案被实现的保障

与其他类型城市设计一样，历史地区的城市设计成果要从图纸变成现实，必须经过城乡规划相关部门的审批，获准为可执行的法定规划文件后，进行实实在在建设方能实现。这一审批、动工的过程即是历史地区城市设计的实施。以北京首钢原址城市更新项目之一——新首钢高端产业综合服务区绿色生态示范区的城市设计为例，自 2005 年开始先后完整地完成了三版城市设计方案，最终通过审批能够获得实现的是 2017 年完成的城市设计方案。经过两年的动工建设，这一方案已初见雏形（图 5-1）；而其他两个没有获得实施的方案则只能停留在图纸阶段，被存档收藏。可见，只有实际进入实施建设的城市设计方案，才能从蓝图变为现实。

图 5-1 北京首钢改造后局部效果

5.1.2 推动历史地区城市设计从技术管理到制度管理

与单体改造相比，历史地区城市设计所涉及的建筑物数量往往较多，管理和实施过程中也容易存在多个开发主体的现象，并且这些开发主体和城市设计组织主体也可能不一致。如果仅仅重视设计方案的审定，即只注重技术成果的管理，难以避免实施遇到利益冲突时开发主体牺牲设计成果实现度，导致设计方案和研究成果不能全面落实的问题。因此，建立起保障城市设计实现的制度管理体系，通过管理规定将城市设计的控制内容纳入法定规划条件和程序，在土地出让阶段写入出让合同要求开发主体必须依法遵守，才能保证城市设计内容的落实。此外，历史街区城市设计实施完成后，后续的经营管理也应纳入制度管理的范围。

我国现行的《中华人民共和国城乡规划法》中，并未正式确立城市设计的法律地位。为了保证方案的顺利实现，历史地区的城市设计宜结合某个法定规划的阶段同步编制，如编制历史文化街区保护规划或历史地区的控制性详细规划时纳入城市设计的内容，在对应的城市规划阶段审批、管理和实施中体现出城市设计的内容。

图 5-2　济南市宽厚里仿古商业街

5.1.3　积累经验，总结教训必经的实践过程

城市发展是一个连续的、不间断的动态过程，城市设计理念和认知的发展也是随着城市发展演变的，而检验这些城市设计理论和概念对错与否的唯一标准，就是城市设计实施后的真实效果、运营难易和公众评价。城市设计的发展也是一个走弯路试错，经过吸取各种教训进而不断修正设计的理念和方法的历程。

例如我国的城市设计工作，改革开放后如火如荼地进行城市历史地区风貌塑造工作，其结果却是由于“大干快上”，缺乏对设计特色和思路的整理，造成“千城一面”和“假古董”泛滥问题（图 5-2），在一些具备中西融合文化特征的城市，还出现了许多“欧陆风、复古风”作品，激起业界热议。在大家取得“缺乏城市自身历史文化特色引导的城市设计”必须停止的共识后，总结这些案例失败的原因，经过有益探索，像“北京王府井改造”“北京南锣鼓巷”“天津五大道”（图 5-3）等成功案例相继涌现，“假面舞会”式的历史文化片区被赋予了新活力，也总结出了“新中式、符号与比例协调、简欧”等多种设计手法，在具体做法上出现了百花齐放。接下来，作为城市特色营造的有效工具，一方面继续完善城市设计的编制方法和技术体系，逐渐重视可操作性和地域文化关注度；另

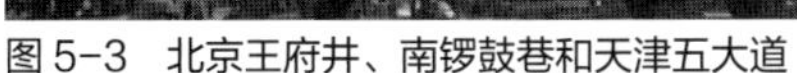

图 5-3　北京王府井、南锣鼓巷和天津五大道

一方面，城市设计的公共政策属性特征逐步显现。受投资驱动和土地经济的指挥，为避免个别历史地区城市设计项目中急功近利的现象，公众参与、容积率奖励等手段引入历史地区的城市设计工作，关注点转入寻求“历史保护、经济效益与法制工作的博弈平衡”的把握。

正是大量的建成项目在实施和使用过程中的公众满意度、经营管理方式等方面积累的经验或教训，引领着历史地区的城市设计向更人性化、更完善、更全面的方向发展。

5.2 管理与实施的法定化过程与相关法律、法规及规范

5.2.1 管理与实施的法定化过程

1. 城市设计管理与实施法定化的缘由

自20世纪70年代“城市设计”逐步从西方引入我国，近几年随着经济的快速发展，城市设计在城市环境和空间形态设施上的整体性和表达的直观性，越来越被城市建设采用。但长期以来城市设计的法定地位难以确定，在管理与实施的过程中需要将城市设计方案付诸实践，由于其本身并不具有法律效力，不能作为管理者的法定文件来执行，从而很难真正落实其设计的控制引导目标，影响城市设计有效性，成为管理与实施面临的难题。

对于城市设计法定化的必要性，有众多说法。一方面是认为城市设计在规划体系中有独特的作用，即自由裁量的工作方法，追求因地制宜灵活变通的创造性，若全部进行法定化将城市设计置于条框之下，将违背城市设计最初的价值观。而另一方面，城市设计若没有合法的法律地位，它的管理与落实将寸步难行，所以一分为二地灵活来看，城市设计是一项公共政策不仅有管控性还有引导性，其管理制度与技术体系需要法定化以便于有力落实，并不是要独立编制城市设计。

2. 保护规划与历史地区城市设计

对于历史地区的保护规划是属于城市总体规划范畴的保护规划，与其他专项规划相比更具综合性，并且可以反馈调整城市总体规划的某些重要内容，单独或作为城市总体规划的一部分审批后，具有与城市总体规划同样的法律效力。历史地区的城市设计法定化除了与相关控制性规划中的导则部分相关外，还可直接与保护规划挂钩，制定总体规划中的专项保护规划，对重点历史地区进行城市设计，借助总体规划的法定地位保证最终城市设计的管理实施。

3. 历史地区城市设计法定化过程

长期以来城市设计并没有正式纳入城市规划体系，是在规划实践中

默认作为城市规划、镇规划的组成部分。因城市规划体系是具有法定地位的完整体系，才产生了结合总体规划的总体城市设计、结合控制性详细规划的重点地区城市设计以及地区概念性城市设计等。其中控制性详细规划是指导城市建设最直接的法定依据，可作为城市设计落实与实施的基础和依托，保证城市设计的核心内容在管理与实施中落实。

1）落实方式大多采用的是“城市设计导则”的形式，将城市设计的成果作为传统控规的补充。制定了城市设计导则编制规范，总结国内外经验，在城市规划各个层面都进行技术导则的制定，提出建筑风格、色彩、材质等要求，对于历史地区的城市设计，将更加突出建筑、风貌、历史街区等特殊方面的保护与设计。

2）也有如上海等地创新提出“附加图则”的概念，规定重点地区的控规需编制附加图则（图 5-4、图 5-5），作为一般控规图则的附加内容，并确立了附加图则的法定地位和强制性控制内容要求。城市设计法定地位的确定以及附加图则成果规范的制定，对控规体系的完善有着重要意义。通过整合核心思想，给设计与管理者更加规范易于实施的语言，保证对城市设计核心要素的严格管控。

3）对于历史地区则在一般性指引的基础上，制定特殊政策，实施更为精细的规划和建筑设计管控，如天津五大道历史文化街区，通过设计导则管控历史街区内的建设，制定每个街坊地块的建筑体量的控制图则、建筑元素与细节控制图则、风貌街道控制图则等技术要求，加强对历史街区内建设的控制和引导。

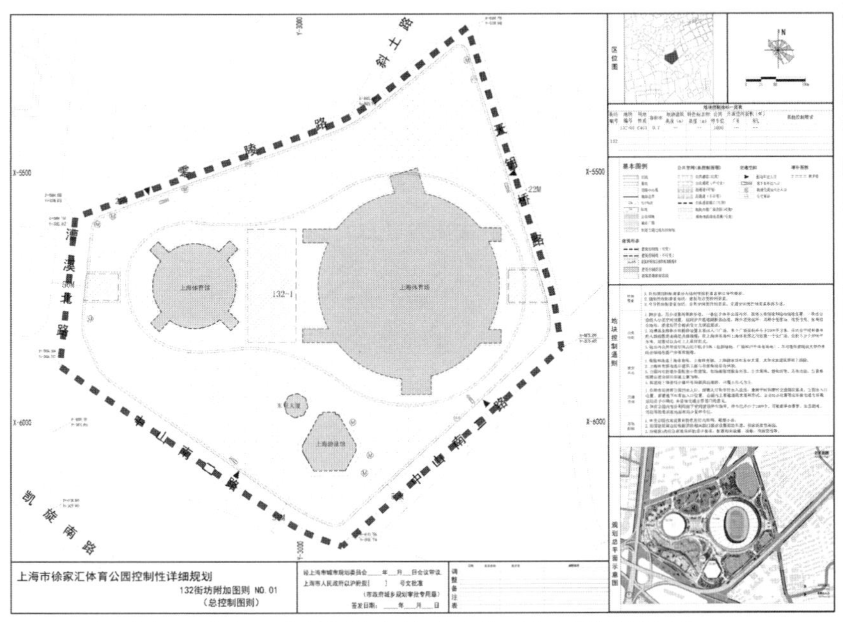

图 5-4　上海市徐家汇体育公园控制性详细规划局部调整及附加图则编制公示图

分类		公共活动中心区			历史风貌地区			重要滨水区和风景区		交通枢纽地区		
控制指标	分级	一级	二级	三级	一级	二级	三级	一级	三级	一级	二级	三级
建筑形态	建筑高度	●	●	●	●	●	●	●	●	●	●	●
	屋顶形式	○	○	○	●	●	●	○	○	○	○	○
	建筑材质	○	○	○	●	●	●	○	○	○	○	○
	建筑色彩	○	○	○	●	●	●	○	○	○	○	○
	连廊 *	●	●	○	○	○	○	○	○	●	●	●
	骑楼 *	●	●	○	●	○	●	○	○	○	○	○
	地标建筑位置 *	●	●	○	○	○	○	●	○	●	○	○
	建筑保护与更新	○	○	○	●	●	●	○	○	○	○	○
公共空间	建筑控制线	●	●	●	●	●	●	●	●	●	●	●
	贴线率	●	●	●	●	●	●	●	●	●	●	●
	公共步行通道 *	●	●	●	●	●	●	●	●	●	●	●
	地块内部广场范围 *	●	●	●	●	○	○	●	○	○	○	○
	建筑密度	○	○	○	●	○	●	○	○	○	○	○
	滨水岸线形式 *	●	○	○	○	○	○	●	●	○	○	○
道路交通	出入口	●	●	●	○	○	○	●	○	●	●	●
	公共停车位	●	●	●	●	●	●	●	●	●	●	●
	特殊道路断面形式 *	●	●	●	●	○	●	●	○	●	○	○
	慢行交通优先区 *	●	●	●	○	○	○	●	○	○	○	○
地下空间	地下空间建设范围	●	●	●	○	○	○	●	●	●	●	●
	开发深度与分层	●	●	●	○	○	○	○	○	●	●	●
	地下建筑主导功能	●	●	●	○	○	○	○	○	●	●	●
	地下建筑量	●	○	○	○	○	○	○	○	●	●	●
	地下通道	●	●	○	○	○	○	●	○	●	●	●
	下沉广场位置 *	●	○	○	○	○	○	○	○	●	●	○
生态环境	绿地率	○	○	○	○	○	○	●	●	○	○	○
	地块内部绿化范围 *	●	○	○	●	●	●	○	○	○	○	○
	生态廊道 *	○	○	○	○	○	○	●	○	○	○	○
	地块水面率 *	○	○	○	○	○	○	●	○	○	○	○

注：①“●”为必选控制指标；“○”为可选控制指标。②带“*”的控制指标仅在城市设计区域出现该种空间要素时进行控制。

图 5-5 《上海市控制性详细规划技术准则》附加图则控制指标

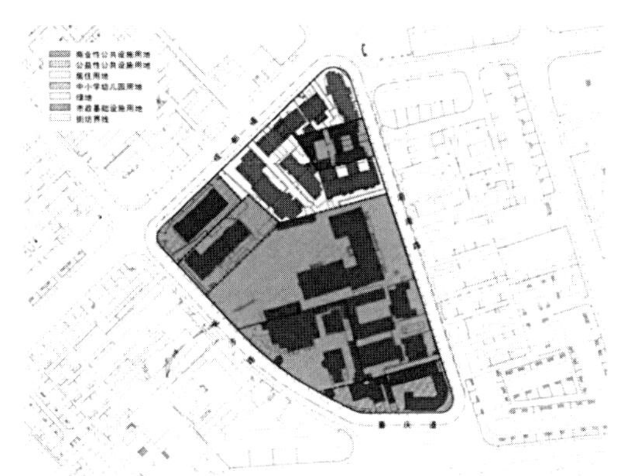
图 5-6　规划用地图

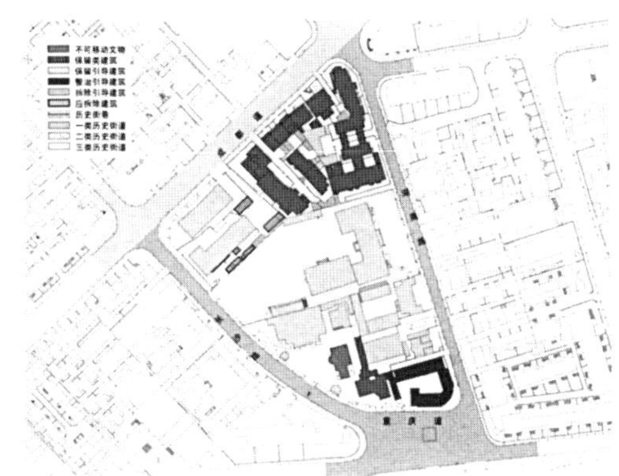
图 5-7　街坊历史文化保护图

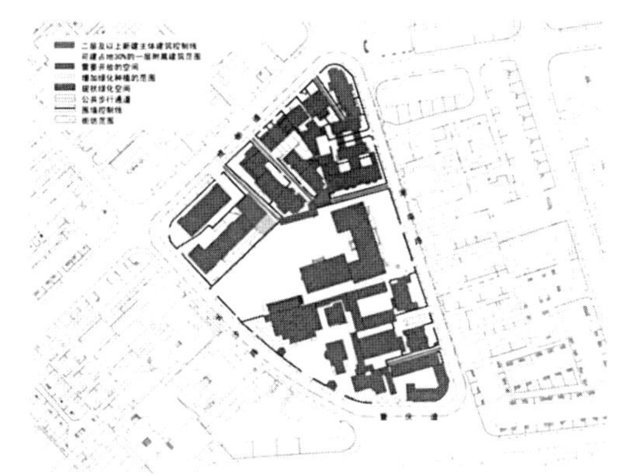
图 5-8　街坊建筑与环境控制引导图

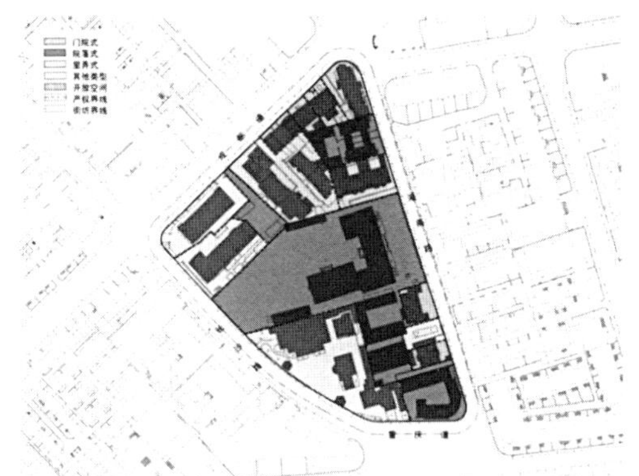
图 5-9　街坊建筑类型分类示意图

例如：五大道第 20 街坊，位于核心保护区，规划为商业性公共设施用地、居住用地及市政基础设施用地（图 5-6）。规划确定地块东西两侧道路为一类历史街道，北侧街道为二类历史街道，保护关麟征旧居等文物建筑，保留历史建筑及与历史风貌相协调的建筑（图 5-7）。对街坊内建筑与环境的控制引导，以保留现状建筑为主，新增两处需要开放的空间与一处增加绿化种植的区域（图 5-8）。街坊内的建筑布局类型兼有门院式、院落式、里弄式等（图 5-9），新建建筑须延续既有的布局模式。

而现阶段，自 2017 年 6 月施行《城市设计管理办法》（以下简称《办法》），梳理了城市设计的工作定位、工作原则等，明确提出“城市设计是落实城市规划，指导建筑设计、塑造城市特色风貌的有效手段，贯穿于城市规划建设管理全过程”，[①]使城市设计在我国的规划体系中得以明确技术定位。

① 中华人民共和国住房和城乡建设部. 城市设计管理办法 [Z]. 中华人民共和国住房和城乡建设部令第 35 号，2017，6.

通过《办法》，引入城市设计作为管理工具，关注空间环境的“形态和谐性”，侧重空间形态和风貌建设，在管理体制中给予城市设计以法定管控地位。《办法》提出了一系列规划管控中的城市设计要求。如控规要求“重点地区的控制性详细规划未体现城市设计内容和要求的，应当及时修改完善”；设计方案要求“单体建筑设计和景观、市政工程方案设计应当符合城市设计要求”；土地出让要求“以出让方式提供国有土地使用权，以及在城市、县人民政府所在地建制镇规划区内的大型公共建筑项目，应当将城市设计要求纳入规划条件”；监督要求“城市、县人民政府城乡规划主管部门进行建筑设计方案审查和规划核实时，应当审核城市设计要求落实情况”。通过《办法》在城市建设审批管理各个环节加入城市设计的管控内容要求，构建规划—设计—建设的全过程、多层次的城市设计管控机制。

对于历史地区，《办法》指出体现城市风貌的地区应当重点编制地区城市设计。历史文化街区和历史风貌保护相关控制地区开展城市设计，应当根据相关保护规划和要求，整体安排空间格局，保护延续历史文化，明确新建建筑和改扩建建筑的控制要求。城市、县人民政府城乡规划主管部门负责组织编制本行政区域内总体城市设计、重点地区的城市设计，并报本级人民政府审批。

其他相关规定如：《城市设计技术管理基本规定》正在编制当中，其是在《城市设计管理办法》相关规定的基础上，以城市设计工作的技术性要求为重点，进一步强化城市设计技术工作的针对性、合法性、系统性、规范性和可操作性。对城市设计进行分层编制，并衔接城市规划的编制体系；对城市设计进行分区管控，以衔接城市管理的行政体系；对城市设计分项指引，衔接建设实施的技术体系。

5.2.2 国家层面的法律、法规与技术规范

各项相关法律、法规、规范和管理文件为历史地区的城市设计从方案设计、保障实施到进行持续性管理的全过程提供了法律依据及法定程序。我国城市规划的法规体系包括法律、法规、规章、规范性文件和标准规范。[①] 我国现行的在全国范围内适用的关于历史城市、历史街区等地段城市设计相关的法律法规和技术规范主要包括：《中华人民共和国城乡规划法》（2019）、《中华人民共和国文物保护法》（2017）两部法律，《城市紫线管理办法》（2010）、《城市设计管理办法》（2017）等 10 部法规以

① 中华人民共和国住房和城乡建设部. 城市设计管理办法 [Z]. 中华人民共和国住房和城乡建设部令第 35 号，2017，6.

及《历史文化名城保护规划标准》GB/T 50357—2018 等若干具体技术规范和标准（表 5–1）。在这些法律、法规和管理文件当中，对在历史地区或有代表性历史风貌的地段进行城市设计并经审定、实施后如何进行管理等作了明确的规定，例如《城市设计管理办法》的第十一条规定："历史文化街区和历史风貌保护相关控制地区开展城市设计，应当根据相关保护规划和要求，整体安排空间格局，保护延续历史文化，明确新建建筑和改扩建建筑的控制要求。"[①]

表 5–1　历史地区城市设计相关的法律法规和技术规范（国家层面）

法律	《中华人民共和国城乡规划法》
	《中华人民共和国文物保护法》
法规	《城市、镇控制性详细规划编制审批办法》
	《城市紫线管理办法》
	《城市规划编制办法》
	《历史文化名城名镇名村街区保护规划编制审批办法》
	《历史文化名城名镇名村保护规划编制要求（试行）》
	《历史文化名城名镇名村保护条例》
	《文物建筑防火设计导则（试行）》
	《城市设计管理办法》
	《古建筑消防管理规则》
	《中华人民共和国文物保护法实施条例》
技术规范	《历史文化名城保护规划标准》GB/T 50357—2018
	《城市地下空间规划标准》GB/T 51358—2019
	《城市消防规划规范》GB 51080—2015
	《博物馆建筑设计规范》JGJ 66—2015
	《无障碍设计规范》GB 50763—2012
	《村庄整治技术规范》GB 50445—2008

5.2.3　地方法规、规章与技术规范

各级地方政府也制定了相应的保护历史建筑、历史文化街区、历史文化景观和环境、传统村落甚至非物质文化遗产方面的法规和标准、规范，在这些特定的带有历史文化特征的地区进行城市设计的方案设计、

① 中华人民共和国住房和城乡建设部. 城市设计管理办法 [Z]. 中华人民共和国住房和城乡建设部令第 35 号，2017，6.

实施和管理，同样也要遵守这些法规及标准与规范。如苏州市，先后颁布了《苏州市历史文化名城名镇保护办法》《苏州国家历史文化名城保护条例》等数十部地方法规和标准、技术规范，涵盖了城市与街区、历史建筑与园林、文保单位、历史景观环境、非物质文化遗产五个方面（表 5-2）。

表 5-2　苏州市现行的关于历史地区城市设计相关的法律法规和技术规范

城市与街区	《苏州国家历史文化名城保护条例》2017 年 12 月 2 日
	《姑苏区、苏州国家历史文化名城保护区产业发展规划纲要（2013—2015 年）》
	《苏州市历史文化名城名镇保护办法》2003 年
	《姑苏区、苏州国家历史文化名城保护区突发事件总体应急预案（试行）》2015-03-27
	《苏州历史文化名城保护专项规划（2017—2035）》
	《苏州市城市规划条例》2006 年
	《苏州市历史文化街区保护规划编制导则研究》2016 年
历史建筑与园林	《世界遗产苏州古典园林维修保养监测规程》2015 年 12 月 29 日
	《革命烈士纪念建筑物管理保护办法》2008 年 3 月 21 日
	《苏州市区古建老宅保护修缮工程实施意见》2012 年 2 月 16 日
	《苏州市古建筑保护条例》2012 年 11 月 28 日
	《苏州园林保护和管理条例》2004 年 8 月 30 日
	《苏州市第四批控制保护建筑保护范围及风貌协调保护区表》2015 年 6 月 8 日
	《苏州园林分类保护管理办法》
	《苏州园林管理规范（试行）》2018 年 1 月 23 日
	《世界文化遗产苏州古典园林监测管理工作规范》2019 年 5 月 17 日
传统村落	《苏州市古村落保护办法》2005 年 6 月 8 日
	《关于加强苏州市古村落保护和利用的实施意见》2012 年 6 月 7 日
	《苏州市古村落保护条例》2013 年 12 月 27 日
	《苏州市江南水乡古镇保护办法》2018 年 1 月 4 日
文保单位	《苏州市地下文物保护办法》2006 年 7 月 4 日
	《苏州市第七批文物保护单位保护范围及建设控制地带表》2015 年 6 月 8 日
	《苏州市文物保护事业“十三五”发展规划》2016 年 12 月 1 日
	《文物建筑防火设计导则（试行）》2015 年 5 月 30 日
历史景观环境	《苏州市湿地保护条例》2012 年 2 月 2 日
	《苏州市太湖风景名胜区保护管理考核工作实施办法（试行）》2013 年 5 月 2 日
	《苏州市太湖风景名胜区保护管理考核工作实施办法》2014 年 5 月 16 日
	《苏州市石湖和上方山保护管理办法》2014 年 7 月 18 日
	《苏州市古城墙保护条例》2017 年 12 月 2 日
	《城市古树名木保护管理办法》2000 年

续表

历史景观环境	《苏州市古树名木管理条例》2002 年 3 月 12 日
	《苏州市蓝线管理办法》2005 年
	《苏州市城市绿线管理实施细则》2016 年 10 月 28 日
	《苏州市城市绿化条例》2018 年
	《苏州市城市绿地系统规划（2017—2035）》
	《苏州市城市紫线管理办法（试行）》2012 年
	《苏州市河道管理条例》2004 年 9 月 23 日
	《苏州市“十三五”生态环境保护规划》2016 年
	《苏州市历史文化保护区保护性修复整治》2004 年
非物质文化遗产	《苏州市非物质文化遗产保护条例》2013 年 11 月 27 日
	《苏州市非物质文化遗产项目代表性传承人认定与管理办法（修订稿）》2015 年 2 月 4 日
	《苏州市非物质文化遗产记忆性保护工程实施管理办法（试行）》2015 年 2 月 4 日
	《苏州市非物质文化遗产代表性项目评定与管理办法》2016 年 1 月 26 日
	《苏州市非物质文化遗产分类保护示范基地命名与管理办法》2016 年 1 月 26 日
	《苏州市非物质文化遗产生产性保护促进办法（试行）》2016 年 1 月 4 日
	《苏州市非物质文化遗产代表性项目代表性传承人评估办法（试行）》2016 年 9 月 30 日
	《苏州市濒危非物质文化遗产代表性项目保护办法》2016 年 12 月 7 日
	《苏州市濒危非物质文化遗产代表性项目人才培养与管理办法》2017 年 5 月 31 日

5.3 历史地区城市设计管理的典型模式与内容

5.3.1 历史地区进行城市设计管理的发展阶段划分

1. 从成果实施评价到条例管理

1893 年的“城市美化运动”是现代城市设计的起源，“区划法”主要是对美国的土地利用、用地建设进行设计控制，在成果实施评价的基础上对其进行控制。“有奖区划法”（Incentive Zoning）即开发商在方案设计过程中遵循设计导则的内容可以得到增加建筑高度、建筑面积、建筑密度等奖励，这种模式对于城市中心城区或者建筑密度高、开发强度大地区的城市更新具有重要的作用，缓解了之前开发商一味追求市场经济利益而忽视城市公共利益的做法。“有奖区划法”的出现使城市设计成为区划法的辅助实施手段。其中美国最为显著的特征就是将城市设计加入到区划法规文件中，城市设计是区划条例的重要组成部分，对土地开发与城市空间设计提出相应的要求，对建筑高度、街区尺度、植物配置等提出管理条例，由此可以看出美国城市设计管理从成果实施评价发展到条例管理。

2. 从被动控制到主动引导

1945 年第二次世界大战之后，欧洲进行大规模的城市更新和现代主义运动，对英国城市的传统地区造成重大破坏。从 19 世纪 50 年代开始，英国政府开始加强对传统保护地区的风貌控制，1967 年颁布的《城市公共景物法》标志着英国政府将控制的范围调整为城市范围，自此在全英国范围内形成了完整的城市设计框架，出现了很多聚焦城市公共设计的项目，在目标导向下对城市设计进行管控。

英国的城市设计从一开始的被动控制走向主动引导，早期的英国城市设计管控主要集中在历史保护地区，对其管控比较详细且严格，在之后的发展过程中逐渐强调城市的公共价值，从传统的城镇方面扩展至城市公共空间领域，从可持续的角度来建设有机的、具有活力的、多样化的公共环境。①

3. 新常态下城市设计管理

新常态下的城市设计管理在组织结构、管理过程、内容、创新机制上均有别于传统的城市设计管理（表 5-3）。

表 5-3 新常态下城市设计管理

组织结构	管理过程	内容	创新机制
1）采用扁平化的组织结构 2）决策程序上通过广泛授权打破等级障碍 3）信息壁垒是部门合作的重要阻碍，打破壁垒共同合作才是长久之计 4）管理幅度上促进部门精简、整合	1）全过程管理，保证编制—决策—实施管理各个阶段的连接性 2）明确的设计计划 3）设立总协调机构（如城市设计处） 4）简化管理流程，合理控制时间成本与行政成本	管理内容应当具有易理解、易交流属性，做到通俗易懂，易于执行以及易于公众参与，美国西雅图 2014 年的城市设计指南的内容精简清晰，具有指向性和可实施性	1）集成化、智慧化管理；将多方利益团体集中于一个开放式的平台之上，通过数字信息技术进行统一化的管理，互通有无，合作共赢② 2）通过数字模拟手段对城市设计进行可视化模拟，加强城市设计的可读性 3）加强政府与市场的合作（PPP 模式等）、通过多种组织合方式使管理手段多样化 4）建立相应的双向监督和动态评估反馈机制

5.3.2 历史地区城市设计编制管理的典型模式

1. 内容标准化程度

1）清晰量化的规定型管理模式

美国城市设计的控制要素主要包括容积率、窗墙比、视距、眺望景观控制范围等。② 这些因素在引导控制过程中都进行定量约束，使其对建设具有更好的控制作用。

① 许霖峰，戴冬晖，王耀武．精益求精：新常态下城市设计管理的应对策略 [J]．规划师，2017，33（10）：5-9．

② 林云华．英美城市设计引导研究 [D]．武汉：华中科技大学，2006．

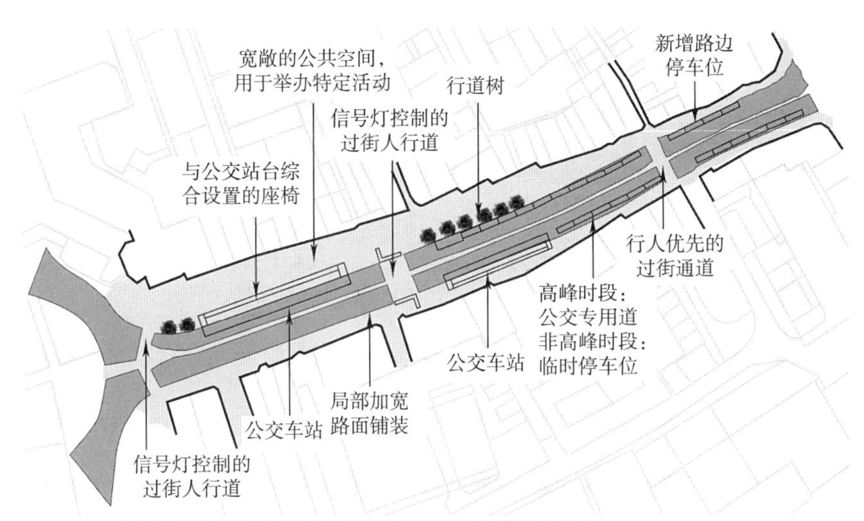

图 5-10 老市场街道改造项目的方案示意图（英国布里斯托尔市）

美国的城市设计引导包括可度量和不可度量两种标准，除了上述提到的这些可度量标准，其也对不可度量的标准也作出了要求，将这些不可度量标准作为城市设计的引导性规定。虽然美国在城市设计管理中采用的是双管齐下的方式，但是可度量标准规范性规定具有优先地位。

2）强调自由裁量的裁量型管理模式（英国）

与美国相比英国的城市设计强调的是自由裁量的裁量型管理模式，英国更加偏重的是不可度量的标准，在英国的国家层面、地方层面、社区层面三个管控等级城市设计引导中，应当根据目标要求遵循与周围环境相互协调、塑造公共空间氛围、城市场所多样性、公共空间可识别性及适应性等原则，用这些标准来对城市设计进行引导。例如在英国的布里斯托尔市的老市场改造项目（图 5-10）中主要是由于居民的关注对老街道的街道进行人性化的改造设计，在设计中提出交通宁静措施、步行道、沿街建筑前空间的引导设计。

但是英国在城市设计中也会使用一定的定量标准，英国环境部的政策指导文件对尺度、密度、高度和体量等要素进行控制，另外许多地方规划中将密度作为引导的主要控制要素，例如街区的居住密度。因此英国的评价标准是引导性规定较多，可度量标准协同的自由裁量的裁量型管理模式。

3）两种模式的结合

我国的城市设计管理模式主要是上述两种模式的结合，我国是将城市设计法规、城市设计导则和专家审核制度相结合，通过合法性认定（刚性）、合理性认定（弹性）并行控制（表 5-4）。

表 5-4　我国城市设计管理模式

规划管理的法定依据	城市设计导则	专家审核制度
根据《城乡规划法》，我国规划管理按照城市总体规划—控制性详细规划—修建性详细规划—规划条件这样一个从上至下的法定依据，完成从编制、实施到监督的全过程；“一书三证”是最为主要的控制手段与依据	城市设计导则包括城市通则（引导性）与城市设计细则（规定性）两个方面，目前天津市的“一控规两导则”优化了天津市的城市规划编制与管理体系； 城市设计导则应在宏观、中观、微观层面进行分层控制，其研究深度、控制目标均不同，但我国目前的城市设计导则主要偏重在微观层面，且不属于法定规划	城市设计的成果一般都是分为刚性控制和弹性控制，弹性控制通过相应的机制均可实现，刚性内容通过法定规划实施；通过政府法律授权与相关专家结合以对城市设计导引为核心的城市设计成果为依据，审核城市重点开发地段

2. 规模大小

1）总体阶段的管理重点

历史地区总体阶段的管理重点包括整体空间形态结构、保护范围、物质景观框架、人文活动框架、高度控制、重点地区和节点的确定，以及相关社会经济政策、市容景观实施管理条例。

天津市整体保护中心城区有 14 片历史文化街区（图 5-11），在整体

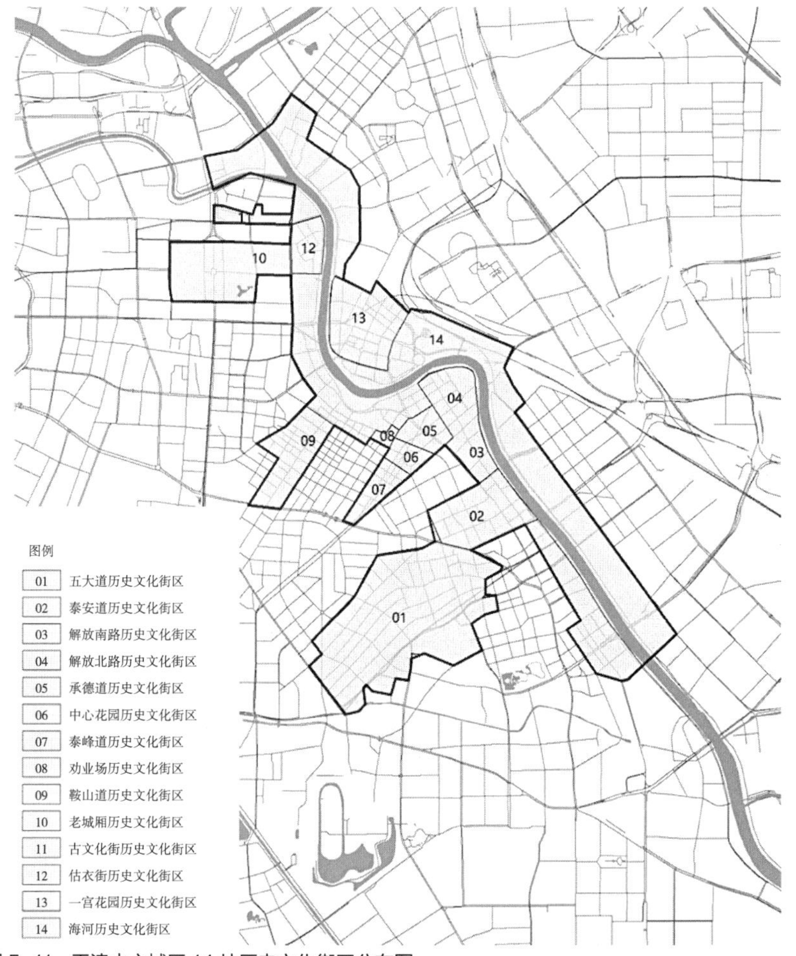

图 5-11　天津中心城区 14 片历史文化街区分布图

上保护和控制的内容主要为历史河流水系、街巷路网，以及城市轮廓、建筑高度、街道对景控制等方面的内容。[①]

2）详细阶段的管理重点

详细阶段的管理重点包括保护建筑布局、保护与更新建筑的群体形态、公共空间、文化符号载体。

天津市按照控制性详细规划的法定要求以及历史保护街区的特色保护要求，因地制宜地提出相应的设计控制要求，针对重点地区进行精细化的设计管理，以天津英式风貌区为例，延续风貌区的英式风貌，将城市记忆、景观生态等融合到一起，将历史街区与海河滨河绿带相结合，通过具有特色的轴线将街区空间串联成为一个整体。

同时，作为曾经的英租界，具有历史建筑多元化的风貌，因此通过对建筑风格、建筑年代、建筑质量、建筑高度等方面的研究，提出区域内建筑的保护与更新策略。

5.3.3 历史地区城市设计审查的机制

城市设计审查指的是规划管理体系中，用来控制城市设计相关内容的管理控制制度。历史地区的城市设计审查有别于历史文化名城保护规划或相关的专项规划的审查，主要仍是依托于城市设计审查框架，控制管理程度相对较轻，同时也相对有别于其他的城市设计审查，需对历史地区进行保护性、协调性控制管理。例如，我国《城市设计管理办法》第十一条规定：历史文化街区和历史风貌保护相关控制地区开展城市设计，应当根据相关保护规划和要求，整体安排空间格局，保护延续历史文化，明确新建建筑和改扩建建筑的控制要求。相应的，历史地区城市设计的审查则应呼应上述的内容，而审查形式和主体的不同则会影响审查的结果，也反映了不同的价值取向。根据国内外相关经验，历史地区城市设计审查的机制一般分为三种：专家审查式、分权式、集中式。

1. 专家审查式

专家审查式指的是城市设计管理主体组织专家进行方案评审会或者以专家委员会提供技术咨询的形式对历史地区城市设计方案进行审查的模式。在此种模式下，历史地区城市设计方案的主要审查主体“专家”一般为规划、建筑、文保、市政、景观等相关行业的学者和工作人员，用以确保审查的专业性和学术指导性，满足审查的技术支撑，我国规划管理体系中有关历史地区城市设计的审查多为此种审查机制。例如，镇海

① 引自：《天津市历史文化名城保护总则》。

庄市街道办事处与宁波镇海规划分局联合组织召开了《镇海庄市老街历史地段城市设计》初步设计方案专家评审会，镇海区人民政府、庄市街道办事处、新城管委会、镇海规划分局和5位专家参与了评审会议，对4家设计单位的方案进行了审查。5位专家就各个方案的总体构思、规划方案格局、现场调查程度、相关规划符合性、团队综合实力等多方面进行点评，形成专家意见，并推荐了综合实力较优越的设计单位。

2. 分权式

分权式指的是将历史地区城市设计审查职能和权力广泛地分布给公众、行业专家、其他各领域代表以及地方政府等多元角色。分权式的审查机制往往由较为繁琐的审查程序构成，可能会包括前期设计指导、中期审查、公众听证、审查委员会决议、自由裁量审查等，除此之外直接或间接参与设计审查的人员构成较为丰富，包括行业工作人员，规划建筑文保专家，经济、工程、历史、法律等相关领域专家，社会团体成员，开发商利益代表，社区利益代表，城市公共利益代表及利益相关个人等。广泛听取各方意见，实现利益公平和民主讨论是分权式审查模式的核心价值取向。

在美国的多数城市设计审查程序（波特兰的区划法中除了有专项的“设计审查”还有“历史设计审查”）中，基本都包含有预申请、申请、公告、设置审查机构审查、决议公告、申诉这几个步骤。其中，波特兰等城市对于参与设计审查的人员作了规定，多数情况下会由来自相关方面的技术专家、各方利益代表、政府工作人员等组成审查委员会。同时每一类性质的成员数量有限制。委员会的成员由政府任命，定期进行换届选举，同时安排面向公众展示的项目开发计划、征求意见以及公众听证的程序。

3. 集中式

集中式指的是地方或中央政府及规划主管部门即历史地区的城市设计管理者作为主要人员直接对方案进行审查。集中式的审查机制往往具备较高的执行效率，从项目申请到审查决议再到批复许可，过程中矛盾问题和目标需求较为一致。可以协调编制与管理的障碍，拥有较为有效的决策机制是集中式设计审查的特点，由于历史地区的特殊性，在历史地区的城市设计审查中也有所应用。

同样是美国，旧金山的常规设计审查程序比其他城市简单，并没有像波特兰等城市一样广泛地听取各方面的意见，而是仅仅由规划局的工作人员对项目进行最低标准的审核。另外，还有相关文件详细地说明某个重要职位，如规划局主要负责人，应当履行的义务与拥有的权利，以及任命的要求和换届的时间。如果有人对审核的结果提出异议，可以提交自由裁量申请进行自由裁量审查。

5.4　历史地区城市设计实施的监督与保障

5.4.1　实施的执行与管制的行政组织机构

2017 年开始实施的《城市设计管理办法》第五条规定：国务院城乡规划主管部门负责指导和监督全国城市设计工作；省、自治区城乡规划主管部门负责指导和监督本行政区域内城市设计工作；城市、县人民政府城乡规划主管部门负责本行政区域内城市设计的监督管理。

目前我国城市规划的管理体制与西方国家的“分权”模式类似，各部门之间缺乏协调，矛盾频发。尤其在城市设计管理的执行与管制方面，往往会涉及规划、交通、建筑、市政等多个部门，这些部门之间缺乏协调沟通的整合机制，导致了城市设计的管理与实施困难重重。在多规合一的背景下，如何有效整合城市规划及城市设计实施管理的各部门之间的关系、明确各部门的权责、让城市设计能够落地实施、有效管理，是当前需要着力解决的问题。

5.4.2　实施制度

“各国对土地利用与开发管制的基本体制不同，以及各国国情与社会发展背景亦不尽一致，以至发展出个别不同的都市设计实施方式”，[①]这也决定了不同的国家和城市有不同的城市设计实施制度。

我国的城市规划实施模式通常是由中央集权与地方分权相结合，规划管理很大程度上依赖行政审批，城市设计的实施管理仍然没有法定化的保障，往往导致城市设计的管理实施面临诸多矛盾。《中共中央国务院关于进一步加强城市规划建设管理工作的若干意见》提出了“全面推行城市规划委员会制度”的要求，旨在逐步改变我国城市设计管理实施困难的现状。

当前我国的城市设计主要包含四种实施模式：

（1）城市设计的成果代替控制性详细规划成果直接作为规划实施管理的依据。

（2）城市设计和控制性详细规划同为实施规划管理提供依据支撑。

（3）将城市设计作为前期分析内容，其有关要求纳入控制性详细规划。

（4）以控制性详细规划为主，城市设计作为参考性内容加以辅助。

在分权思想的基础上，欧美发达国家在实际规划管理工作中探索建

---

① 林钦荣．都市设计在台湾 [M]．台北：创兴出版社，1995：18.

立了城市规划委员会制度，通过政府出让部分行政权力、促进社会各界人员组成的规划委员会共同决策的方式来增强城市规划管理决策的民主性及科学性。

在欧美国家的城市规划管理体制中，美国“土地使用分区制”和英国“自由量裁式规划许可制”是最为典型的代表，①其城市设计管理模式也是各国模仿的方向。城市设计融入区划当中是美国城市设计管理的显著特征，其城市设计实施管理是一种依托于区划法、紧密围绕设计审查制度并以设计导则为依据和方向的模式。相比于美国由地方政府主导的城市规划管理模式，英国的城市规划行政管理模式具有较强的中央集权特征。英国城市设计的运作依托于自由量裁下的规划许可制度，通过严谨的审查系统实现城市设计的实施管理工作，为城市空间的环境与品质提供了重要保障。

本部分从国内外范围选取 3 个城市作为案例进行城市设计实施制度的介绍：

1. 深圳城市设计实施制度

1）将城市设计成果纳入规划管理平台

（1）将城市设计的主要控制内容纳入控制性详细规划，通过法定化文件来落实城市设计的内容。

（2）深圳尝试通过通则式的控制将城市设计思维强制纳入规划技术的纲领性文件中，作为规划管理的技术依据，使得重点地区之外其他地区能够充分地体现城市设计理念，进而指导规划的编制。②

2）由“精英编制”转为“市民体验”

（1）多方位有成效的公众参与

深圳十分重视城市规划编制过程中的公众参与，通过组织工作坊、建立公众参与网站、系列公众活动等多种方式力求最大限度地吸纳公众反馈意见，了解公众及利益相关主体的感受、诉求和期望，有助于更加全面深入地提出面向实施的城市设计方案，使城市设计的管理实施能够更加科学有效。

（2）结合市民诉求选择城市设计实施地点

在选择城市设计实施地点时，通过公众最直接的诉求筛选出最能够

---

① 唐燕. 城市设计实施管理的典型模式比较及启示 [C]// 中国城市规划学会. 城市时代，协同规划——2013 中国城市规划年会论文集（02- 城市设计与详细规划）. 中国城市规划学会，2013：19-29.

② 刘美宏. 保障空间品质的城市设计实施路径探讨——深圳城市设计运作经验及成都的适用性思考 [C]// 中国城市规划学会，沈阳市人民政府. 规划 60 年：成就与挑战——2016 中国城市规划年会论文集（06 城市设计与详细规划）. 中国城市规划学会，沈阳市人民政府，2016：189-198.

代表公众感受、展现城市特色、富含地域归属感的实施点，通常这也是城市中最具提升改造需要和可能的区域，优先考虑对这些区域进行城市设计的编制，从而加强了城市设计实施的可能性。

3）利用政策工具助力城市设计实施

为了保证城市设计能够落地，深圳将城市设计的控制内容纳入规划设计条件当中，在土地出让阶段与地块的开发主体进行交易的时候写入土地合同内容。此外，深圳还采取了容积率奖励、减免地价等多项优惠政策用以激励开发商积极参与城市设计的实施。

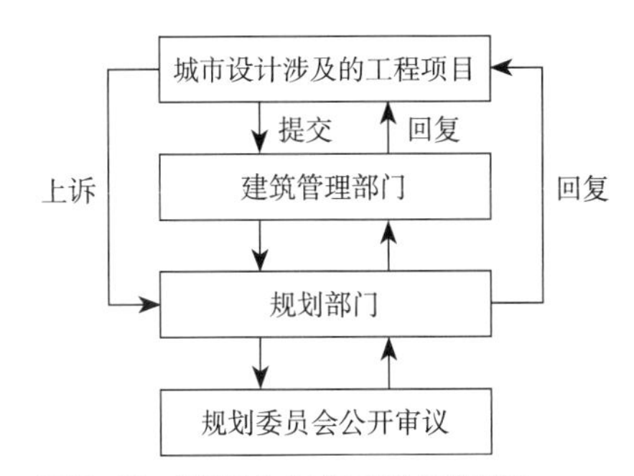

图 5–12　美国旧金山城市设计审议制度

2. 美国旧金山城市设计实施制度

旧金山拥有独特的城市格局和建筑风格，是一座具有高度历史保护价值的城市。政府十分重视城市设计在历史保护与城市开发中的作用。在旧金山，城市设计也受到市民的普遍关注，公众积极参与城市设计的实施和审核过程。各地区详细的城市设计准则均在“城市设计总体规划”的指导下进行。

旧金山的城市设计审议制度已经较为成熟，作为法定审核机构的城市规划委员会具有很大的审议裁决权。城市设计涉及的具体工程项目议案的受理与执行由旧金山建筑管理部门承担，设计议案一般由建筑管理部门转交城市规划部门，并提呈城市规划委员会组织专家公开审议，如获审议通过，再转交建筑管理部门核发建设许可证。被否决的项目可以通过上诉渠道办理复核[①]（图 5–12）。

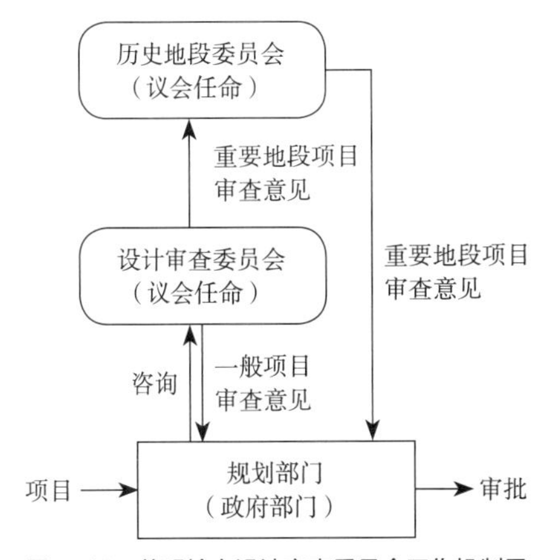

图 5–13　伯明翰市设计审查委员会工作机制示意图

3. 英国伯明翰城市设计实施制度

英国伯明翰市设立了具有法定地位的设计审查委员会，用以为城市议会和政府部门提供城市设计咨询服务（图 5–13）。

《伯明翰区划条例》授予了设计审查委员会审查相关项目的权力。在进行设计审查之前，相关项目应先由申请人向规划师提交概念规划，听取初步建议，在此基础上提交设计审查申请，并由规划部门向设计审查委员会进行方案汇报。设计审查委员会以不同历史地段、商业复兴地段的设计导则要求为依据，也会参考其他相关的标准规范与导则，对历史地段或其他重要地区所涉及的建筑外立面变化、公共空间变化（如改变历史建筑结构、新建构筑物、增加光照和标识等）的建设活动进行审查，对符合要求的发放“适当性认证书”。某些地区也设有本地的咨询委员会，可以在项目递交给设计审查委员会之前给出初步审查意见。对于一般地区，由设计审查委员会直接向规划部门提供审查意见；对于历史地段等重点地段，设计审查委员会的意见会先反馈给历史地段委员会。项目通过设计审查委员会的审查是申请人取得规划主管部门核发行政许可的前提。[①]

① 庄宇. 城市设计的实施策略与城市设计制度 [J]. 规划师，2000（6）：55–57.

如果设计审查委员会提出的意见要求从申请人的经济能力上来讲难以实现，市政府可以向申请人提供经济激励，或者由委员会经过论证适当降低要求。此外，委员会工作机制中也注重公众参与，会在项目审查之前向项目周边范围内所有居民提供项目材料，并举行听证会征求意见。①

5.4.3 保障实施的经济手段

尽管城市设计很大程度上是一种政府行为，但是在城市设计的实施过程中获取政府财政的大力支持仍十分困难。这种情况下若想解决城市设计实施的资金问题就可以尝试寻求公私合作的途径，具体应包含以下几个前提条件：

（1）政府给开发商提供一定程度的政策优惠。

（2）政府、开发商、规划设计人员、公众与组织等多元主体共同参与规划设计的全过程。

（3）项目附带的风险和收益由政府和开发商共同承担。

（4）城市具有良好的社会经济发展状况和明确的城市设计目标，行政构架及权责清晰分明。

5.4.4 历史地区城市设计实施中的公众参与

城市的历史也是人民的历史，历史文化深深地蕴含在城市肌理里，保护城市肌理就是保护民族的、传统的文化。城市历史文化保护规划具有极强的公共利益性，是对公众共同生活空间与时代印记之间的合理安排和规划，必然会涉及多种利益的博弈。在规划过程中，需要对各种利益诉求与城市历史空间进行考量和权衡，在保护历史文化的同时实现公共利益的最大化，城市的公共利益与社会的每个公众息息相关，所以说公众参与是维护公共利益的有效途径，同时也是确保历史文化保护规划能够有效实施的重要环节。

城市历史保护规划中总会遇到各式各样的问题，涉及公众、社会、国家与其他群体的利益，这说明历史文化保护不仅具有公益性还具有更强的复杂性。解决规划中遇到的问题不能仅仅依靠封闭式的规划模式，政府单方面的编制与实施已经不再适合新时代的城市发展，而应该寻求一种开放透明的运作机制，实现各方利益的平衡，这就需要在政府与公

① 石春晖，赵星烁，宋峰．基于规划委员会制度建设的城市设计实施路径探索 [J]．规划师，2017，33（8）：44-50.

众之间建立制度化的沟通渠道，通过向公众公示，接收反馈意见，做出政府和公众都满意的规划方案。

1. 公众参与在城市历史文化保护中的重要性

1）有利于实现保护规划的合理性与科学性

中华人民共和国成立以来，我国深受苏联相关规划制度的影响，在编制城市规划、管理城市运营、建设开发中，均以政府为核心进行运作，罕见公众参与的影子。这种封闭式的运营制度只有在计划经济时代才具有合理性。随着时代的进步和信息时代的到来，这种体制的弊端逐渐显现出来。近年来，历史保护规划中出现一些失败案例，其主要原因就是忽略了公众参与在历史文化保护中的积极作用。

历史是一个城市不能抹去的印记，公众是城市的参与者，公众了解自己所处城市的前世今生，为保护规划提供意见，能有效避免政策的盲目性，有助于实现科学决策。只有了解到公众最真实的想法，深入群众调查，了解当地实际情况，才可以摆脱仅仅依靠图纸依靠自己得来的盲目性和封闭性的结论，只有听取公众的广泛意见，使规划具有现实的基础，才可以解决城市规划具体过程中会出现的实际问题，才可以得出合理科学的城市规划方案。

公众参与到保护规划中，能够最大程度地实现历史保护的可实施性，有效地保证规划的公共利益性，避免由于决策者的主观臆断而破坏一座城市的文脉。因此，公众参与有助于减少城市规划的失误，增强历史保护规划的合理性。

2）得到公众的支持，有利于保护规划的落实，实现全民保护

城市规划的合法性源于社会公众的普遍性认同和接受。在当前多元化的社会中，各种观念、思想、利益共存且相互冲突。城市规划是平衡不同个人和利益主体的利益诉求，是多方博弈的折中结果。由公众参与制定的城市规划方案更容易被公众所接受和认同。一方面，社会公众的参与扩大了决策资源的提取范围，规划方案能反映最大多数人的意志，能更好地协调社会各种利益关系，增加社会公众对历史保护的认同感。另一方面，公众参与城市规划满足了社会公众参政议政的心理需要，是公众行使社会管理权的体现，增强了他们的影响感和尊严感。因此，社会公众参与城市规划，可以使城市规划更易于被社会公众接受和认同。认同感还会增强公众对于政府的信任感，在具体落实的过程中公众才会更好地配合。只有公众真正参与了规划的编制和决策的过程，公众才会对规划的实施具有责任感，才会真正地执行规划并将规划的实施作为其行为活动开展的依据。得到公众支持的城市规划，在实施的过程中会减少很多阻力，降低政府推进规划执行的成本，更有效地贯彻落实城市规划。

在旧城改造中，我们常常发现很难按照城市规划设计方案顺利实施，其中最大的共性问题是住户的安置搬迁不尽如人意，形成了“无法安置、无法拆迁、无法建设”的局面。如果相关公众一开始就参与到城市规划中去，全面了解城市未来发展蓝图，清楚规划者的意图，认识到城市规划是时代发展的必然趋势，在参与的过程中其意见和建议得到表达及回应，他们就会更能理解规划、认可规划，在行动上给予大力支持和配合，这将减少很多因利益得不到保障而引发的暴力事件。

3）有利于对城市规划权力的监督与制约

作为具有支配他人力量的国家权力，包括行政权，先天具有扩张性，孟德斯鸠认为“一切有权力的人都容易滥用权力，这是一条亘古不变的经验”，所以必须“以权力制约行政权力”及“以权利制约行政权力”，在我国前者主要是指国家行政机关内部以及立法机关和司法机关的监督，后者主要是指公民依据法定的权利对行政权力行使过程进行影响与监督，以形成对行政权力行使过程的约束力。城市规划中的公众参与正是以权利制约权力的典型反映，它是公民基于知情权以及维护自己合法权利的需要而对城市规划权力进行的监督与制约，它使城市规划行政主管部门的权力在公众的视野中运行。

城市规划作为政府行政权力在城市管理中的运用和体现，其制定和实施过程中必须体现公众的意志，维护公众利益、接受公众监督，而接受公众监督的最好形式之一就是实行行政公开，并在此基础上允许公众参与其中。在实践中，许多城市规划背离了保护公共利益的初衷，公共利益被当作幌子被人利用，以侵害他人的利益为代价来保护某些私人利益。因此，公众对规划行政部门的不信任蔓延开来，公众要求参与到城市规划的制定和实施当中，从程序上来确保公共利益的确定。公众参与的要求来源于对政府的不信任感。为了维护公共利益，只能从程序上进行界定和保障，所以公众参与的引入具有必要性和重要性。

在世界范围内，所有政府机关和商业领域内都出现过一系列的不正当、不法和腐败现象，公众对政府的信任感持续下降。在我国目前的城市规划建设中，同样也存在一定程度的暗箱操作与腐败现象，对城市规划权力进行有效监督，是一项长期艰巨的任务。在相关城市规划管理部门行使城市规划权力的过程中，将公众参与引入城市规划与建设，从程序上界定和保障公共利益，可以有效抑制或减少城市建设中的腐败现象，防止行政权力的滥用，减少不合理规划的发生。

2. 公众参与在城市历史文化保护中的发展进程

历史文化遗产保护中公众参与最早起源于美国。1853 年，Ann Pamela Cunningham 发起了名为“保护沃农山住宅妇女联合会”的妇女志愿团体，在全美产生了广泛的影响，促进了历史文化遗产保护思想的发展。

20世纪60年代的妻龙保护运动，促使了日本全国的市民保护运动的组织化。各地组织的联盟互动，由长野县的妻龙历史街区、爱知县的有松历史街区和奈良县的今中町历史街区联合成立了“历史街区保护联盟”，之后发展为“全国历史街区保护联盟”。

1966年，美国联邦政府的《国家历史保护法》将历史保护和管理确定为由社会各部门共同参与的义务和职责，为民间保护组织的发展提供了法律保障。

1969年英国的公众参与规划委员会（Committee on Public Participation in Planning）提出题为“人民与规划”（People and Planning）的报告，为公众参与城市规划提供了最早的制度框架、参与过程和有关方法与手段。

1978年起，日本全国历史街区保护联盟每年与各地的居民一道举办研讨会，通过这种方式，使居民们更多、更自主地参与到历史文化保护运动中来。

我国有关城市规划的公众参与自20世纪80年代开始就有所讨论，但至今只是在局部的范围内、在特定的层次上有一些零星的尝试，在制度和实践的整体上尚未全面推行。

2008年开始实施的《中华人民共和国城乡规划法》第26条规定城市规划必须有公众参与。至此我国的公众参与开始渗透到城市规划过程中。

现今，在历史地区的城市设计中，公众的力量逐渐凸显出来，不仅局限于最后的公示中，而是逐渐深入到城市设计的每一环节。

3. 国际上公众参与在城市历史文化保护中的实际案例

1）美国：沃农山住宅保护——公众参与历史地区文化保护的起源

沃农山住宅是乔治·华盛顿的居住地，1850年后，Cunningham小姐听说华盛顿后人无力维持沃农山住宅整修后，号召妇女们为保护沃农山住宅进行募捐。1853年，组织成立了“保护沃农山住宅妇女联合会”，在该组织的努力下，成功游说和募集了大量资金，利用这些资金买下了沃农山住宅及其周围的地产，并对住宅和周围的环境进行了修缮和维护。如今，沃农山住宅已成为弗吉尼亚州著名的旅游景点。

经过妇女联合会保护华盛顿故居这一事例，普通市民认识到自己也可以是历史文化保护运动的倡导者，在该组织的影响下，其他民间保护团体也相继开始成立，如1889年成立的“弗吉尼亚古迹保护协会”和在1924年成立的“圣安东尼奥历史保护协会”等。

2）美国：贝肯山历史街区公众参与机制

20世纪是公众参与历史保护的快速发展期，保护目的和方法有了很大改观，也形成了有组织的保护运动，无论理念还是行动都逐步走向成熟。随着建筑保护在社会上重视程度的提高，贝肯山公民协会成立，预示了贝肯山街区未来发展具有深远意义。

社区居民是贝肯山保护历程中最重要的推动力量。19 世纪中后期，经历汉考克故居的摧毁，人们开始意识到历史保护的重要性。20 世纪上半叶，街区居民的建筑保护意识开始萌芽并付诸行动，发生了著名的“砖石之战”，标志着街区居民开始介入历史保护。“砖石之战”的发生使人们认识到需要成立社区组织来管理和保护这些古老的街区，在积极分子的带领下，由街区居民组成的贝肯山公民协会诞生了，极大地推动了贝肯山的保护工作。

20 世纪中叶后政府进行城市更新，贝肯山大量建筑被拆，这时社区组织马上意识到整个街区的保护工作刻不容缓，于是努力与政府协商，并呼吁公众和各大机构加入保护队伍，最终于 1963 年将整个贝肯山三片区域保护纳入法律管辖范围，使这些区域的历史建筑幸免于城市更新过程的侵袭和损害。今天，居民与社区组织仍是贝肯山历史保护的中坚力量，居民首先向政府提出建筑维护申请，而后依具体意见进行工程操作，是建筑修复具体的执行者；社区组织负责街区的日常管理工作，是整体环境维护与运作的组织者。

3）英国：巴斯古城

工艺美术家莫利斯是英国最早发起由民间组织并且推动整个社会保护历史文物古迹的代表人物。

1877 年，莫利斯写信给“艺术之家”，抗议修缮文物古迹中的愚蠢做法，并倡议成立民间性质的文物保护机构。莫利斯等文化精英以笔为旗，是最早的文化志愿者，最终催生了“反对毁坏古建筑组织”。这是英国历史上第一个古建筑保护学会，其宗旨是尽可能地保护历史文物古迹的原貌，主张在修复古建筑的过程中尽可能“修旧如旧”，即保护固有建筑的古典风貌。

1877 年是古建筑保护学会成立的元年，全英 40 余座受损古建筑物予以注册；50 年后，英国登记的濒危建筑增加至 10 倍。1894 年建立保护文化遗产的全国信托组织；1937 年成立保护乔治时期建筑的组织；1957 年成立了保护文物民用信托组织。转年组建了保护维多利亚时期建筑的学会。这些民间团体与学术组织的成立，在政府支持下拥有了更具体的职权，推动了英国自工业革命以来对历史文物的保护与研究。由此可见，具有公民意识的民众与具有职业精神的知识群体已经成为英国历史文物古迹保护的中坚力量。英国巴斯城历史悠久，逐渐开展的城市更新运动，使 18、19 世纪的建筑逐渐消失，甚至变得面目全非；为建设索斯盖特商场、修建新的巴斯汽车站，需要拆除 19 世纪 30 年代建造的“丘吉尔之家”，这些计划引起了市民的不满，自发地与政府、保护区管理部门抗争。其中最出名的为亚当·弗格森，他出版了《巴斯的浩劫》一书，严厉地批评巴斯城的重建运动毁坏了这座城市的文脉，成为阻止这些破坏古城运动的原动力，及时阻止了对巴斯古城的破坏，也唤起了人们对历史建筑保护的重视。

4）日本：从民众保护到政府重视的典型范例。

在日本，19 世纪 60 年代到 70 年代产生了很多保护历史街区的全国性居民团体，以“保护平城京会”最为著名。1956—1973 年是日本的高速经济成长期，为了能够真正跻身于发达国家行列，日本政府决定对城市进行大规模开发建设，巨大的开发狂潮席卷，日本的历史文化街区面临着被破坏的危险。这种无视历史的国土改造事件，遭到各地市民的持续抗议。

奈良县政府于 1969 年 2 月出台了在平城京遗址上建设近铁车库的计划。古都平城京遗址，是日本第一个世界文化遗产，却面临着消失的危险。同年 5 月开始，学者们自发组成了“保护平城京会”，进行了此起彼伏的抗议运动。最终，由国家出资购买平城京遗址，并被指定为特别历史文化遗址加以保护。随着京都、奈良和镰仓等古都历史环境遭到破坏危机的加剧，更加引起了广大市民的广泛关注，由此推动了日本历史文化保护的发展，也为日本的整个保护规划奠定了坚实的基础。

“文化保护政策协会”“关西文化遗产保护协会”“全国街区保护联盟”等，都是在那一时期成立的民众自发性保护组织，这些组织的最大成果就是出台了有关古都风貌保护的法律法规（《古都保存法》）。以这些组织的成立为契机，“保护历史地域”的概念更加明确，更加深入人心。从此，日本历史文化街区的保护逐步受到重视，形成了保护地区内新修建筑需申报，行政部门给予指导的制度法规。

4. 我国公众参与在历史地段规划保护中的实例

1）北京菊儿胡同住宅工程的公众参与

北京菊儿胡同改造项目，在实践中倡导一种国家、集体、个人三方共同合作的小规模改造方式。改造过程中分出保留和更新院落，并不是所有一切都推倒重来。为不打破北京旧城城市布局，菊儿胡同改造依据吴良镛院士提出的“肌理插入”理论，根据其肌理局部地以旧代新，用“新四合院”代替原有的传统四合院。由于当时资金不足，改造常常采取一些经济模式，如修修补补，见缝插针等。

2）重庆市东水门历史文化街区改造中的公众参与

在历史文化街区改造的初始阶段中，政府通过宣讲的方式对街区内居民进行讲解，告知街区改造重大意义，让居民对历史文化街区改造有一个初步了解，此阶段公众参与的方式主要为通知、座谈、公告，居民具有发言权，但不可做决策。在开展阶段，政府对东水门历史文化街区改造过程中需拆迁的房屋进行信息公示，然而只对住房拆迁面积等信息进行公布，而对街区内其他历史建筑、环境、基础设施等方面如何改造的信息并没有涉及。

3）现阶段存在的问题

与国外案例相比较可以看出我国的公众参与地位比较被动，过于表面化、形式化。现阶段我国的公众参与方式不能使居民真正了解一些细节，没有对历史地段内弱势群体的利益加以重视，只是一种初级阶段的公众参与。

4）新时期与未来

在未来的历史地区城市设计实施中，后续维护与监督更多地依赖于社区非营利组织和更广大公众的参与。

随着新媒体技术和大数据信息的发展，历史地区城市规划的评估有了新的技术手段，在规划评估过程中提供了不同参与者交流互动的平台，利用社交、媒体和 Web2.0 来全面提升公众参与程度，同时可以促进合作式的历史地区城市规划评估，可以促使传统的被动式规划评估转变为多元主体互动参与的主动式规划评估，实现政府、企业、市民和其他组织在城市规划评估中的信息交互，这也是走向合作式、人本化的历史地区城市规划公众参与的重要方向。

思考题

1. 历史地区城市设计编制管理有哪几种模式？
2. 能够保证历史地区城市设计方案的实施和监督的组织机构和制度有哪些？
3. 请结合国内外案例，谈一谈哪些关于公众参与的方法适用于历史地区城市设计的具体实施。

延伸阅读推荐

[1] 孙施文. 城市规划实施评价的理论与方法 [J]. 城市规划汇刊，2003（2）：15-27.

[2] 吕晓蓓，伍炜. 城市规划实施评价机制初探 [J]. 城市规划，2006（11）：41-45+56.

[3] 周国艳. 城市规划实施有效性评价：从关注结果转向关注过程的动态监控 [J]. 规划师，2013，29（6）：24-28.

[4] 庄宇. 城市设计的实施策略与城市设计制度 [J]. 规划师，2000（6）：55-57.

[5] 陈雄涛，安莹. 城市设计实施评述——以天津滨海新区 CBD 城市设计为例 [J]. 江苏城市规划，2011（1）：30-34.

主要参考文献

[1] 王巍，陈岩松. 城市设计实施体制探讨 [J]. 规划师，2001（4）：75-77.

[2] 杜坤，田莉. 城市战略规划的实施框架与内容：来自大伦敦实施规划的启示 [J]. 国际城市规划，2016，31（4）：90-96.

[3] 罗江帆. 从设计空间到设计机制——由城市设计实施评价看城市设计运行机制改革 [J]. 城市规划，2009，33（11）：79-82.

[4] 吴松涛，薛睿. 风貌・秩序・活力——地方视角的城市设计实施回顾与思考 [J]. 城市规划，2016，40（12）：91-97.

[5] 吴松涛，苏万庆. 公众、政府、专家——三重视角下的城市设计观 [J]. 城市规划，2008（8）：62-65.

[6] 柳权. 试论城市设计的编制与实施——从美国经验看我国城市设计实施制度的建立 [J]. 城市规划，1999（9）：58-60+64.

[7] 柳权. 试论城市设计的编制与实施 [J]. 城市规划汇刊，1998（6）：57-59+65.

[8] 李锴. 我国城市设计的实施困境分析 [J]. 上海城市规划，2010（3）：41-44.

[9] 张弛. 法定规划体系下目标导向的城市设计管控——以英国为例 [J]. 上海城市规划，2017（4）：119-122.

[10] 林云华. 英美城市设计引导研究 [D]. 武汉：华中科技大学，2006.

[11] 林隽. 面向管理的城市设计导控实践研究 [D]. 广州：华南理工大学，2015.

[12] 王小舟. 历史地段的城市设计——以天津英式风貌区为例 [J]. 城市建筑，2007（2）：38-41.

[13] 陶亮. 以城市设计成果法定化为重点：探索上海控制性详细规划附加图则管理的思路和方法 [J]. 上海城市规划，2011（6）：75-79.

[14] 朱雪梅. 中国・天津・五大道：历史文化街区保护与更新规划研究 [M]. 南京：江苏科学技术出版社，2013.

[15] 中华人民共和国住房和城乡建设部. 城市设计管理办法 [Z]. 中华人民共和国住房和城乡建设部令第 35 号，2017-6.

第 6 章 历史地区城市设计典型实践与案例

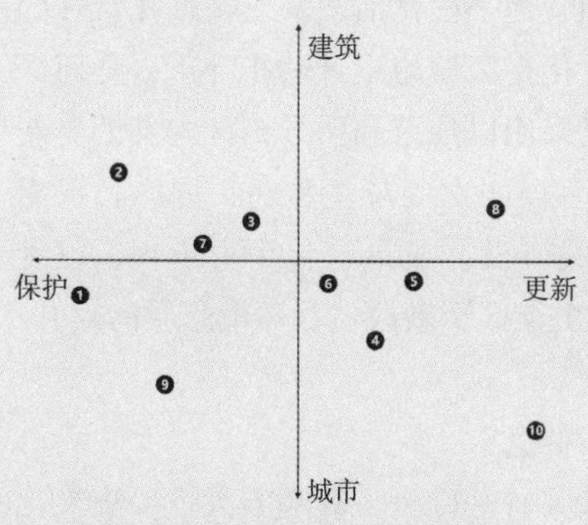

① 天津市五大道历史文化街区城市设计
② 福州市三坊七巷历史文化街区城市设计
③ 成都市宽窄巷子片区有机更新城市设计
④ 厦门市沙坡尾片区有机更新城市设计
⑤ 北京市白塔寺街区渐进式微更新城市设计
⑥ 天津市小白楼五号地片区有机更新城市设计
⑦ 美国萨凡纳市历史建筑景观保护
⑧ 英国利物浦皇家阿尔伯特港口规划
⑨ 英国诺丁汉市中心规划
⑩ 法国巴黎塞纳河左岸规划

图 6-1 案例分类

内容提要：本章对国内外不同类型的历史地区城市设计典型实践案例进行研究，从不同保护更新方式以及不同空间尺度两个维度展开，挖掘历史地区城市设计中的创新方法与实际应用。其中，保护类历史地区城市设计案例包括天津市五大道历史文化街区城市设计、福州市三坊七巷历史文化街区城市设计、成都市宽窄巷子片区有机更新城市设计、美国赛凡纳市历史建筑景观保护以及英国诺丁汉市中心规划。更新类历史地区城市设计案例则包括厦门市沙坡尾片区有机更新城市设计、北京市白塔寺街区渐进式微更新城市设计、天津市小白楼五号地片区有机更新城市设计、英国利物浦皇家阿尔伯特港口规划以及法国巴黎塞纳河左岸规划。不同城市设计案例对不同空间尺度的规划设计各有偏重，对于建筑单体的保护与改造以及城市片区的规划与更新具有不同的解读（图 6-1）。

通过本章内容的学习，掌握历史地区城市设计典型案例，了解不同案例中保护更新的方式与创新方法应用，理解在历史地区城市设计中如何针对不同空间尺度进行规划设计与更新。

本章建议学时：4 学时

6.1 国内历史地区城市设计的典型实践探索

6.1.1 保护类历史地区城市设计

1. 天津市五大道历史文化街区城市设计

五大道是目前天津市规模最大、保存最完好的历史文化街区，它始建于1901年，历史上是英租界的高级住宅区，也是20世纪初英国田园城市理论在中国的实践，这是一项极其重要的价值。它的规划布局为略微弯曲的方格路网，错落有致的私家院落，齐全方便的公共设施和可亲可触的开放空间，街区、建筑和环境都具有鲜明的人性化尺度。

随着城市快速发展，五大道历史文化街区面临许多亟待解决的问题：一是对街区的历史文化特征缺乏多角度的深入研究；二是部分更新建筑和环境品质亟待提高；三是规划管理手段落后、缺乏精细化管理的有效措施。近年来，在五大道历史文化街区城市设计的指导下，全面深入地研究历史空间特色，并将研究成果用以规范和引导街区内部的更新建设，延续历史上既有秩序又丰富多样的空间环境特色，同时，探索和建立一套精细化的管理方法，将城市设计成果转化为可辨识、可度量、有效果的管理工具，有效促进历史街区更新改造和环境品质的提升。（图6-2）

1）创新方法，深入挖掘历史空间特色

城市设计在大量深入详实的现状调研基础上，针对五大道历史文化街区内的建筑类型、街廓肌理、街道与街巷格局等方面，采用城市形态学和建筑类型学方法对历史空间特色进行全面深入的研究，探讨造就五大道独特生活品质的空间格局和特点。

（1）建筑类型研究

建筑类型研究从采集有时代代表性的街区片段入手，对其建筑密度与开发强度、产权密度与归属、开放空间私密程度等进行分析，从而找出历史变迁中建筑实体及其空间形式与其所处时代背景间的规律性。

研究抽取了典型开发地块和建筑原型，将建筑按照空间组合方式分为门院式、里弄式和院落式三种原型，提炼了建筑空间组合的内在逻辑，并使之成为指导建筑更新的依据。这种方法既保持了文化与传统的连续性，也提供了创新和变化的可能。例如，在规划控制中突出建筑类型本身的特质，根据环境恰当选型，延续建筑划分，并贡献街坊内部的联系通道（图 6-3）。

（2）街廓肌理研究

街廓肌理研究对 56 个街坊的街廓尺度、图底关系、空间私密性等一一分析，展现了不同发展时期城市形态变化的轨迹及成因，并选取近年新建设的典型项目进行了剖析。例如研究发现，五大道历史上创造积

图 6-2　五大道鸟瞰图

建筑组合类型	门院式	里弄式	院落式
抽象出的建筑样式		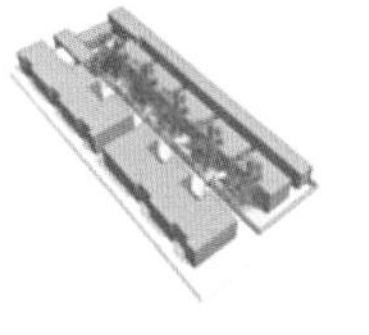	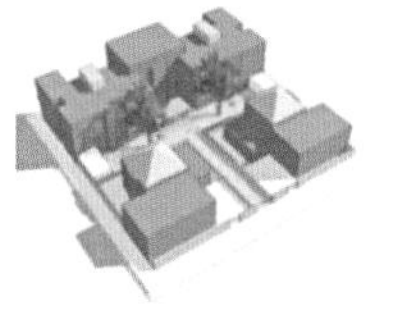
与街道的关系	主要位于街道交会口处	从城市街道明确入口和通道进入	有唯一的入口并直接深入到内院
建筑形式	有主要的临街面，另一面与周边建筑保持着整齐的界面	里弄内部有明确、紧密的界面	建筑造型丰富
使用特性	目前主要用于公共机构，开放程度弱	小户型、居住、比较开放	混合居住，开放程度高

图 6-3　通过类型学发现建筑组合的原型

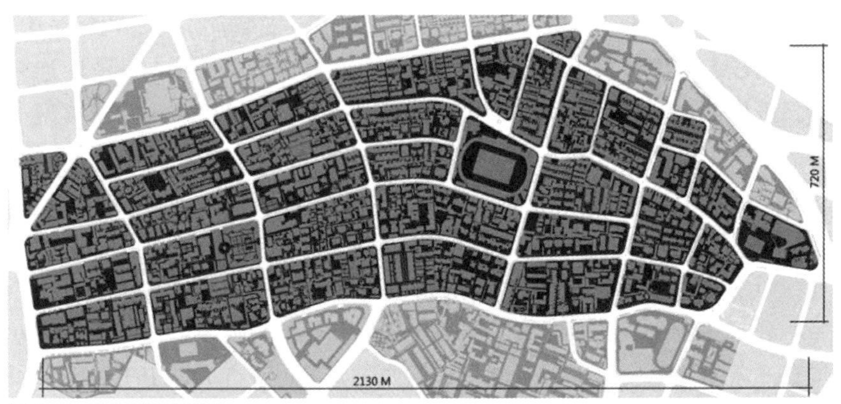

图 6-4 五大道街廓肌理

图 6-5 五大道街巷空间研究

极空间的方法是运用低平的建筑群形成较密集的形态，借用建筑或围墙围合出私人或公共活动的空间。而一些地震后新建建筑则忽视了这一原则，导致一些难以使用的消极空间出现（图 6-4）。

（3）街道与街巷研究

街道与街巷研究对五大道 21 条道路和里弄的临街建筑类型与功能、街道限定元素、交通组织等进行分析，确定了每条街巷的性格特征，引导保护与更新项目不仅能够提升街道的环境品质，也能兼顾其本真的历史价值（图 6-5）。

通过对街区内部空间秩序的深入分析，找到城市形态与社区生活的关系，挖掘城市形态下隐含的、特定的社会关系结构，使街区在强化空间特色的同时，适应真实的生活需求。例如里弄式住宅以底层院落和建筑之间的窄小通道作为内部活动的安全地带，在街区更新中巩固这种做法并挖掘所在地块的独特个性，令新的建设符合历史风貌的同时，也贴近使用者的需求。

2）尊重历史，精细编制城市设计导则

针对历史建筑不恰当的翻新和装饰、拆除围墙、更新建筑背离五大道设计传统、沿街设施不规范等设计和建设中的具体问题，通过城市设计，首先强调要严格保护五大道历史文化街区的整体环境，并进一步对每一座院落、建筑进行仔细甄别、分类，分析其构成要素，有针对性地编制城市设计导则。

导则中明确要保护五大道历史文化街区的整体高度和街道尺度，核心保护范围内更新建筑的檐口高度不得超过 12m，建设控制地带的建筑高度采用视线分析等方法确定，面向核心保护区渐次降低；建筑的材料和色彩应符合周边历史建筑的既有特征；历史建筑的细部、质感和材料应在更新建筑中得到重复和补充；建筑长度超过 20m 时，应当进行凸凹处理以避免单调；针对建筑屋顶、退台、院落、围墙等方面也需遵循精细的设计引导（图 6-6 ~ 图 6-8）。

3）创新手段，建立三维立体化管理系统

城市设计方法具有立体化和直观性的特点，用城市设计进行管理就是要将整体思维和立体思维引入规划管理中去。通过城市设计为五大道 2 514 幢建筑建立三维数字模型，对建设项目进行三维空间审核并动态监控，为全方位、立体化、精细化的规划管理提供强有力的技术支持（图 6-9）。

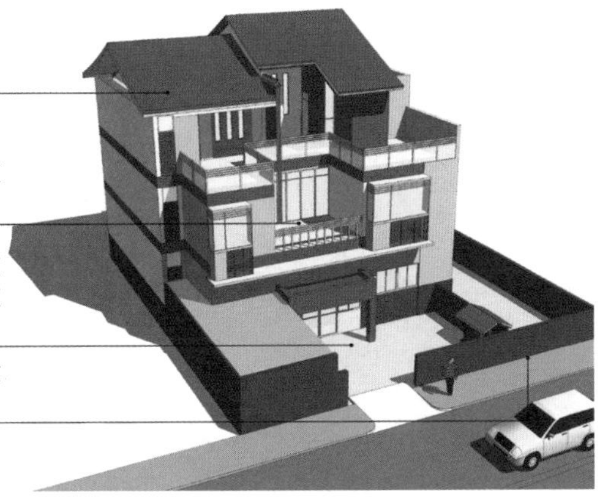

图 6-6　五大道单体建筑控制

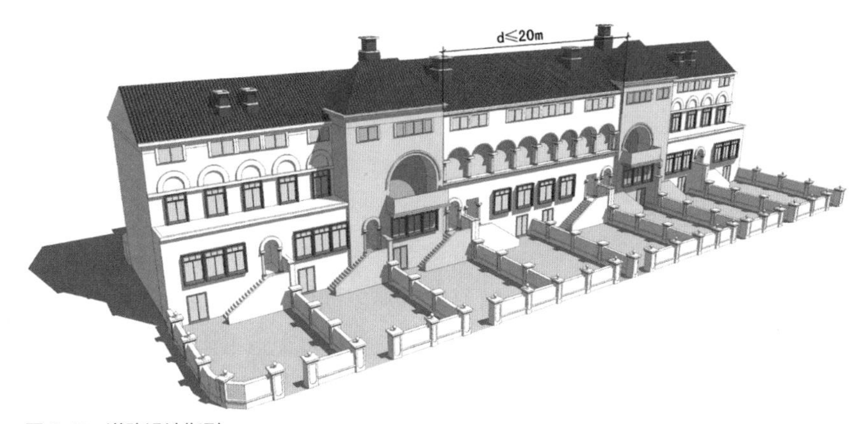

图 6-7　道路设计指引

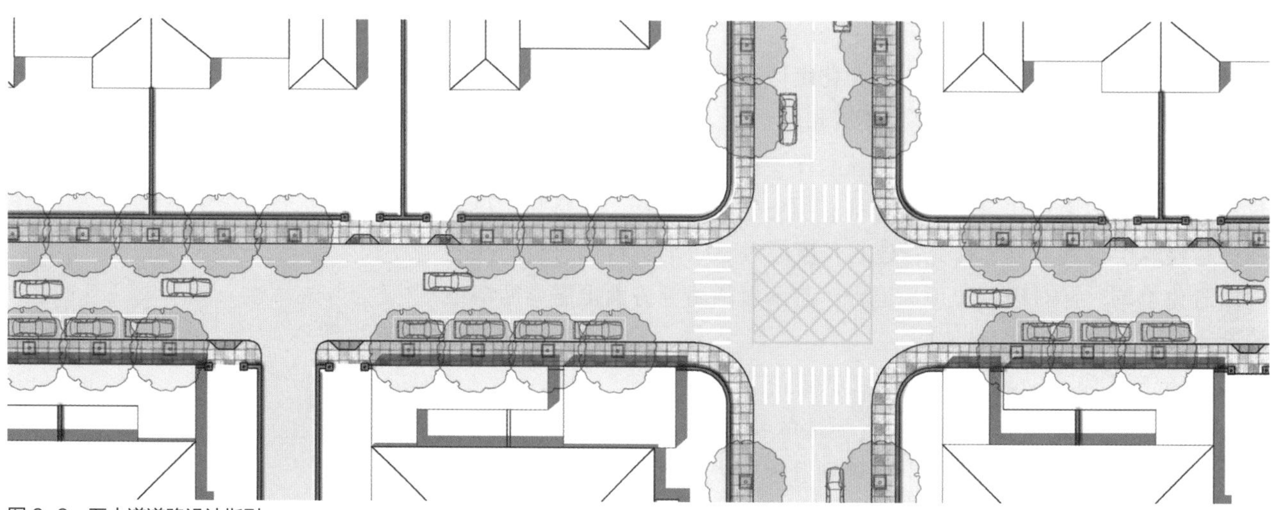
图 6-8 五大道道路设计指引

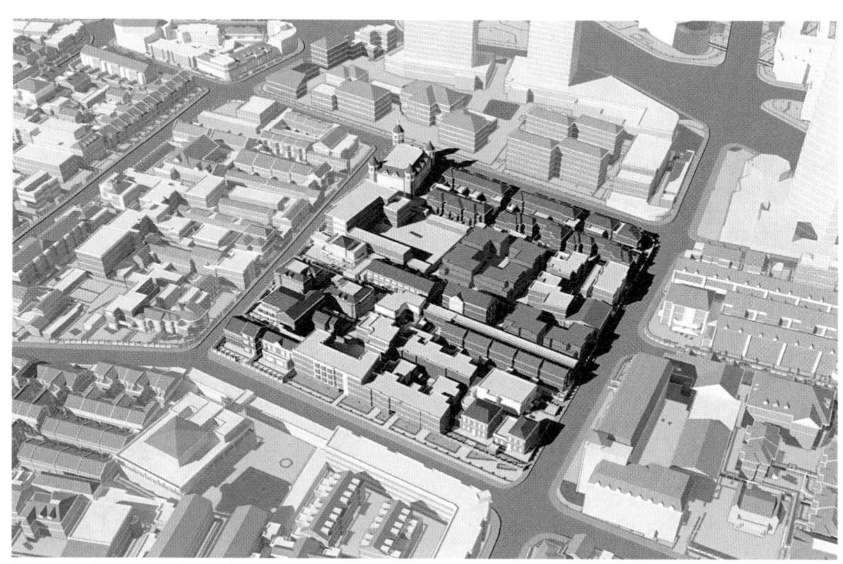
图 6-9 五大道街坊更新鸟瞰

4）指导更新，取得良好的实施效果

五大道历史文化街区城市设计的主要成果已纳入《天津市五大道历史文化街区保护规划》，2012 年 4 月获得天津市政府批复，现已成为街区内进行各项建设活动、编制修建性详细规划、建筑设计以及各专项规划的管理依据，推动了历史街区的保护更新水平大幅提升。

近年来五大道在城市设计的指导下，完好地保存了空间特色与整体品质，延续了其稳定的演变和精致的气质。同时，在以五大道地区管委会、天津市历史风貌建筑整理有限责任公司等为实施主体的建设运营下，陆续完成了民园体育场、先农大院、庆王府、山益里、民园西里等项目的有机更新，已形成了以民园体育场为核心的热点地区，并成为“五大道

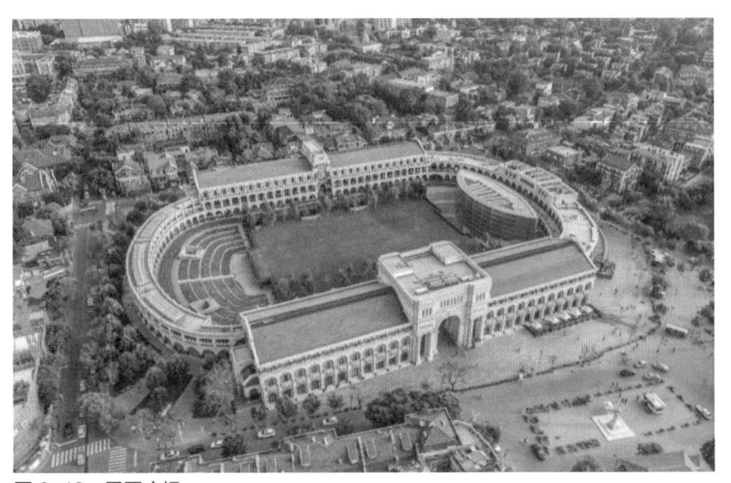

图 6-10　民园广场

图 6-11　先农大院

国际文化艺术节”“夏季达沃斯论坛”等重大国际活动的举行场所。通过城市设计，五大道的老街区、老建筑被重新赋予生命活力，并以深厚的人文价值和独特魅力让越来越多的人为之惊叹（图 6-10、图 6-11）。

2. 福州市三坊七巷历史文化街区城市设计

“三坊七巷”位于福州市中心最繁华的东街口的西南部，坊巷内保存有 200 余座古建筑，其中全国重点文物保护单位有九处，省、市级文保单位和历史保护建筑数量众多，是国内现存规模较大、保护较为完整的历史文化街区，有“中国城市里坊制度活化石”和“中国明清建筑博物馆”的美称。“三坊七巷”起源于晋，完善于唐五代，至明清鼎盛，由三条坊（衣锦坊、文儒坊、光禄坊）和七条巷（杨桥巷、郎官巷、塔巷、黄巷、安民巷、宫巷、吉庇巷）组成的里坊制街区，以南后街为轴分布于东西两侧，占地约 38.35hm^2。其中，核心保护区面积 28.88hm^2，建设控制地带面积 19.78hm^2，环境协调区面积 23.65hm^2（图 6-12）。

随着城市快速发展，旧有的城市空间已逐渐不能适应现代化生产、商业、旅游的需要，从而逐渐衰败。三坊七巷历史文化街区面临许多亟待解决的问题：一是街区基础设施匮乏且管理不善，环境品质亟待提高；二是空间格局破坏，各功能相互干扰，传统特色受到冲击；三是如何在保护的前提下激活历史文化街区，合理协调保护与开发产生的矛盾。对此，我们需要做的就是在保护的基础上，通过建筑更新与改造最大程度地发挥其价值，达到双赢。近年来，在自上而下和自下而上相结合的保护更新发展模式下，遵循“政府主导、居民参与、实体运作、渐进改善”的保护思路，全面深入地挖掘历史空间特色，从街区的保护更新与业态的创新规划两个方面对三坊七巷进行全面的保护修复工程，打造集居住、文化、商业、旅游等为一体，具有浓厚福州传统建筑、文化特色的典型

图 6–12 三坊七巷鸟瞰图

里坊式历史文化街区。

1）街区的保护、更新与改造

保护老街区，重在保护其精髓、精华，对此规划和设计单位基于大量深入详实的现状调研，对三坊七巷建筑单体、巷道肌理等进行细致地分析、调研、甄别，把握老街区的历史特质，注重历史文脉的延续，基于不同功能区域予以保护、更新和开发，充分发挥其历史与文化价值，使之成为本地块的亮点。

（1）建筑单体的保护与改造

在街区现状中，众多的历史建筑并没有得到较好地保护以及更新，使其历史价值湮灭于大量状况较差的房屋之中。同时历史建筑的功能利用不够合理，建筑立面混乱。因此，在建筑单体方面，应加强建筑单体形体保护更新与改造。

例如，分析整理原有建筑单体的立面构成，在变化中找到提取出用以变化发展的抽象基本元素，以其作为基本点，来改造梳理地块内其他已经没有保留价值的传统木结构建筑以及与现代的平顶建筑混于一体的且风格极不统一的破旧建筑。通过创造性的保护更新形成富有韵律节奏且体现传统精髓的建筑形体关系（图 6–13）。另一方面，结合空间形态布局与业态发展需求，对部分建筑进行改造，以底层商业二层居住为主，其建筑外观在保留了原风格的基础上进行仿古修复。同时，三坊七巷保留下来一些大宅园林，但对其功能进行了不同的调整，如今变成各种社区博物馆和游览点。

（2）巷道肌理的规划与更新

“三坊七巷”原有坊巷格局精美，为巷道以及由巷道的纵横交错所形成的鱼骨状坊巷格局，巷内一般宽 3 ~ 6m，石板铺路（图 6–14）。历经了许多“无序”的发展后，街区景观混乱，缺乏公共空间；建筑形态凌乱，空间格局遭破坏；交通功能与商业、居住功能相互干扰。

因此，巷道保护更新通过梳理、甄别街坊的原有肌理，对中国传统的内向性空间进行分析，在此基础上进行重新组合，加进一些现代的建筑设计手法，通过组合、穿插、变换等手法，改造与修复巷道街坊的平面形体，对影响平面布局完整性而又不具有保留价值的建筑进行整理，以达到延续、演变、分解和重构传统民居肌理的目的，既体现传统民居建筑特色的精髓，又不失现代建筑平面布局特色。

（a）

（b）

图 6–13　创造性的保护更新建筑立面
（a）“三坊七巷”原有的建筑立面形式；（b）“三坊七巷”改造后的立面形式

图 6–14　石板街巷

2）业态的创新、策划与规划

为了激活历史文化街区，需要适当地引入商业和旅游，在此情况下，保护与开发产生的矛盾如何协调？街区物质环境的改善可能加速社区居民的置换，更有支付能力的中高收入阶层的外来人口进入后对于非物质文化遗产的传承将产生何种影响？所引入的商业如何与周边商业实现错位发展？这些都是需要考虑的问题。三坊七巷在业态规划方面采用的“坊市分离制度延续、传统业态布旧如旧、新老业态合理搭配”三个方面的经验值得我们借鉴。

（1）坊市分离制度延续

里坊制（坊市分离制度）是中国传统的城市空间规划理念，将居住区（“坊”）与商业区（“市”）分离，以便于城市管理。三坊七巷的修复延续了里坊制的传统，禁止文物保护建筑对外招租和商业经营，合理开发非文保建筑和老房子，将商业业态主要集中在中轴南后街和南部的安泰河沿线，少量业态布局于衣锦坊、文儒坊、光禄坊三条大坊内，而七条巷则保持了幽巷深宅的风貌，既实现了科学布局业态，又满足了不同游客群体的需求。

（2）传统业态布旧如旧

三坊七巷保留有许多百年老字号，这些传统老店继承了历史文化街区百年来的商业文化行为艺术，并且原汁原味地记载了当时的人文风俗和业态范畴，比如米家船裱褙店、聚成堂书坊、春伦轩茶馆、顺鑫当铺、盈盛号等百年老字号，以及非物质文化遗产博览苑前的油纸伞小摊等。这些行为意象作为历史街区文化传承的精髓，也是当代创新产业的立足点。基于传统建筑风格，传统商业氛围与历史建筑相得益彰，所烘托的“闽都风韵”也多了些民俗和文化的味道，坊巷的休闲、游憩、寻访、观光等功能也得以更好地体现。

图 6-15 引入鱼丸等特色老字号

图 6-16 植入全球性品牌

图 6-17 宽窄巷子总体鸟瞰

（3）新老业态合理搭配

业态的创新是市场变化的需求，科学的业态规划是根据终端需求反向推理的供给侧改革式思维。在改造过程中，不仅保留并扩大了街区内本身就有的老字号商铺和作坊，还引入了如同利肉燕、永和鱼丸等特色老字号（图 6–15），同时注入新的活力以带动街区的发展，如星巴克、麦当劳等全球性品牌植入其中（图 6–16），充分挖掘本土元素，并与品牌元素相结合以保持整个店铺风格的统一。三坊七巷形成的业态主要以工艺品为主，约占 50%，还有近 25% 的特产，15% 的小吃、餐饮，10% 的展览馆、书店等。业态布局动中有静，新老业态合理搭配，特色小吃穿插其中，传统与现代交融，新颖但不突兀，给游客和市民的休闲提供了更多的选择。

3. 成都市宽窄巷子片区有机更新城市设计

成都市是我国首批 24 个历史文化名城之一，西南地区的政治、文化、经济、旅游的中心城市。1986 年成都市总体规划明确提出保护大慈寺、文殊坊、宽窄巷子街巷三片历史文化保护区。宽窄巷子历史文化保护区以泡桐树街、金河路、长顺上街、下同仁路为界，总占地面积约 31.93hm^2，其中核心保护区约占 6.66hm^2，主要以宽巷子、窄巷子、井巷子三条传统街巷为重点（图 6–17）。

1）现状调查

成都宽窄巷子历史文化保护区核心区总计约 73 个院落和单位，原有建筑面积约 61 300m^2，944 户居民。产权关系复杂，包括公产、私产、军产、教会产等。片区内大部分保持传统院落和川西民居建筑，街巷风貌基本保持清末民初的风格特征。经过现场调查，传统院落式民居建筑占地面积占核心区的 49.13%；新建建筑占核心区的 33.51%；有保护价值的院落占核心区的 38.92%，占传统院落建筑的 79.22%。

宽窄巷子的历史文化背景造就了其规划与建筑方面的独特风格：完整的城池格局与兵营的结合；北方胡同与四川庭院的结合；民国时期的西洋建筑与川西民居的结合。这些特征造就了宽窄巷子的建筑艺术特色，使之成为当今城市风貌趋同大潮中稀缺的城市文化资源。

由于宽窄巷子历史文化保护区街巷狭窄、建筑连片、基础设施陈旧，缺乏必要的消防设施，主要街巷最窄处不足4m，时常有车辆、商贩、物品阻塞通道。街区内传统建筑大部分是始建于清末民初至1949年前后的普通民居，建筑内部人口增加、管线重叠，而且房屋密集、私搭乱建、堆物摆摊，存在极大的火灾隐患。

2）保护策略

在详细的调查研究基础上，片区更新设计制定了具有整体性、原真性、多样性、可持续性的保护策略。

（1）整体性保护

宽窄巷子历史文化保护区是由街巷、庭院、建筑、装饰构件、园林绿化、其他历史要素组成的整体，是“街巷—院落—建筑—装饰”四位一体的全面保护。不仅保护物质环境要素，更要保护其传统的生活方式、节奏、场景、内容，以及街区的各项历史信息，避免保护工作流于“形式”，割裂了“精神”延续。

图6–18　宽窄巷子原真性保护

（2）原真性保护

在整体性保护的基础上，注重原真性的保护：完整保留宽巷子、窄巷子、井巷子3条传统街巷；最大限度地保护传统院落，整治和恢复遭到破坏的院落，使整个街区保持清末民初时期的院落形态；依据详尽的建筑测绘，将院落中的传统穿斗木结构民居建筑完整地落架重修，使用传统的建筑材料、建筑样式、施工工艺，确保原真性的建筑风貌；对需要简单维修加固的建筑物、构筑物如围墙（包括老夯土墙、砖墙）、门头（中式的龙门、门楼，带有西洋风格的砖门楼），采取隐蔽性维修加固，或是替换部分毁坏部件；街区中具有历史文化特征的遗存物和装饰物，如古井、碑刻、门墩、拴马石、古树等，原地原物保存（图6–18）。

（3）多样性保护

宽窄巷子在近300年的历史演变中，具有极强的多样性与包容性特征。最初是满城与大城、少城的融合，北方胡同与四川民居的结合；民国时期受西方建筑影响，建筑风格带有明显的西洋特征，20世纪50、60年代的简易房，70、80年代的方盒子住宅，90年代的仿古建筑……建筑种类繁多、形式多样，包容在街巷与院落中。如今随着房产自由买卖使得宽窄巷子中居民更迭变化，商品经济的发展和生活需求的多元使街巷中住宅不断破墙开店、变宅为商，办公、工厂、旅馆、饭馆、商铺、茶馆，各种业态相继出现。这种变化已经成为宽窄巷子历史发展的重要组成部分，保护宽窄巷子的多样性特征，是对整体性与原真性保护的重要补充。多样性保护通过反映各个历史时段的印记，成为历史文化保护的一部分（图6–19）。

在建筑设计时，既强调原真性保护，同时对已经没有保护价值或者已经探寻不出历史信息的建筑进行重新设计，按照现今的技术手段与科学观点完成历史街区的保护工作，在设计与实施时考虑多样性的延续：在功

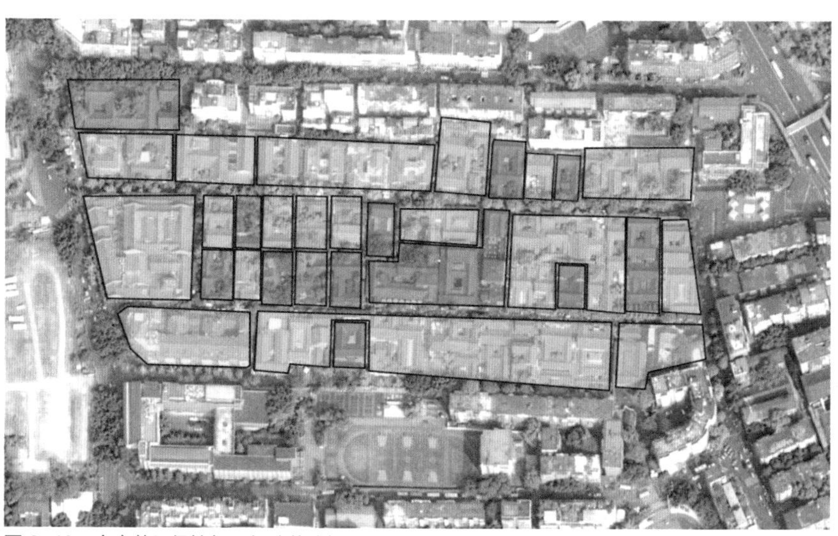

图 6-19 宽窄巷子保护与更新院落分析图

能上保留了原来的居住，增加了商业、餐饮、酒店、展示、观演等；建筑设计中除了大量采用传统木结构外，还部分使用砖混、钢筋混凝土、钢结构、局部加固等多种结构形式；建筑风格除了传统川西民居、带有民国西洋特征的砖墙立面造型外，加入适当的现代元素，以玻璃、钢、金属板材以及灯光效果突出时代特征；在实施过程中，通过保留现状、回迁、合作建设、统规自建等多种形式，摒弃非整体搬迁统一建设模式，强调居民共同参与。

（4）可持续性保护

宽窄巷子历史文化保护区采取“有机更新”的动态保护模式，遵循“循序渐进、有机更新、居民参与、动态保护”原则。将全体居民动迁改为部分居民动迁，部分居民以不动迁方式参与保护改造。留下的住户按照统一的规划设计方案，自行参与保护与更新工作。建设单位以收购的形式获得历史街区内的部分单位产权，使保护工作取得重要进展。对于建筑占地大的单位产权，顺利解决产权转让，成为历史街区更新进程的关键所在。变强制动迁为优惠动迁，采用合理、优惠、人性的动迁政策，尤其对人口多、房屋小、生活困难的居民辅以更加优惠的动迁政策，解决其后顾之忧。将大规模改造变为小范围更新，以院落为更新单元，几个院落一组进行保护与改造，不改动宽窄巷子的街巷空间格局和院墙立面，保持了原有的生命活力。同时加强社会舆论引导，变舆论压力为动力，组织政府领导、文保专家、设计人员、媒体记者与居民代表座谈，了解居民思想，介绍保护与更新的思路，使得各方在透明的状态下开展对话，避免产生误解而带来负面效应。

宽窄巷子历史文化保护区的设计工作历时 3 年，整个设计过程一直处

图 6-20　宽窄巷子街景效果图

于动态变化中，一方面是实施过程的具体变化，包括动迁模式改变、时间进度放缓等客观原因；另一方面，在设计进程中思想观念的转化与对历史文化遗产的理解加深，也促使设计团队不断修正设计。在规划设计阶段，通过三版规划方案比较，选取最为合理的方案作为实施方案；在确定规划的同时，也确定了宽窄巷子保护更新的模式、原则等大方向。在建筑设计阶段，把保护理念落实到建筑、景观设计和细部装饰等方面，在材料、做法等关键技术环节，严格贯彻保护的原则。在施工阶段，通过样板区部分院落修建，检验设计成果，发现不足，总结经验；调整规划，鼓励不动迁居民保留原有建筑，有必要的进行新的设计。

动态实施过程，既保证了宽窄巷子的多元化特征，又使每个院落的形态都不尽相同，没有统一规划、设计和建设带来的整齐划一的生硬感觉。同时这种模式的成功也与商家建立在原真的传统院落和建筑基础之上的再创造有密切关系。也正是通过细节改造保持了街巷整体的风貌和氛围，形成了传统和现代的结合与并置，在视觉、空间和时间维度上实现叠合与交替（图 6-20）。

6.1.2　更新类历史地区城市设计

1. 厦门市沙坡尾片区有机更新城市设计

沙坡尾是厦门市最早的避风坞（历史可追溯到 400 多年前），位于厦门市本岛西南岸滨海地区，东侧北靠万石山风景区，西侧面向鼓浪屿风景区及广阔的海面，南侧隔演武路与厦门大学相望，北侧与旧城核心区（厦港旧城区）、鹭江道商务片区相接。沙坡尾浓缩了厦门人对渔港和疍

（a）

（b）

（c）

（d）

图 6-21　沙坡尾社区环境现状
（a）民居违章搭建，危旧杂乱；（b）街道狭窄曲折，杂乱拥挤；（c）港池淤积严重，污水横流；（d）坞堤岁月侵蚀，局部塌陷

民习俗的传统记忆，其繁盛时期曾容纳渔船 4 000 条、人口近 2 万人，被老厦门人公认为厦门市的城市原点，是厦门市传统城脉的重要一子。

多年来，沙坡尾区域不断遭受现代城市发展的侵蚀和蓝图式规划的威胁，周边高密度的城市开发不断侵蚀着原有的社区肌理，推倒重建式的蓝图规划，断裂了地域文脉，完全转变土地产权，彻底破坏了老城肌理，山海连城的城市格局也面临破坏。

同时，沙坡尾社区也面临着社区发展的众多困境：房屋产权错综复杂，社区更新严重迟滞；环境设施亟待改善，社区污水直排入避风坞，导致避风坞港池淤积严重（图 6-21）；产业类型混杂低端，社区居民收入微薄；居民老龄化严重，原住居民不断外迁，社区人文环境亟待保护。

1）规划理念

沙坡尾房屋产权复杂，人文生态脆弱，更新代价高昂，“大拆大建”的传统蓝图式规划不再适用。沙坡尾有机更新探索“资源从行政配置走向市场配置、城市从增量建设走向存量经营”的城市建设发展转型，创新提出“从蓝图设计走向制度设计”，以“土地产权基本不动，空间肌理基本不改，本地居民基本不迁，人文生态基本不变”为四项原则，将规划对象最终落实到“宅基”这一层面以更好地维系城市肌理，保护居民权益；以宅基为基本单元开展小尺度、渐进式的社区营造，研究可持续的城市设计控制导则，维护良性生长环境，通过制度创新引导社区有机更新。具体计划包括：以宜居环境营造为基础，公共服务均衡为提升，产业培育引导为引擎，制度设计为保障四大板块（图 6-22）。

2）公共服务提升

社区的本质职能是在社区范围内补充提供“专门化”的公共服务，而政府的职能是洞察市场规律、设计制度，以实现其市场角色，即运营公共产品。因此社区更新须符合市场规律才会具有可实践性，而不仅仅是权力下放、还愿于民、大众点评的“公众参与”。传统社区更新后同样也需要参与到“用脚投票”的市场竞争之中，市场化背景下的社区更新需要独立的主导方、执行方和管理方。因此，在沙坡尾社区更新行动规划中，我们通过建构沙坡尾社区唯一合法的社区运营主体——“社区营造中

宜居环境	公共服务	产业培育	制度设计
串联城市蓝绿系统，营造宜居生活环境	加强公共卫生及交通设施，实现公共服务均衡化	培育时尚产业、文创产业及文化旅游产业，全面提升经济价值	配套相适宜的公共政策，探索存量更新的制度设计
基础	提升	引擎	保障

图 6-22　沙坡尾有机更新行动路径

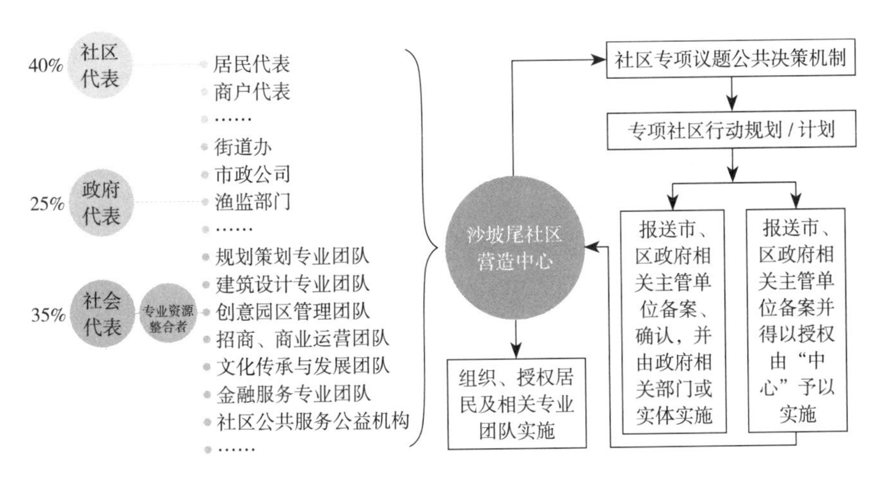

图 6-23 沙坡尾社区营造中心构成

心”（图 6-23），其构成包括：社区居民代表（40%）、政府实施实体单位（25%）、专业服务机构与团队（35%），从而为社会各方合作、公共政策的制定执行和监督管理搭建实践平台，与行政主管街道协同配合，完成基础设施、公共设施、防灾环保等专项的社区整治规划与提案文件；报送市、区政府相关主管单位备案、确认，并由政府相关部门或实体实施，或者将其授权由“社区营造中心”予以实施，然后“社区营造中心”再组织、授权居民及相关专业团队实施。

此外，建立社区更新的空间管理系统，设计“以奖代补”“基金反哺”等更新规则，尊重社区生长的内在机制，开展制度设计，促进居民自发改造和社区的自然生长；制定社区空间更新导则；构建社区营造支撑体系，设立在线招商营销平台和虚拟社区营造网站。

3）产业融合培育

产业的良性发展在于产业培育和产业的运营。传统社区的产业更新面临两种极端，一种极端局面是基于典型的自下而上的小尺度、渐进式的更新方式。当传统社区被暂时性地保留下来，社区居民放弃“被拆迁”的愿景，以低廉的价格租给第一个吃螃蟹的人，接着小店接连而至，越开越多、越来越火甚至引来了品牌，随后成本上涨，进入了面粉比面包贵的死局，传统的生活场景逐渐被浓浓的商业气息所弥漫，所以仅靠自下而上是远远不够的。纵观上海新天地、田子坊、厦门鼓浪屿的发展历程，可以预判到租金的失控、业态的趋同、自我更新能力的不足、原住民的流失等一系列社会问题。另一种极端局面是怀抱着宏大梦想的政府部门、规划师、建筑师介入，自上而下地规划商业一条街，先不说商业街的布局、尺度是否为接下来的招商留够弹性，首先在聚集人气方面都面临诸多考验。非典型的城市实践充分说明，产业不是打造出来的而是养出来的，而如何维持产业良性的新陈代谢，至关重要。

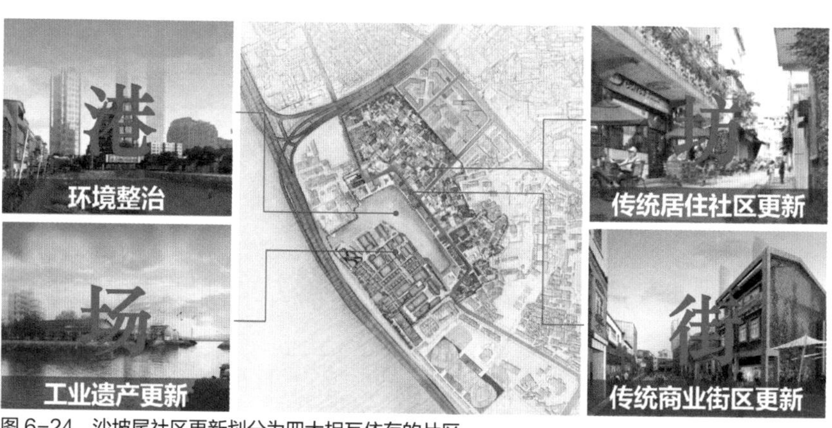

图 6-24 沙坡尾社区更新划分为四大相互依存的片区

因此，规划创新提出产业培育机制的“4-3-3”模式，即“置换”40%原有低端老旧业态，导入时尚产业、文创产业等；“更新”30% 传统产业，带动渔业、造船业等特色产业的三产化更新；“保留”30% 传统生活服务产业，维系原汁原味的传统社区氛围。

通过公共政策的规划，编制社区空间规划导则，有效细分社区物业，为物业的运营管理提供基础和出路。在社区自发更新管理模式的前提下，导入统筹商业运营的机制，在导则式的空间成长控制模式下，区分公产、私产等不同权属，以公产建筑为主体导入新业态，并以租赁、扶持、联合经营等方式引导私产商铺的业态提升。运营团队控制一定比例的物业成为沙坡尾“最大的股东”，保护起步型和小成本文创实体的业主，稳定租金，防止过度商业化，推进以“宅基”为基本单元的小尺度渐进式更新，维系沙坡尾社区的街道尺度以及特色骑楼空间。

4）社区空间营造

通过社区营造中心、产业培育机制和空间管理系统等“三大机制”的落实，以社区营造中心为决策组织平台，根据港、场、街、坊四大片区权属特征和主要困境，研究探索出针对城市传统社区中基础设施、工业遗存、传统商业街、老旧生活社区等四类不同要素的更新模式，进行不同目标的制度设计，设定不同控制力度的空间管理导则，探索不同定位和组织形式的业态培育机制，同时以空间规划设计和业态联动方式加以整合，实现四个片区因地制宜、互相借力，促进沙坡尾传统社区的有机更新（图 6-24）。

（1）港：避风坞环境整治

应对沙坡尾环境和交通两大难题，由市政预算和市场化力量联合启动港池治理综合工程。先期对港池进行截污清淤，对现状避风坞内的 45 个排污口，通过截污泵站对其统一控制，从根本上改善片区环境品质；开挖港池下穿道路，建设坞下停车场，解决老旧片区普遍的交通难题；

图 6-25　避风坞岸线更新改造

汇沙区设置沙滩，恢复玉沙坡印象，提供海滩生态群落体验（图 6–25）。

（2）场：工业遗产更新

尊重原有五大厂界，进行功能业态的整体策划，推动传统国有企业和小型私企自主的三产化更新。利用现存修船厂房、制冰车间、冷库冰桥、船坞、灯塔等，推动产业遗存有机更新，形成海洋文化主题创意休闲街区，进而成为沙坡尾传统社区更新的核心引擎，承接台湾文创产业外溢，提升厦门文创软实力。不改变原有的工业用地性质，以五大厂边界将整个“场”区分为六大主题园区，区域内部除留出作为消防通道的环线外，全部为机动车禁行，停车由坞下停车场解决。

（3）街：传统商业街区更新

面对产权复杂的难题，区分公产、私产等不同权属，规划团队通过评估现状建筑质量，提出传统商业街区更新导则，推进以宅基为基本单元的小尺度更新，将建筑更新按施工分为四类：新增建筑、仅墙面修复或更新的建筑、局部修复或增建的建筑、整体翻修的建筑，按照三大步骤进行实施：清理墙面、在建筑底层引入商业、更新并装饰上层的居住建筑，从而维系沿坞界面的尺度和沿街老厦门特色骑楼空间（图 6–26）。该片区通过组建商业运营团队，以公产建筑为主体导入新业态，并以租赁、扶持、联合经营等方式引导私产商铺的业态提升，同时制定规则、稳定租金，防止过度商业化，延续老厦门传统商业街道的原味氛围。

（4）坊：传统居住社区更新

制定社区更新导则，通过“以奖代补”“局部置换”“指标回购”等政策引导居民自主进行社区更新，在保留原有街巷空间的基础上，维系传统肌理，打通背街死巷，构建消防路径、完善基础设施、构建公共开放空间；通过对在册危房的翻修改建，插建社区服务设施和静态交通设施；修缮老墙和路面，整理外露管线和设施；通过自主、联合、整体经营相结合的方式，引导社区服务业态的逐步更新。

图 6-26　骑楼老街更新改造

沙坡尾社区更新规划的思路转变，使其更新轨迹在市场配置的指引下，坚持“土地产权基本不动、空间肌理基本不改、本地居民基本不迁、人文生态基本不变”的四项原则，以“渐进式营造”为更新目标，“以宅基为基本单元的小尺度更新”为手段，推动了城市存量有机更新，从而铭刻城市记忆，延续空间肌理，尊重社区意愿，守护厦门情感。

2. 北京市白塔寺街区渐进式微更新城市设计

白塔寺街区位于北京市西城区“最美大街”朝阜线西端头的阜成门历史文化街区，总占地面积约 37hm^2，建筑面积约 23.4 万 m^2，与国家金融中心——“北京金融街”仅一街之隔，北面西直门商务区，西望阜成门商圈、三里河政务区，东临西单、西四商圈。其历史可追溯至元代，历经明清延续至今，是横贯首都朝阜干线的西起点。不仅有建成 700 余年的元大都“镇城白塔”，更有大片原貌保存完整的传统居住街区和近现代形成的鲁迅博物馆、人民公社大楼，是北京老城内最具标志性和代表性的城市街区之一。

但是，随着城市的快速发展，白塔寺街区面临许多亟待解决的问题：一是现有蓝图式法定规划在空间层次、社会经济以及实施层面缺乏深入研究；二是房屋产权情况复杂多元，房屋所有权与使用权普遍分离，院落腾退及人口疏解难度大；三是自由建设带来的建筑质量低下，危旧破损现象严重，大杂院现象普遍，街区历史风貌完整性受到威胁；四是大量胡同宽度不足 3m，断头路多，大量机动车停放占用胡同空间，交通组织与市政管线升级困难。因此相关单位为了协调历史街区保护、民生改善与区域发展的三者关系，最终确定了“白塔寺再生计划”项目的提出与发展。以北京华融金盈投资发展有限公司为项目实施主体，按照北京首都功能定位，通过政府主导、企业示范、社会力量参与、本地居民共建的新

图6-27 白塔寺街区周边环境

模式，在保持独具一格的胡同肌理和老北京传统的四合院居住片区原有居住功能不变的情况下，从人口疏解、街区改造提升、引入文化触媒与社区营造四个板块实现街区的胡同文化复兴与居住精神回归（图6-27）。

1）人口疏解——整院腾退、持续发展

白塔寺街区人口疏解采取政府主导、居民自愿、公平公正的方式，以房屋安置、货币安置及平移置换安置三种不同的方式进行，坚持以人为本，引导人口外迁，降低区域内人口密度，改善居民的住房及生活条件。且不同于大栅栏杨梅竹斜街的一户一户登记腾退、院落改造难度相对较大的方式，白塔寺街区采取整院腾退的方式，院内所有居民腾退外迁，可以有效实现院落整体的规划更新和有效利用。

此外，区别于鲜鱼口、南锣鼓巷等居民外迁率较高的商业区，白塔寺街区保留原有居住功能不变，目标仅腾退街区内15%的院落，意在留住大部分的原住居民。从2013年至2017年6月已经腾退101个整院，腾退已经接近10%，共涉及300多户籍户，近1 000人。15%腾退院落的作用相当于一个街区自发更新的引导机制，既可以最大限度地保留有价值的老北京传统的胡同文化，又可以为已经形成的固有单调模式街区带来新的活力。

2）街区改造提升——微更新、微循环

白塔寺街区的更新与保护是以院落为单位进行的，微观尺度下的城市更新策略。微更新体现在北京老城人居环境碎片化和高密度的现状挑战下，以充分尊重现有产权边界和相关规划管控条件为基本前提，通过居住空间、功能业态以及市政交通等操作模块的叠加组合，以微更新打通微循环，带动多类型居民和多产别院落房屋参与更新的人居环境改善提升。

图 6-28 白塔寺街区卫浴模块

图 6-29 白塔寺街区装配式住宅

（1）微循环交通

基于现有街巷体系的微循环交通，主要通过单行道梳理与路口管控以及多源停车空间协同分配等方式解决街区交通问题。结合受壁街、阜内大街项目的贯通实施，创造性提出利用道路地下空间建设机械化停车廊道，大大提升街区基础设施承载力，一次性解决约 500 个基本车位需求。同时结合道路单停单行、分时段共享车位、准物业化管理等手段打通街区交通微循环，基本可解决胡同内的停车问题，为静化胡同，改善街区环境创造可能。

（2）微市政管网

基于现有公厕布局的微市政管网适用于街区所有院落和房屋，是利用老城现有的公共厕所或其他适当空间，进行污水处理等微设施、微管网在胡同和院落的植入与运维模式，并为周边居民预留接口，方便其在未来根据自身情况申报接入，改善旧城整体人居品质。

（3）微公共设施

基于便携组合装置的微公共设施是以居住单元改造为切入点，结合改造机遇用地梳理可利用空间资源，在高度尊重历史形成的胡同肌理和建筑现状并且不破坏街区整体风貌的情况下，以微更新、微循环实现街区基础设施重大提升，平衡街区保护与民生改善二者的关系。利用在院落内植入标准化户内卫浴模块、餐厨模块、收纳模块或者利用坡屋顶下设置夹层，增加可利用空间等方式，既可灵活适应不同使用者需求和空间，又可保持较低的基本改造造价控制（图 6-28、图 6-29）。

（4）微功能业态

基于腾退疏解院落的微功能业态是在开发企业和产权人达成整院腾退（或整院长租）协议的情况下，可以不受开间及原有微小产权单位的局限，根据功能业态的不同需求，进行院落房屋的整体修缮或改造，有利于激发旧城更丰富的居住、商旅、办公、文创等功能业态，增加老城的就业与产业发展。

3）引入文化触媒——新商客、新雅客、新居客

白塔寺街区定位是以居住功能为主，疏解腾退的院落，除了用于社区文化服务，街区还提出“新商客计划”“新雅客计划”以及“新居客计划”。通过“新商客计划”引进聚集人气的高品质品牌店，吸引新的文创产业进驻；通过“新雅客计划”引入国际文化、艺术交流机构、文创工作者和青年创客，不定期举办文化沙龙和创意交流活动，为社区注入新鲜活力和产业基因；通过“新居客计划”吸引新兴人群入住，从而优化居住人口的结构，提升区域消费能力。同时文化创意产业还具备文化内涵丰富、安静环保以及可持续发展等特点，不会有大量外来人口涌入破坏居住区原有的平衡，可以最大化地淡化商业对本地居民的冲突，同时也能

更好地融入原有的当地文化，为社区注入新的活力。

4）社区营造——自上而下的层级治理、自下而上的自组织

白塔寺街区社区营造工作通过政府及企业搭建平台，吸纳关注老城平房区改造的社会力量融入，带动街区内居民参与集体活动及项目，使居民能够以主人翁的身份主动参与到旧城保护更新，最终实现自上而下的层级治理和自下而上的自组织治理的平衡。

自上而下的层级治理是由北京市城市规划设计研究院、新街口街道、北京华融金盈公司签订三方长期的战略合作协议，搭建跨领域、多专业、全过程的协作平台。一方面采用精细化管理，推动街区的准物业化管理与公众参与下院落公约的达成；另一方面与社会组织机构合作，通过联合街区文化机构、开展国际合作等方式，以示范形式开展社区营造活动，引导居民参与。

自下而上的自组织是以居民意愿为主导，在政府、街道、项目实施主体及多元社会组织共同的辅助下，居民自发、自觉、自主地参与到社区管理与社区营造工作中。建立“白塔会客厅”，以老街坊再会、老味道再品、老照片再拍、老电影再赏、老手艺再现等服务形式，对内汇聚社区居民和对外辐射社区文化，使社区居民产生社区认同感和归属感，凝聚区域文化力，让白塔寺的社区人文记忆得以重生（图 6-30、图 6-31）。

图 6-30 北京国际设计周活动

图 6-31 白塔寺会客厅活动

综上，白塔寺街区渐进式、微更新城市设计改变了传统的大拆大建、人口大规模腾退以及商业化引导等自上而下的保护更新模式，通过院落单元、市政单元的小规模、渐进式微更新，文化触媒的引入以及自上而下管理与自下而上自组织相结合的城市设计更新保护策略，既改善区域居住条件，留住街区原住居民与街区传统文化，又提升街区业态，实现街区功能更新和整体复兴，最终实现街区的文化魅力复兴和居住品质提升。

3. 天津市小白楼五号地片区有机更新城市设计

小白楼五号地片区位于天津市和平区小白楼地区，占地面积约 4hm^2，建筑面积约 5 万 m^2，百年前曾是犹太人聚集的国际社区。五号地毗邻泰安道、五大道、解放南路三个历史文化风貌保护区，其里弄式空间肌理，在天津传统街区中独树一帜，整个用地内含七里、大小 30 余巷。如今的五号地是“五大道”“五大院”和小白楼 CBD 的接驳点，周边汇集了海信广场、国贸中心等天津一线的高端百货及成熟的高层商务办公建筑（图 6-32）。

但是，由于五号地现状的产权情况较为复杂，涉及宗教产权、企业产权、国有自管产权、公管产权等近 10 个类别，其中以直管公房（住宅）为主。虽然地块内的大部分住户并不拥有房屋产权，但由于一系列的历史因素，住户都将其“租赁使用权”当作是合法产权，并在城市更新时要

图 6-32　小白楼五号地的区位与周边环境

图 6-33　五号地现状产权分布

求较高的征收补偿。更为特殊的是，地块内还有大量面积的宗教产权住宅建筑，这就意味着房屋征收时所面临的征收补偿对象不仅有住户，还有房屋的真正产权人——教会，征收补偿费用翻番。因此，多年来，由于产权结构复杂多元、房屋征收成本高企，传统的高投入征收拆迁方式的更新改造在小白楼五号地举步维艰，亟须探索低成本的、自上而下与自下而上相结合的盘活存量资产的更新方法（图 6-33）。

1）降低交易成本、提升房屋价值

小白楼五号地更新规划的关键在于既能避免房屋的高额征收补偿，又能有效地盘活地块内的房屋价值，提高地块内房屋的使用效率。房屋价值与使用效率的评判标准是看更新后的房屋市场价格（租金）是否比之前有较大幅度的提升，是否能和其所在区位的影子地价相匹配。市场价格反映的是民众及市场在自由选择的条件下，对于该地块的喜好程度。房屋更新后的价值提升主要可以带来两个方面的有利影响：首先是提升地块内的业态品质与环境风貌，实现地块内的“产业结构升级”；其次是有利于房屋的租户，只要相关收益分配制度设计到位，房屋价值的提升会切实增加住户的收入。

2）厘清产权结构，深化制度设计

摒弃传统的以“房屋征收”为核心的城市更新模式，以“制度设计”为主要手段对地块进行更新修补。地块内房屋的低效利用与房屋现状价值与真实价值悬殊的主要原因在于房屋的产权结构不清晰，导致房屋的使用无法从低效率使用者手中向高效率使用者手中流转。通过“制度设计”的方法，重新厘定地块内房屋的产权结构，提出“三权分置”，即将“使用权”与“所有权”“承租权”进行分离，从而在基于不征收“所有权”“承租权”的前提下，将房屋的“使用权”从低效使用状态向高效使

图6-34　五号地总平面图

图6-35　五号地整体鸟瞰图

用状态转变。保持“所有权”“承租权”不变，可以从根本上避免项目更新中征收成本高企的核心问题；同时，“使用权”的转移降低了高效使用者与高效业态进入地块的门槛。

3）制度微置换，空间微改造，业态微养育，资金微循环

采用“三权分置”的方法进行制度微置换。鼓励地块内居民让渡住房的使用权，从而换取政府的一定补贴，转移至别处居住条件更好的居住区居住。政府获得地块内住房使用权后进行相应的基础设施改建，并委托市场运营商进行运营，从而实现地块内房屋的真实价值回归。提出26字方针：“居民承租权不变，房屋使用权置换，尊重居民意愿，使用权换补贴。”

以“多元混合，渐进更新，导则管理，社区融合”为基本原则进行空间微改造（图6-34、图6-35）。以“亮入口，营活力；拆违建，通消防；藏设施，增亮点；理路面，缮老墙”作为城市设计空间改造的具体实施路径。同时，明确了城市设计控制的两个重点，即“街道环境品质提升，空间规划分级管理”以及“营造情景消费社区，创新机制导则管理”（图6-36～图6-38）。

变“投资导向”为“服务导向”开展业态微养育。研究周边业态类型、规模、经营状况，确定项目周边潜在服务对象，培育引导适应需求的业态渐进生长，实现房屋资产的增值。地块内的业态引入以“市场配置”作为基本原则，通过将房屋委托给市场上专业的运营机构进行经营。与此同时，加强政府的调控与监督机制，牢固地控制业态的发展与导向，使其在符合公共利益要求的前提下，实现业态的可持续经营，并使参与主体获得合理的投资回报。

以“由易到难，滚动开发”的方式保障资金微循环。依据产权、业

图 6-36 五号地局部鸟瞰图

图 6-37 五号地街景效果图

图 6-38 五号地公共空间微改造

态、风貌、空间等现状条件，将地块划分为若干政策区。以政策区为单元，做到大政策统一，小政策有别。通过“限制规模，饥饿营销”的方式，控制推向市场运营的房屋供给规模，保证资金的回报率与回笼速度，降低财务与投资的不确定性与风险。在渐进更新的过程中，逐步积累经验，避免一次性、高杠杆的资本投入，减轻投资与财务压力。

综上，小白楼五号地片区有机更新城市设计改变了传统的“房屋征收—开发更新”的模式，以制度设计为核心方法，重新厘定了地块内房屋的产权结构，通过制度微置换、空间微改造、业态微养育、资金微循环等城市设计更新策略的持续推进，既避免了房屋的高额征收补偿，又有效地盘活了地块内的房屋价值，使房屋的使用权从低效使用者向高效使用者流转，提高了房屋的使用效率，从而持续推动小白楼五号地片区实现有机更新。

6.2　国外历史地区城市设计的典型实践探索

6.2.1　保护类历史地区城市设计

1. 美国萨凡纳市历史建筑景观保护

萨凡纳市建于 1733 年，位于萨凡纳河入海口，是美国最早规划建设的城市之一。它严格按照方格网布局，每个方格网中央规划一花园。东西两侧为公共建筑，如图书馆、学校、教堂等；南北为住宅，是美国著名的“花园城市”，许多 19 世纪的建筑一直保留至今（图 6–39）。

20 世纪 50 年代，萨凡纳市面临其他历史城市同样的问题——大规模郊区化、人口流动性增加、停车空间不足、工业转移等。解决这些问题须依赖于历史保护项目的实施，但与城市再开发产生矛盾。萨凡纳市通过建立地方性非政府组织筹措资金，联手旅游业带动经济发展，由点至面地实施整体历史保护，最后通过联合研究机构探讨未来等措施，全方位有效地保护城市的历史，促进城市发展。

1）建立地方性非政府组织

非政府组织是当今国际上的一种通行说法，指合法的、非政府的、非营利的、非党派性质的、实行自主管理的、志愿性的社会中介组织，致力于解决各种社会性问题。缺乏保护资金是各国历史遗产保护面临的主要问题之一，而保护资金来源及其运作方式是有效开展历史保护的基础和前提。美国历史遗产保护实践中政府投入的保护资金十分有限，保护资金主要来自民间，包括非营利保护组织、企业和私人业主等。许多历史街区正是通过保护基金的有效运作来推动保护活动的开展，萨凡纳市历史街区保护就具有代表性。

图 6-39　萨凡纳历史街区

图 6-40　萨凡纳历史建筑（一）

图 6-41　萨凡纳历史建筑（二）

1954 年由一批志愿者创立萨凡纳历史基金会（Histonic Savannah Foundation HSF），致力于阻止大规模拆除历史建筑，并利用捐赠资金对其加以保护和修复。HSF 成功地运作了循环基金系统，即利用捐赠和银行贷款购买历史建筑并出售给愿意对其修缮的购买者。财政和经济上的成功增强了 HSF 保护历史建筑的信心，它逐渐扩大规模并利用其他项目资金来实施保护计划，至 1968 年已实施保护了 130 栋历史建筑（图 6-40、图 6-41）。除转换房产外，基金会还致力于改进公共设施、停车和绿化。1966 年市政府通过法律确立了萨凡纳历史街区，并成功进行了国家登录，1 100 栋历史建筑被确定为保护建筑。1970 年以后，萨凡纳历史保护得到了公众和政府的广泛认同，许多保护机构建立起来，地方和联邦政府从此发挥着越来越大的作用。

从萨凡纳保护的成功经验可以看出，通过保护资金的筹措和有效运作，使人们逐渐认识到历史街区的价值以及保护的经济可行性，增强了保护的信心，从而有效推动了历史街区的保护。而且，当民间保护基金与政府政策法规相结合后。可以有力保障城市开发与历史保护的协调发展。

2）联手旅游经济持久发展

萨凡纳也被称作“建立在死者身上的城市”。萨凡纳因独立战争、南北战争、两场瘟疫、多次热带风暴和火灾的袭击导致的城市居民的巨大伤亡。但是，令人意想不到的是，被这样一个称谓和不计其数的恐怖传奇裹挟着的城市，反而从这些惊悚的故事和离奇的传说中找到了立足点。如今的萨凡纳有着专为胆大的游人量身定做的“鬼城之旅”，坐在周身漆黑，形似棺材般的黑色的改装大号敞篷车里，仅仅露出脑袋，专门在夜间逐一探访那些曾经盛传鬼故事的地方。

萨凡纳全年还有着大小不等的各式庆典。夏冬两季假期的旅游旺季，每月甚至有多达五六天的纪念日或者是体育比赛日。这些终年不断的欢庆活动和原有历史保护街区的深沉形成了鲜明的对比。这样截然不同的定位和组成设计使这些遍布全城的历史保护街区最大限度地发挥了其对于这个城市的经济价值。

3）由点至面的全面保护

城市景观建筑的历史性应该是面面俱到的，囊括了多方面的城市文明、情感归属。萨凡纳的历史景观建筑保护是以面的形式展开的。保护区内，22 个街心广场、殖民公墓公园、战争遗址公园、沿河街和数十座不同年代的老教堂穿插构成了最核心的历史景观建筑保护带（图 6–42 ~ 图 6–45）。但是，今天萨凡纳的老城面貌绝不仅仅是靠这些类似我们称作名胜古迹的地方塑造起来的，城区中每条街边的连绵的住宅、餐馆、酒店、学校、教堂甚至医院，共同组成一个完备的历史老城，真正让人们感受到最真实的日常生活状态。

图 6–42　萨凡纳的特色植被

4）政府与研究机构协同保护

萨凡纳目前保护和经营良好的历史景观建筑区在未来的城市发展中将何去何从？随着政府对于像萨凡纳此类历史积淀深厚的地区提出的保护和发展规划构架的逐步完善，佐治亚州政府协同邻近的北卡罗来纳州等的多所大学和科研机构，制定了对该区域的调研、保护、管理运营等一系列长期的研究计划。由大学内专门从事历史景观保护研究的专家组成的团队，在佐治亚州境内开展详细的历史景观建筑现状考察。

图 6–43　萨凡纳教堂（一）

研究人员所关注的不仅限于一些重要的场地和建筑，更多的是如实反映当时人们生产生活情形的民居和场地也得到了慎重的对待。其中就包括了一些黑奴家庭留下的房屋残骸，庄园主们荒废了的残败的庭院，种植园经济繁荣时期的马车道片段，佐治亚州的出海口地区的原住民住宅遗址，对当地原住民家族的私人资料的探访记录，官方文献的调查整理等（图 6–46）。

这些数据和资料在经过整理后形成详实的分析报告向政府和民众提交，由此参与制定对相关历史景观建筑区域的保护、修复和开发管理等方面的相关提案。这种调研和规划乃至最终的区域重整建设需要相当长的时间，考察计划进行了数年，所取得的调研数据也仅覆盖了佐治亚州的 10 多个县。但这些详尽的数据资料将会对被调研区域的未来历史景观保护和区域经济的发展起到至关重要的指导作用。

图 6–44　萨凡纳教堂（二）

萨凡纳作为美国南方一个重要的历史名城，虽然只有短短 200 多年的历史，但其醇厚绵长的历史景观建筑

图 6-45 萨凡纳教堂滨水岸线

图 6-46 萨凡纳历史建筑

风貌却给人们留下了极为深刻的感受。萨凡纳长久以来对于城市历史建筑的保护和重视已经深深地融入了整个城市的经济发展，这种交融的发展保护方式以及其所取得的良好人文和社会效益是值得我国同类城市借鉴学习的。

2. 英国诺丁汉市中心规划

诺丁汉市位于英格兰中东部地区（East Midland），其城市中心起始于两座山坡间的峡谷之中。随着两座山间的这片土地的不断发展，并用围墙包围，形成了最初的诺丁汉城。早期，由于城墙的阻隔，城外土地开发受到了极大的影响，因此阻碍了诺丁汉的城市扩张。直到 19 世纪中期，政府通过圈地的方式（Act of Enclosure）才打破了原有围墙的界限，促使诺丁汉城市中心进一步的扩张并超越了围墙的界限。不同于其他大部分欧洲城市以中世纪老城为核心向外均匀辐射式发展的发展模式；扩张较晚的诺丁汉市表现出了一种分层化现象，并导致现在诺丁汉的城市风貌呈现出混合叠加的特征。这里有中世纪（Medieval）的街道形式、乔治时期（Georgian）的住房以及蕾丝市场（Lace Market）中维多利亚时期（Victorian）的仓储式建筑。这种混合建筑的兼收并蓄造就了后来被称为“诺丁汉式”（Nottinghamness）的独特城市风格。

如今的诺丁汉市是一个商业繁荣的现代化城市，市中心依然保留了大量的中世纪城市结构。在诺丁汉的城市中心规划导则（Nottingham City Centre Urban Design Guide）中提到“诺丁汉市中心规划目标将以尊重历史的方式来迎接和拥抱一个现代城市（To celebrate and embrace this modern city in a way that respects the past to celebrate and embrace this modern city in a way that respects the past）”，可以明显看出，诺丁汉的城市规划兼备了对历史保护与复兴以及跟随时代发展的创新与重塑。

图 6–47　诺丁汉宽度不均的街巷空间

1）历史区域的保护与复兴

（1）中世纪历史街道的保护与复兴

教堂、议会大厦和城堡这类地标性建筑可能是人们对大多数欧洲城市的印象，但诺丁汉的城市特征来自它的街道和公共广场空间。当今的诺丁汉市中心格局主要形成于中世纪，由于当时没有明确的建筑红线控制，市中心很多街道的宽度并不均匀，所形成的空间可以给人带来一种愉快而有生机的韵律（图 6–47）。然而，随着时间的推移，城市人口不断增多，这些街道变得越来越拥挤和混乱，后来被汽车所占有。因此，由于城市公共领域的衰退，街道内可供人们活动的空间逐渐减少，在街巷的角落和行人稀少的夜晚，城市的犯罪率显著增加。

2006 年，诺丁汉政府以保护历史建筑和归还市民公共空间为主导思想，出台城市街道规划手册（Streetscape Design Manual），将市中心的交通网络功能进行重新编组：部分道路改成以行人为主的步行街，只有在必要时可作为消防或急救通道使用；并且在道路两侧设立重要商店及市政服务机构，促进露天咖啡及酒吧等社交活动对街道上空置区域的使用，以增加行人在街道内的停留时间和丰富其活动内容；机动车行驶线路则躲避中心区绕行。在中心区的商业地带形成了一套完整的步行街网络，并结合中世纪颇有趣味的街道特色，打造了“诺丁汉式”中心区商街系统（图 6–48）。

（2）历史区域的保护与复兴——蕾丝市场（Lace Market）

诺丁汉市的发展离不开蕾丝工业的兴起。18 世纪的工业革命将蕾丝工业带进了诺丁汉市，从而带动了当地经济的飞速发展。当时主要的蕾丝生产、仓储及制品交易区就坐落在曾经撒克逊人的聚集地，形成了一片蕾丝工业区，人们便把这一区域统称为蕾丝市场。蕾丝工业的到来让 1740 年仅有 1 万人口的诺丁汉市在一个世纪间发展到了 6 万人，为诺丁汉市

图 6-48　诺丁汉无车辆步行街

图 6-49　院落空间——蕾丝市场广场

发展成现在英国中东部地区最大城市奠定了基石。然而，与英国纺织业一样，蕾丝市场在第一次世界大战后的几十年内陷入衰退。逐渐地，这一区域进入了一个“假死”的状态，废弃空置的建筑数量也在逐步增加，曾经繁荣的蕾丝贸易也随之逝去。

20 世纪 70 年代初，政府开始发掘蕾丝市场的复兴潜力。这里地处城市核心地带，并且具有保存良好的维多利亚时期仓储建筑，无论地理位置还是物质基础都给这片区域的再利用与可持续发展提供了巨大可能性。这一区域的建筑布局十分紧凑，围合式布局的建筑塑造出多样的小广场及院落空间，甚至在密集而高大的仓库间形成了峡谷般的街区风貌（图 6–49）。与一般的建筑遗产保护不同，蕾丝市场的复兴规划不仅要专注于对历史文化的保护与传承，同时，它的复兴应该像曾经蕾丝工业的到来一样，为诺丁汉城市做出适应当今时代的贡献。

蕾丝市场的复兴从历史上可以大致分为两个阶段：一是从 20 世纪 70 年代开始的保护及修复阶段；二是从 1990 年市议会组建了公私合营的蕾丝市场开发公司（Lace Market Development Company）开始，将区域的发展重心从单纯的保护，转向了市场化经济开发。

虽然 20 世纪 50、60 年代的大规模改造和道路拓宽，使得部分有特色的街巷空间被破坏，但是大部分的维多利亚时期城市景观还是幸存了下来。为了免于进一步的破坏，在 1974 年蕾丝市场被提升为具有重大意义的国家文化保护区，并由市议会和环境部门共同商议区域建筑修复方案，并出台以“功能性”保护（Functional Conservation）为核心的更新策略。“功能性”保护改善了建筑设施及环境，并可以改善一个地区的形象，但是除了暂时的稳定之外，对地区的经济发展影响不大。面对市场经济竞争的巨大压力，市议会也意识到，如果一个地区的经济相对脆弱，纯粹以“生态博物馆”方式对历史街区进行物理上的保护，并不能够让一个地区独立并长久生存。因此，全新的复兴理念迸发出来，即强调保护历史文化与商业发展并进，以功能置换方式打造多样化社区。

首先对两座标志性建筑进行改造，老郡厅（Shire Hall）变成了现在的国家司法博物馆（National Justice Museum）；亚当斯大楼（T C Hine's ornate Adams Building）成为诺丁汉学院（Nottingham College）的一部分（图 6–50、图 6–51）。此外，还引入了特色酒店、零售、餐饮酒吧以及大量的住宅开发，由此来打造一个多功能综合性社区，并且能够维持白天及夜晚全天候的地区活力（图 6–52）。2006 年，诺丁汉现代艺术馆（Nottingham Contemporary）的建立使得这一区域的历史记忆升华到新的高度。一个完全现代风格的建筑表皮被赋予蕾丝饰板装饰，代表着这片区域对尊重其历史的辉煌绝不仅限于一个地名的延续（图 6–53）。

即使集成了 2 000 个住宅单位和完善的文化教育及办公娱乐等配套设施，蕾丝市场这一“城中村”（Urban Village）也并非孤立。蕾丝市场区域与布罗德马什商业中心（Broadmarsh）仅仅一路之隔；NET 轻轨电车运输系统站点的设立将蕾丝市场与诺丁汉市各个重要节点联系起来；在去往城市中心旧市场广场（Old Market Square）的沿途，汇集着各类零售旗舰店、餐饮和办公空间（图 6–54）。曾经单一文化的工业区已经成为功能齐全的

图 6–50　国家司法博物馆

图 6–51　诺丁汉学院

图 6–52　区域内酒店及各类商业

图 6-53　诺丁汉现代艺术馆的“蕾丝”饰面

图 6-54　去往旧市场广场沿途繁华的街区

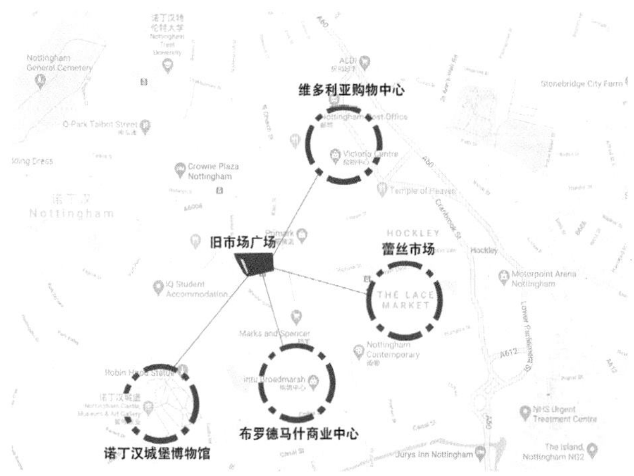

图 6-55　旧市场广场位于四个重要锚点之间

综合用地，并为 4 500 人提供了就业机会。此转型方案，再加上住宅地产市场的繁荣，让蕾丝市场步入了新的复兴轨道。

2）重塑城市核心区域——旧市场广场（Old Market Square）

在市中心完整编织的步行街系统下，蕴藏着英国最古老的公共广场之一的旧市场广场（Old Market Square）。诺丁汉旧市场广场位于城市商业中心四个锚点的中心部位，并促成了广场源源不断的人流：南北分别是诺丁汉大型购物中心布罗德马什商业中心和维多利亚购物中心（Victoria Centre）；东西则是蕾丝市场区和诺丁汉城堡（图 6-55）。

2001 年，诺丁汉市被评为英国八大“核心城市”（Britain’s Eight ‘Core’ Cities）之一，诺丁汉民众认为当时的旧市场广场已经不能和“核心城市”地位相匹配，如果对广场重新开发，很可能会推动诺丁汉市向更高的目标发展。早先的旧市场广场由于场地高差原因，设立了台阶与花坛，因而限制了在场地内的活动，降低了行人的可达性，特别是对于行动不便的残疾人以及推婴儿车的父母而言；并且，如果想在场地内举办城市活动也是不切实际的（图 6-56）。对于当时人行活动和公共领域的研究显示：78% 想穿越该空间的行人因为台阶较多而放弃并绕行。因此，全新的设计目标将创造一个可持续的城市空间，在忙碌时仍然能感到平静，在平静的时候仍然富有动感。

旧市场广场占地面积 1.15 万 m^2，是继伦敦特拉法加广场（Trafalgar Square）的英国第二大城市广场，由 Gustafson Porter + Bowman 设计公司于 2005—2007 年重新改造（图 6-57）。旧市场广场改造是 2004 年的竞赛项目，其中的核心理念为：“为所有人提供畅通无阻的城市通道；整合街道设施，创造灵活空间；营造地方感，并强化诺丁汉城市独特品质与特色。”

如今的设计延续并融合了原始中世纪广场的地形，取消了台阶，通过排水系统和可以供残疾人使用的缓坡来处理场地的凹陷和高差，大大提高了旧

图 6-56　改造前布满台阶与花坛的旧市场广场

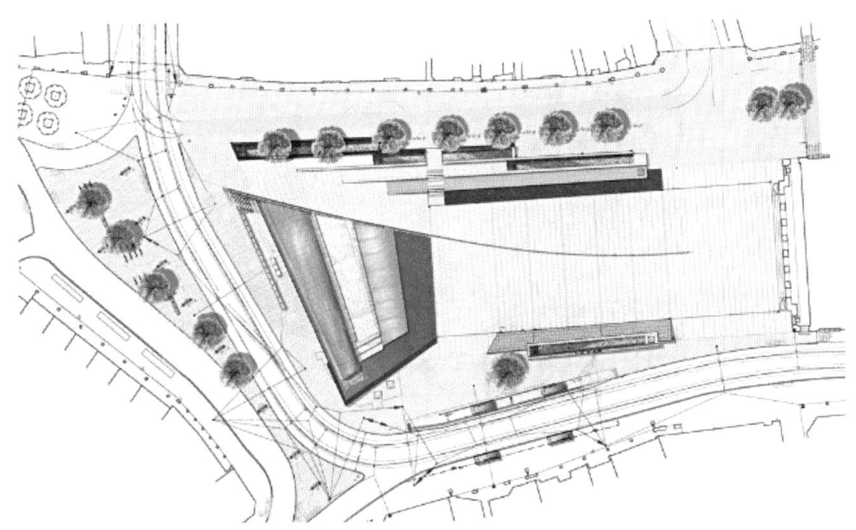

图 6-57　旧市场广场更新方案总平面图

图 6-58　缓坡代替了台阶

市场广场内部的可达性（图 6–58）。有学者通过使用空间句法（Space Syntax）证实了这一可达性改造的成功，新的广场设计通过促进市民的穿行，使广场与周边各条商街紧密相连（图 6–59）。场地内的主要材料为花岗石，不仅与东侧地标性建筑市政厅（Nottingham Council House）立面材质相得益彰，并且具有良好的耐久性。设计师考虑到单纯的硬面铺装可能会让广场与人们产生距离感，在广场的西侧和北侧布置了大量植物，4 000 个五颜六色的开花球茎和 800 株灌木随季节生长，为广场增添了活力气息（图 6–60）。在广场上最引人注目的景观当属位于西侧占地 4 400m^2 的水景。与普通喷泉或者水池不同，它拥有 1.8m 的瀑布、细沟及 53 个喷水口，分布在 4 个梯田式的露台之上（图 6–61）。薄薄的水面衬托于黑色大理石之上，形成一个有趣的反射景观，为广场的视觉空间又增添了一笔（图 6–62）。冬季，抽干水的景观就变成了一个纯粹的彩色阶梯与广场融为一体，为搭建圣诞集市提供了场地；待天气稍微转暖，喷泉重

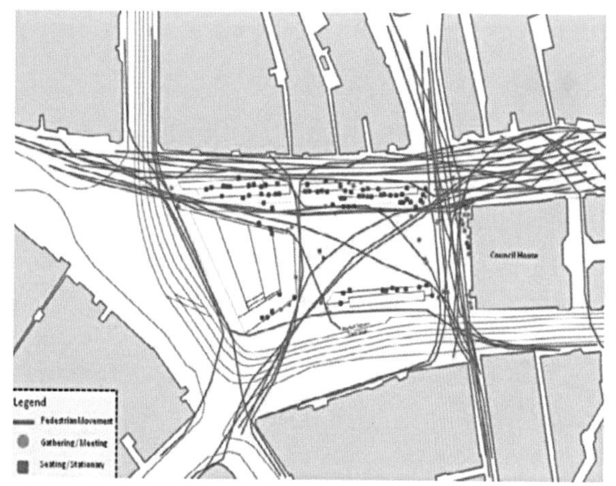

图 6–59 “空间句法”人流分析图

图 6–60 广场上种植绿化带

图 6–61 广场水景

图 6–62 水景的反射效果

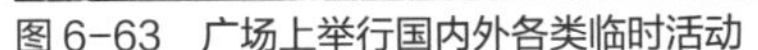

图 6-63　广场上举行国内外各类临时活动

图 6-64　夜晚的广场同样繁华

启，便可看到这里常常吸引了众多小孩在水池与喷泉间穿梭嬉戏；夜晚，水景被内嵌的光纤点亮，配合着广场南侧桅杆上的照明系统，使整个广场在夜幕下独具魅力，同时也避免了城市的黑暗区域从而保证了该区域的安全。

旧市场广场每年不同时期会举办各类季节性、民俗性的临时活动。自 2007 年以来，举办了诺丁汉市规模宏大的公共音乐会、烟花表演、特色食品展销会、花卉市场以及圣诞点灯仪式等众多活动（图 6-63、图 6-64）。作为更深层意义的公共领域，与固定活动不同，多样的临时活动能够满足城市居民的惊喜和好奇心，源源不断地激发区域活力。已经成为诺丁汉市最著名旅游景点之一的旧市场广场激励着人们在其中留下难忘的体验与回忆，这里已成为诺丁汉城市的宣传名片，并撰写着市民内心中的区域自豪感。

6.2.2　更新类历史地区城市设计

1. 英国利物浦皇家阿尔伯特港口规划

1）历史沿革及背景介绍

历史上的利物浦曾经是默西河（River Mersey）河口处的一座小渔村。公元 1207 年，英格兰国王约翰（John Lackland）下旨在这里建立一座港城，开始了该地区海上的对外交流。由于中世纪航海业的缓慢发展，直到 500 年后的工业革命时期才推动了利物浦港口的进一步发展。随着与美洲贸易往来的频繁促使利物浦港成为英国第二大港口。

阿尔伯特港由约克郡设计师杰斯·哈特利（Jesse Hartley）于 1839 年

图 6-65 1846 年阿尔伯特码头开港典礼

图 6-66 阿尔伯特港鸟瞰

图 6-67 铸铁及砖石结构的仓库内部

图 6-68 废弃后满是淤泥的阿尔伯特港

设计，是利物浦众多港口中第一个仓储式港口，并在 1846 年由阿尔伯特亲王主持开港典礼而得名（图 6-65）。整个区域由 12 万 m^2 的仓库建筑以“口”字形方式围合了7.5英亩（约3个足球场大小）的水域构成（图6-66）。仓库建筑放弃使用传统木料作为建材，而是运用石材、铸铁及水泥建造。由此，打造了世界上第一个阻燃仓库系统，也为其在一个多世纪后的再利用奠定了良好的基础（图 6-67）。阿尔伯特港口的仓库曾为城市稳定发展做出重要贡献，由于植物类商品的生产受季节性影响，阿尔伯特港口的仓库对这些商品进行缓慢释放，以减小供应和价格的季节性差异。

19 世纪 60 年代阿尔伯特港口业务呈现出衰退趋势。由于最初的港口设计主要服务于帆船，而随着大型螺旋桨式蒸汽船的普及，狭窄的港口入口和 11m 的高低潮水位差只能将当时高效率的蒸汽货运船拒之门外。港口逐渐几乎失去了商船光顾的机会，仓库内的货物也基本只来源于陆路运输。直到 1972 年，阿尔伯特港彻底荒废（图 6-68）。

20 世纪 80 年代初，英国政府积极推行城市复兴运动，对历史建筑实行登记制度（Listed Buildings）以限制肆意拆迁行为，从而保护了众多 19 世纪工业建筑遗产。默西塞德郡发展公司（Merseyside Development

Corporation）投入超过 7 700 万英镑全力将沉睡的阿尔伯特港打造成集文化休闲娱乐商业于一体的旅游景点。废弃的港口式仓储建筑被注入了零售、餐厅、酒吧、酒店、博物馆和画廊等新内容。如今，改造后的阿尔伯特港每年可接待超过 600 万游客。2018 年 6 月，阿尔伯特港荣获皇家称号，以表彰其在利物浦市的海事历史中的贡献，并被称为皇家阿尔伯特港（Royal Albert Dock）（图 6–69）。

2）可持续性文化娱乐社区

（1）文化主导项目改造方向

阿尔伯特港的改造计划曾经在英国社会引起了广泛地讨论。早先的利物浦城市更新并没有明确的方向，曾经的港口改造计划包括利物浦工学院以及停车场方案，都因为各界的反对而放弃实施。一番周折之后，政府发掘和分析了城市自身的历史及优势：利物浦有着除伦敦外最多的博物馆、港口兴衰的悠久历史和轰动世界的甲壳虫乐队等。阿尔伯特港曾为利物浦的城市发展做出了巨大贡献，该地区工业建筑的复兴将成为延续区域文化的载体从而表达对历史的尊重。

1980 年，作为主要展示利物浦港口历史遗产价值的默西塞德海事博物馆（Merseyside Maritime Museum）率先开放，其展示了利物浦港口的历史遗产价值；并与人们熟知的泰坦尼克号建立联系，向众人讲述了奴隶制的历史。1988 年，默西塞德郡发展公司与泰特艺术集团（Tate）合作，在阿尔伯特港内设立泰特利物浦艺术馆（Tate Liverpool），由此来提升该区域的艺术文化活力。利物浦也是昔日风靡全球的甲壳虫乐队（Beatles）的诞生地，甲壳虫乐队纪念馆（The Beatles Story）的建立进一步提升了阿尔伯特港的文化旅游形象与知名度。不仅如此，非物质文化的展示与体验同样在阿尔伯特港中进行，其中包括英伦服装节（British Style Collective）、民俗节（Folk festival）和快艇比赛（Clipper Race）等年度集会活动（图 6–70）。这里承担着城市公共空间的社交、民俗和休闲消费等重要社会责任。

图 6–69 改建后港内丰富的新功能

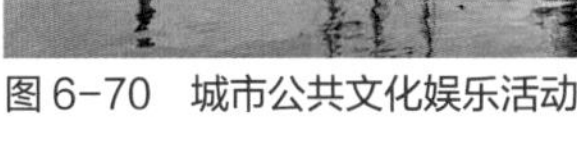

图 6–70 城市公共文化娱乐活动

（2）推进区域之间的联动性

在文化产业的带动下，阿尔伯特港充满了生机。伴随着民众对工业遗产复兴的意识增强，21 世纪初期，利物浦政府希望继续扩大复兴后阿尔伯特港的影响范围，将港口的工业文化遗产与不远处的城市商业中心相结合（图 6–71）。虽然，盐仓港（Salthouse Dock）与六车道宽的主干路（Strand St）把阿尔伯特港与城区分隔，但 5 层楼高围合式仓储建筑大大提高了阿尔伯特港在城市远景中的辨识度（图 6–72）。随着各类地方性特色零售商店、创意餐饮、音乐酒吧、主题酒店以及办公等文化商业设施的引入，仓储建筑空间不断被利用。整个阿尔伯特港从功能上使得工业文化旅游与现代城市生活消费相融合，有意识地把客群从商业中心向项目内引入，以维持一定的商业活力；同时，慕名而来的阿尔伯特港游客也可以轻松抵达利物浦市中心，进行商业娱乐消费活动。2008 年，为进一步活跃当地经济，全英最大的购物中心利物浦一号（Liverpool One）在市中心建成。至此，城中商业中心与阿尔伯特港的良好区域联动性不仅得到了提升，并最终为利物浦城市形象的塑造奠定了良好的基础。

（3）保留历史元素的功能置换

功能置换的改造方式使阿尔伯特港适应了时代特色而恢复了活力。170 多年港口历史的记忆附着在这片区域，港口充分保留了建筑原有的历史元素，并且将这些元素与新功能相融合，模糊了历史与现代的界限，从而强调区域可持续发展的有机更新体系。对于参观者而言，新功能与历史工业元素的结合强调了对工业遗产的尊重性、可识别性、追忆性，以及互动性。

由红色砖墙饰面所体现的建筑风貌保留相对完好，这是由利物浦北部沿岸黏土烧制而成的红色隅石和拱石，它们被看作是反映地域特色的重要标志。仓库的布局及柱廊体系被保留和修缮；并且充分利用一层围合柱廊作为引导，成为步行街式的参观流线。排列的柱廊可以增加游客视觉的纵深感，单侧的临街旺铺有利于让游客集中精力浏览，同

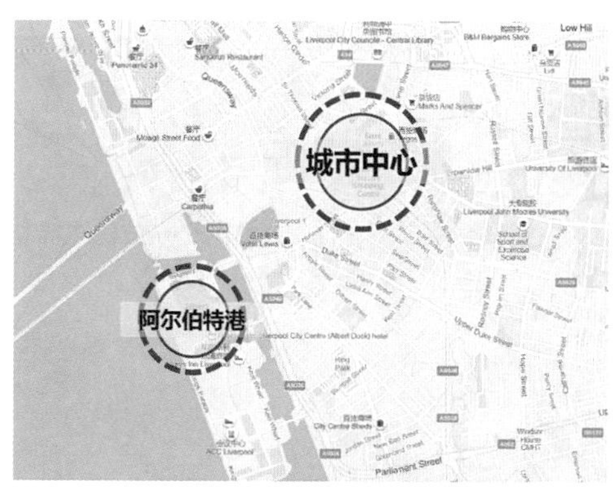

图 6–71　与商业中心一路之隔的阿尔伯特港

图 6–72　皇家阿尔伯特港与商业中心的辨识度和可达性

时，得益于闭合建筑布局，游客可以透过柱廊欣赏到作为室外广阔的海域及帆船，对岸建筑的整体风貌也可以尽收眼底，从而创造出多元化的视觉空间（图 6–73）。泰特利物浦艺术馆建筑外部被漆上了大胆的色彩。由于隐藏在柱廊的阴影之下，不但没有给建筑整体基调造成影响，并且能够使参观者在入口处感受到从历史文化到现代艺术的过渡（图 6–74）。艺术馆内部本着展示文化、方便游人的宗旨，仓库的空间进行了分隔重组，新加了媒体室、研讨室、会客室等功能空间和一些娱乐设施。位于主体建筑北侧的港口泵站被改造为特色泵站酒吧（The Pumphouse），保留其原始风貌，以棕色木材为主的室内装修，促使人们联想到曾经的码头工人休闲时的热闹生活（图 6–75）。

图 6–73　多视角的柱廊空间

图 6–74　泰特利物浦艺术馆的彩色入口装饰

图 6–75　泵站酒吧

总之，利物浦皇家阿尔伯特港口的以文化为引领的城市更新改造手段，为该城市打造了一个综合文旅服务区域，再与其周围的利物浦歌剧院、利物浦博物馆等公共建筑相结合，形成了该城市独具特色的临水风景，为21世纪的利物浦创造出一个别具一格的愿景与未来。

2. 法国巴黎塞纳河左岸规划

法国巴黎左岸位于第13区，塞纳河的上游，是巴黎东部的“天然入口”。左岸地区在过去曾是郊区，作为奥斯特里兹火车站发展的一部分，1840年铺设了占该地区主导地位的铁路线，并将居住在新区的农村移民带到首都。在20世纪工业化时代，这里成为码头、仓库和工厂集聚的地段。随着工业化时代的结束，左岸地区逐渐衰败，对大面积工业用地和铁路的改造势在必行。

1）规划理念

左岸规划正式开始于1989年的设计竞赛，方案于1990年确定。规划项目占地130hm^{2}并有26hm^{2}是位于地面铁路线之上，自西起奥斯特里兹火车站，一直到东部伊夫里市镇边界，包括2.7km沿岸的带形片区。1991年巴黎理事会批准了左岸地区的区域发展计划，建立左岸协议开发区，并指定SEMAPA负责开发。总体的规划是一个循序渐进的过程，主要突破目前铁路网线及基础设施对于城市发展的约束，加强城市与河岸的联系，同时要考虑城市本来元素的保留，建造一个混合功能的综合区（图6-76、图6-77）。

2）分区规划

1991年巴黎理事会批准了左岸地区的区域发展计划（PAZ），规划中

图6-76 1989年巴黎左岸

图6-77 2013年巴黎左岸

巴黎左岸被分为三个部分：奥斯特里兹（Austerlitz）、托比亚克地区（Tolbiac）以及马塞纳（Massena）。2000 年 Ateliers LION 开展的城市规划研究和 2010 年出台的城市新规定又划定了新的 Bruneseau Nord 区域（图 6–78）。

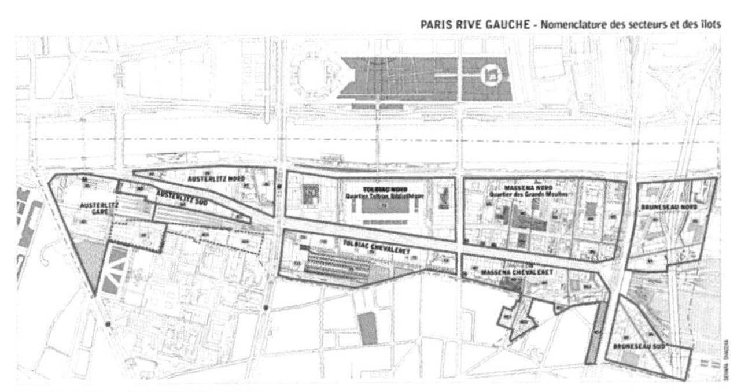

图 6–78　巴黎左岸分区

（1）奥斯特里兹区（Quartier Austerlitz）

奥斯特里兹区位于基地的最西部，东至 Boulevard Vincent Auriol 路。其是方块网格状的结构，以一座教堂为核心，混合多种使用功能包括住宅单位、办公空间和基础设施。火车站处于整个左岸地区的起始位置，广阔的铁路网是开发的最大制约因素，也是发展挑战的核心。规划团队将整片区域划分为奥斯特里兹车站、奥斯特里兹北、奥斯特里兹南三个不同的片区，营造特定的城市氛围（图 6–79、图 6–80）。

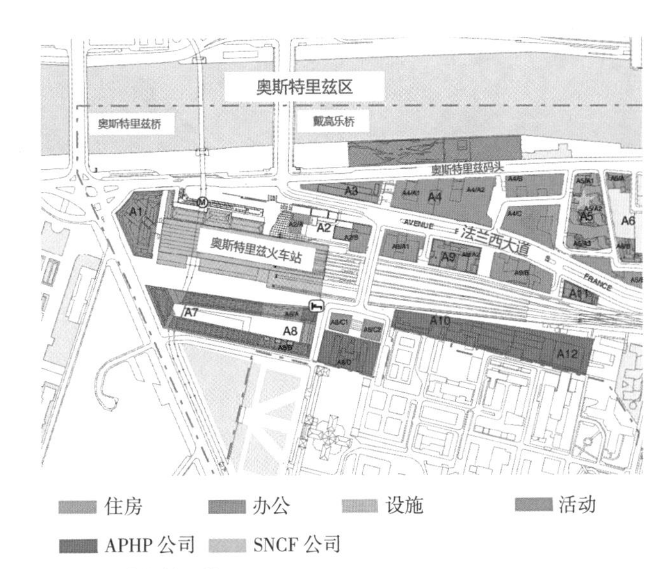

图 6–79　奥斯特里兹区

奥斯特里兹车站进行全面地更新改造，通过功能置换将历史建筑完整地保存，并通过地上地下的联动整合交通，与河岸建立了开放性的联系。奥斯特里兹北是从法兰西大道西段到河岸之间的区域，是功能混合的区域，包括办公、居住、商业等。建筑师还巧妙地通过坡道阶梯等方式，连接南北侧近 9m 的高差，在中部形成了富有活力的交通空间。奥斯特里兹南是法兰西大道至铁路网之间的区域，建立在原铁路线上方的新地坪上，以商务办公功能为主，并与老城区形成关联。

（2）托比亚克区（Quartier Tolbiac）

位于左岸规划中心的托比亚克区域在开发项目中占相当大的比例，位于文森特奥里尔大道（Boulevard Vincent Auriol）和新托尔比亚克街（Rue Neuve Tolbiac）之间。国家图书馆作为区域的中心，其特点是四栋高层建筑分别位于地块四角，内部有一个中央公园。它将托比亚克北部区域的居住区分为两部分，分别位于国家图书馆东西两侧，靠近河岸一侧集中布置居住，靠近法兰西大道一侧主要为商业办公，中心带有内部庭院。

在国家图书馆对面，法兰西大道南侧的区域，为解决第 13 区老城保留的铁路线和与弗赖

图 6–80　奥斯特里兹车站

图 6-81 玛塞纳区

图 6-82 玛塞纳区开放街区

西内（Freyssinet）大厅之间的衔接问题，建筑师皮埃尔·甘内（Pierre Gangnet）提出了纵向解决方案。纵向的第一个层面是沿着法兰西大道南侧，一系列办公建筑看似规整的街区让北部区域的人可以自由流通。在街区的背后，是与大道平行的26m宽的克劳德–莱维–斯特劳斯（Claude-Lévi-Strauss）花园长廊，是纵向的第二层面。而第三层立面围绕着弗赖西内大厅，通过穿插的街道、花园、广场以及建筑等，确保了第13区老城和法兰西大道之间的渗透性。

（3）玛塞纳区（Quartier Masséna）

玛塞纳区在托比亚克区东侧，在新托尔比亚克街（Rue Neuve Tolbiac）与让西蒙大街（Boulevard du Gneral Jean Simon）之间。在法兰西大道北部区域，集聚着许多大学建筑，巴黎第七大学和芝加哥大学都将占用该地区的一些建筑（图 6-81）。而这些建筑都是原先的大磨坊、面粉厂等工业遗址的改造。学术建筑集中在地区东部，而学生宿舍则集中在西部。大学建筑的碎片化布局与城市融合在一起，将该地区创造成充满年轻活力的多业态的综合社区，周边还包括居住、办公、商业等功能。这是建筑师克里斯蒂安·德·波特赞姆巴克（Christian de Portzamparc）“开放式街区”理论的实践，他将这一理论当作是城市的第三个时代。虽然街区本身是传统的围合布局，但他在其中添加了部分自由布局的建筑，有着开放的沿街立面，也有将私人绿地隔开的走廊，使公共空间与私密空间更好地交流（图 6-82）。

在法兰西大道南部，法兰西大道与舍瓦勒大道之间有着8m的高差，是建立在新地坪之上的狭窄不规则的片区。两个高度之间，通过植被、绿地、广场、台阶、步道等过渡空间来连接街道，解决交通并绿化城市。

图 6-83 “双重城市”示意图

（4）布鲁内索区（Quartier Bruneseau）

布鲁内索区位于让西蒙路西侧至塞纳河畔伊夫里市镇边界之间。在此之前，左岸地区与伊夫里联系一直被铁路线所阻隔。为了解决这一问题，总建筑师伊夫里昂（Yves Lion）提出了一系列解决的方案。首先由于里昂车站已经达到饱和状态，计划将部分交通转移至奥斯特里兹车站。之后在环形路两侧高密度的建造，为行人和购物者实现独特的联系。最后规划了一条步行街连接玛塞纳地区北部并穿过高架环线下方，建立区域联系。周边路网重新规划建立多功能的综合区。

3）规划特色

（1）“双重城市”的建造

左岸规划中交通是最重要的部分之一，这是基于在过去这里是工业地区，铁路线占据了大片土地，对交通的改良面临着巨大的考验。城市在对铁路交通有着迫切需求的同时，又渴望完整连续的生活空间，巴黎政府采用了“双重城市”的做法，将新的城市道路与空间建立在原来的铁路线之上，使之完全分离（图 6-83）。

规划方案中，在原来的铁路上建造一条如“脊柱”般紧凑的大道，即法兰西大道。从奥斯特里兹火车站开始到西蒙大道为止的法兰西大道是这一地区主要道路，其路面标高是新路网中的最高点。原有的铁路线被选择性的改造，奥斯特里兹火车站仍然保留，并建设全新的快速地铁 RER，这些都被覆盖在新地坪之下，为地上提供土地。而在地面上则建立新的多功能综合区，包括办公、居住、公共设施、新路网等（图 6-84）。

这个方案提出后出现了很多困难，现实的技术条件限制了规划的灵活性，如人工的地表的建造，新旧人行道和城市道路间的连接。由于左

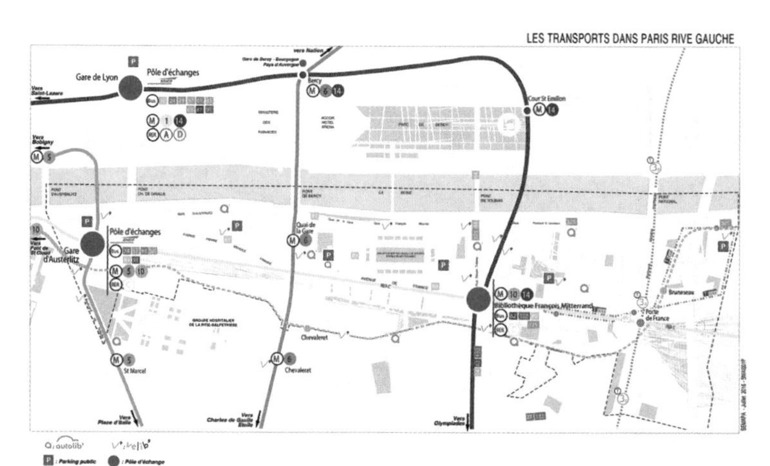

图 6-84 交通规划图

岸地区的地势较低，因而有条件抬高地面并与南侧地区相连，同时往河边的方向缓慢下降。电缆、地下水、树根都包裹在特殊的板材中置于地表下方，并建造停车场。这一计划改变了左岸的城市形态，代表原有特征的城市要素隐藏在新的地面之下，充分展现了在城市之上建造城市的历史进程。

（2）法兰西大道

法兰西大道是从皮埃尔·门德斯（Pierre-Mendes-France）大道开始，从巴黎查尔斯·戴高乐桥开始向前延伸，穿过奥斯特里兹车站，然后依次通过文森特·奥里奥（Vincent-Auriol）林荫大道和托尔比亚克（Tolbiac）大街，最后在西蒙大道终止。法兰西大道不仅是一条新的通道，更是一个土木工程的建筑结构。它形成了一个可以俯瞰塞纳河的“脊柱”，并打开了塞纳河岸与老城内部的联系，联通了奥斯特里兹区、托比亚克区和马塞纳区，恢复了整个左岸地区的城市活力。

由保罗·安德鲁设计的法兰西大道宽 40m，在道路中间的绿化带上，设置了步行和自行车道，还有两排银杏树，营造了舒适的街道景观。通过长椅、灯光设计街道，增加街边单体建筑的多样性。同时大道通过板材让地下的铁路和地上通过树与树之间的网格进行通风，并容纳水、气、电等公共设施管线形成地下网络。

（3）绿地与开放空间

公共空间、建筑之间的绿地一直是人们对于舒适环境和高品质生活的诉求。左岸地区绿地占有较大的面积，并且形式多样。位于整个左岸中心的国家图书馆围绕着中央公园，从外部无法看到全貌，高耸的植被隐约露出，充满了围合感与保护感。设计者认为花园是自然放松、有较为私密休闲的表达方式，所以营造了许多建筑围合或半开放的绿地空间。

但是在大磨坊的重新开发过程中，设计者引入了更符合周围环境的

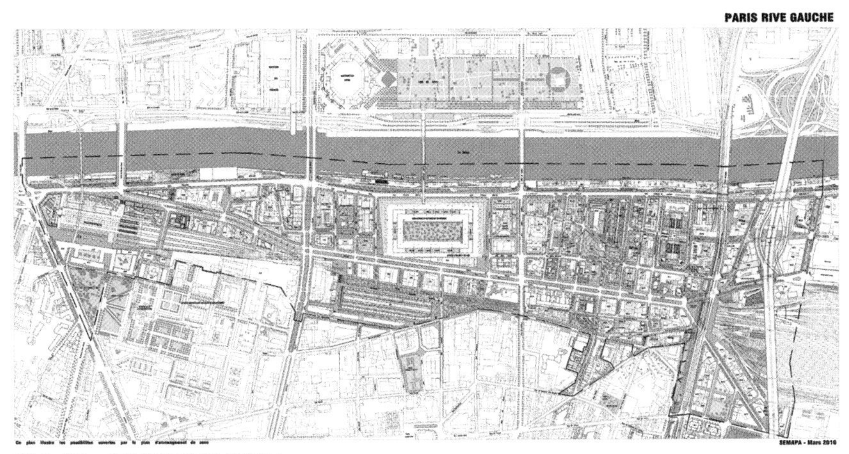

图 6-85　左岸地区绿地规划图

自主开放的攀援植物入侵理念。因为这里是以大学生为主要人群的休闲活动空间，需要更多的开放交流，所以还增加了主题植物园、运动场等空间。

还有一些小型绿地在左岸地区随处可见。在法兰西大道的中央平行网格绿带上，两排茂密的银杏树和街边设施组成富有生活气息的主干道。位于托比亚克区南部的克劳德·莱维·施特劳斯（Claude-Lévi-Strauss）花园长廊，宽 26m，是一个集广场、街道、花园、步道为一体的开放空间，十分受欢迎，在此还可以远看 13 区老城的景色。沿舍瓦勒大街，一连串的小型公园，充满着宁静祥和的气息。这些共同构成丰富的绿地系统和宜人的生活环境（图 6-85）。

（4）滨河空间

左岸的三个区域由于规划团队的不同，港口的发展情况也不同。它们统一由巴黎港经营，在确保河流运输延续的同时，又要满足娱乐、旅游等相关需求。

原来的奥斯特里兹港已经消失了，由于高速公路穿过这里，又被这一混凝土仓库（Les Magasins Généraux）覆盖。后来这座仓库被改造成为一个时尚的设计中心。直到皮埃尔·门德斯大道的开通，行人又可以通行，加上通道和阶梯的设计，让这个独特的历史建筑又将塞纳河与城市重新连接起来。

托比亚克区的车站河堤（Port de la Gare）是年轻人最爱之一，背靠法国国家图书馆，对面是明星演唱会及巴黎大师赛的举办地：贝西体育场。这里承载着各种充满活力的活动：游泳池、餐厅、酒吧、咖啡店等（图 6-86、图 6-87）。

玛塞纳区的河岸由杰罗姆·特鲁特尔设计的托尔比亚克港是工业活动的现代体现。河堤上的霍尔西姆混凝土筒仓在照明设计师弗兰克·弗兰

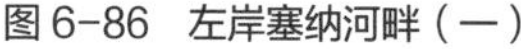
图 6-86 左岸塞纳河畔（一）

图 6-87 左岸塞纳河畔（二）

朱（Franck Franjou）的笔下，每晚都会点亮，既增强了筒仓的安全性，又体现了城市照明的景观艺术。

4）总结

巴黎左岸规划从 20 世纪 90 年代开始到现在经历了漫长的过程，集聚了众多建筑规划大师的思想理念，在很多方面都具有典型性与代表性。对大量工业历史遗址的现代化改造，通过功能置换进行保护，创造性地建造“双重城市”保留铁路网线等城市记忆，灵活打造地上与地下的空间。开放性街区理念的实践，对城市绿地开放空间的探索，以及滨河空间的打造都对后来城市更新与历史街区保护产生巨大影响。

小结

国内外针对不同类型的历史地区已展开多种实践活动，从不同保护更新方式以及不同空间尺度为城市设计提供多种思路和参考。在历史地区开展城市设计之前，要明确适合于历史地区的保护更新方式，并根据其不同空间尺度、不同文化背景进行城市设计，既要挖掘历史地区城市设计中的创新方法，同时也要注重城市设计过程中历史文脉的保护与传承。

思考题

1. 产权视角下，历史地区的城市设计有哪些需要特别关注的问题？
2. 在历史地区的城市设计实践中，如何实现城市可持续的发展与更新？

延伸阅读推荐

[1] 杨翼飞，陆琦. 边界 · 梳理 · 重塑——记福州“三坊七巷”历史文化街区保护与更新 [J]. 华中建筑，2008（4）：118-121.

[2] 高婷婷，苏南. 传统历史街区公共空间环境的本土化继承与更新策略研究——以福州三坊七巷为例 [J]. 建筑与文化，2017（2）：224-225.

[3] 闫祥青. 从福州三坊七巷看历史文化街区的业态规划 [N]. 中国旅游报，2017-01-24.

[4] 章夫. 窄门：宽巷子 · 窄巷子——古蜀成都的两根脐带 [M]. 成都：四川文艺

出版社，2008.

[5] 刘伯英. 美丽中国宽窄梦——成都宽窄巷子历史文化保护区的复兴 [M]. 北京：中国建筑工业出版社，2014.

主要参考文献

[1] 陈珺. 福州三坊七巷文脉的保护与延续的探索 [D]. 福州：福建农林大学，2005.

[2] 韩洁杰，王域慧，刘钰. 基于文化意象视角下的历史街区解析——以福建三坊七巷为例 [J]. 福建建筑，2018（2）：14–17+30.

[3] 翁秋妹，陈章旺. 智慧景区服务创新研究——以福州三坊七巷为例 [J]. 北京第二外国语学院学报，2014，36（5）：49–55.

[4] 戴湘毅，王晓文，王晶. 历史街区居民保护态度的影响因素分析——以福州"三坊七巷"历史街区为例 [J]. 亚热带资源与环境学报，2007（2）：74–78.

[5] 王炜，关瑞明. 城市化进程中福州"三坊七巷"历史街区的保护与更新 [J]. 华中建筑，2012，30（1）：165–167.

[6] 刘伯英，黄靖. 成都宽窄巷子历史文化保护区的保护策略 [J]. 建筑学报，2010（2）：44–49.

[7] 倪鹏飞，刘彦平，等. 成都城市国际营销战略：创造田园城市的世界标杆 [M]. 北京：社会科学文献，2010.

[8] 单霁翔. 从"文物保护"走向"文化遗产保护" [M]. 天津：天津大学出版社，2008.

[9] 单霁翔. 留住城市文化的"根"与"魂"——中国文化遗产保护的探索与实践 [M]. 北京：科学出版社，2010.

[10] 王跃，马骥. 少城轶事 [M]. 成都：四川文艺出版社，2010.

[11] 杨永忠. 创意成都 [M]. 福州：福建人民出版社，2012.

[12] 郑光路. 成都旧事 [M]. 成都：四川人民出版社，2007.

[13] 王玉熙，杜岫康，许舒涵，陆苹. 以再生计划复兴白塔寺历史街区 [J]. 住区，2016（3）：14–17.

[14] 左进，孟蕾，李晨，邱爽. 以年轻社群为导向的传统社区微更新行动规划研究 [J]. 规划师，2018，34（2）：37–41

[15] 于博，刘新梅，郑响理. 青岛市城市资源、基础设施与其经济社会协调发展的定量评价和分析 [J]. 中国人口・资源与环境，2007（4）：149–153.

第 7 章 历史地区城市设计展望与趋势

内容提要：城市发展过程中，需要处理城市与人之间的复杂、动态关系，涉及物质、经济、社会、文化等诸多方面。本章节基于当前城市设计多元维度发展的背景下，从历史地区城市设计中的共建、共治、共享，多元机制以及新技术发展态势等方面进一步阐述历史地区城市设计发展研究在未来的发展动态。其中，历史地区城市设计中的共建共治共享主要从历史地区城市设计中主体的多元化、社区规划师的介入与推动以及历史地区城市设计中的多维价值整合等方面论述；历史地区城市设计中的多元机制主要从面向规划体系构建的城市设计规划机制、基于制度设计的城市设计实施机制以及自下而上与自上而下相结合的城市设计管理机制等角度阐述；历史地区城市设计中的新技术方法则包括新数据环境下的大数据平台建设与数字化城市设计研究以及人工智能在历史地区城市设计中的运用。

通过本章内容的学习，了解当前城市设计多元维度发展的背景下城市与人之间的复杂、动态关系，从主体、机制、技术发展态势等方面掌握历史地区城市设计发展研究在未来的发展动态。

本章建议学时：2 学时

7.1 历史地区城市设计中的共建共治共享

7.1.1 历史地区城市设计中主体的多元化

新中国成立后最初的历史地区城市设计过程中，政府主导的更新模式是中国计划经济体制下的产物。该阶段的城市设计，是以城市公共利益为目标，政府单方面筹措进行的城市设计。在此背景下，历史地区城市设计庞大的资金需求无法在没有市场支持的情况下进行，并且排除市场机制的城市设计缺乏科学性，居民的诉求难以体现。

现阶段，中国历史地区城市设计的参与主体正在经历“官”“商”“民”的实践与转变（表 7-1）。

表 7-1 “官”“商”“民”三者之间的关系

	多元主体	在城市设计中扮演的角色
官	政府及其职能部门	推动者
商	开发商、运营商和其他利益团体	实施者
民	长期驻居的原住居民、租客和民间团体	既是受益者，又是利益受损者

“官”是指政府及其职能部门，是城市设计的主要推动者。为在历史地区实现更高品质的城市设计，政府及相关职能部门需制订适用于历史地区的城市政策和设计导则，在过程中推动实施并对开发商和居民等群体实行相应的前期公共设施投资及政策与资金上的保障。其主要目的是获得土地增值、税收、就业等经济效益、提升政绩，并且通过好的城市设计来为城市谋利，保障民主社会效应，建设良好的社会经济环境和物质环境。浙江桐乡市乌镇就是在政府主导下，采取整体产权开发的模式，整体买断居民产权，并在买断后对建筑统一规划经营，从而避免产权多元化带来的阻挠。但政府的一元主导在一定程度上加大了政府资金供给压力，造成建筑使用者安全感和归属感缺乏，削弱长远发展的原动力。

“商”是指开发商、运营商和其他利益团体，是城市设计的主要实施者。在历史地区城市设计的实施过程中，他们需要进行资金投入、人力投入并且进行项目前期策划及后期实施。同时，他们的主要目的是获得经济回报、社会效益与品牌效益。上海新天地就是通过“政企合作”的方式在政府与开发商联手下的大规模城市开发（表 7–2，图 7–1）。该项目地处原法租界扩展区，主体为石库门，就是里弄住宅。当时上海产业结构发生重大转变，中心区职能向第三产业转变，旧住宅区大规模拆迁成本使政府大多采用引进外资进行商业开发，来弥补资金不足。在此背景下，政府通过招商引资，由瑞安集团出资进行开发。瑞安集团通过土地使用权有偿转让获取开发权，并与卢湾区政府通过“市场运作、政企合作”等方式参与建设。项目运营模式采用管理者与经营者相分离，只租不卖的做法，严格选择引入项目，确保新天地有好的开端和氛围。该项目自 1997 年启动至 2001 年竣工共耗资 14 亿元。高昂成本使改造后的新天地，注定要将原住居民置之度外。在“政企合作”模式下的城市设计，部分建筑被拆除置换成公共开放空间，部分保护修缮“存表去里”，在保留建筑外貌的前提下，置换内部功能，提供了在市场条件下政府和企业合作进行历史地区更新的新模式。但此模式多偏向于商业化发展，在政府、开发商和居民三者对弈中仍然缺少最为关键的主体——居民，对原住民的置换使街区内的传统生活方式被彻底打破。因此其成功在于商业运作上的轰动效应，而非城市可持续发展的胜利。

表 7–2　上海新天地、田子坊城市更新方式

	土地获取方式	功能置换	更新理念
新天地	协议出让	居住→商业、办公、金融	以开发为主
田子坊	协议出租、“居改非”	居住、工业→创意产业	小规模、渐进式

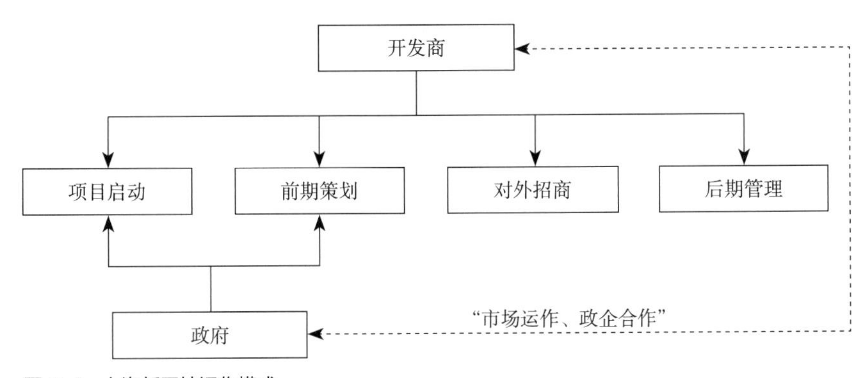

图 7–1　上海新天地运作模式

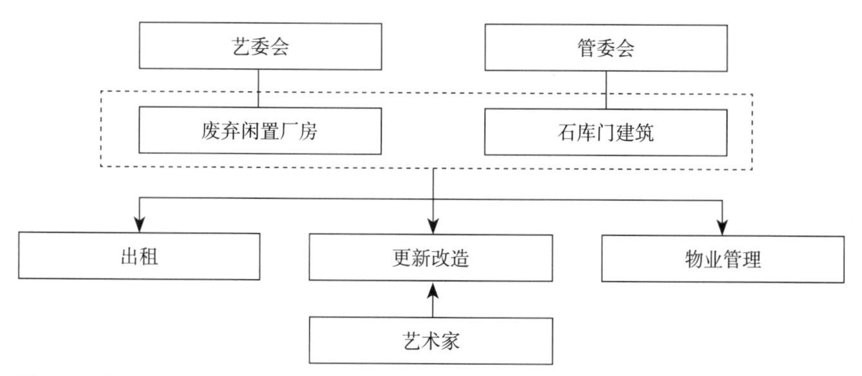

图 7-2 上海田子坊运作模式

"民"则是指历史地区长期驻居的原住民、租客和民间团体，他们既是主要受益者，又是利益受损者。历史街区城市设计的实施使他们获得了物业升值、居住条件改善以及交通、公共空间、服务设施等基础设施的改善，但同时也会带来被迫搬迁、租金上涨等影响。上海田子坊采用的就是民间资本自行运作的模式（图 7-2）。其中里弄建筑质量相对较差，街区功能混杂，且包含大面积里弄工厂。1997 年产业和经济结构调整，大量厂房废弃闲置。田子坊是在没有政府规划和资金支持从 2002 年到 2008 年几经拆迁危机的情况下自发成长的。其在土地获取方式上存在两种形式，一是通过协议出租获取厂房，另一种是民房"居改非"。前者已获政府支持，成立艺委会管理厂房出租，后者是一种民间自发行为，未得到政府许可，属于隐性土地市场获取土地使用权方式。2008 年房地局出台"临时综合性用房"相关文件，政府认可田子坊现状的"居改非"功能置换。在此背景下，其角色分配包括政府、原业主、艺术家以及两类不同管理机构，即政府牵头成立的艺委会和民间组织管委会。艺委会属服务型机构，负责工业楼宇运作；管委会属非政府组织，负责管理田子坊石库门民居，对外及自发维护田子坊内部的公共设施。原业主对开发进行合作支持，出租房屋给艺术家及设计公司，获取租金；艺术家通过自己的创意点缀老区的旧面貌，提升当地文化和形象价值。田子坊地区的保护和再利用是由普通市民和众多产业个体一起参与的，不是作为商业地产开发的，是一种在非保护体制和机制中的，以个体契约和以市场为主导模式的行动和实践。当然，这种商住混合的空间格局也带来了商居矛盾，带来了居民利益格局的分化，这意味着一部分人可能得到收益，另一部分人可能因为前者的收益而承担了某些成本。一部分居民通过商居置换，获得租金与居住条件改善，而另一部分愿意留住田子坊的居民则要忍受嘈杂不安宁、油烟和光污染、生活的不便、生活空间被挤占、缺乏安全感、外来人口太多、生活成本提高、原有社区文化衰退所带来的后果。与此同时，由于产权无法完全界定清晰，也会导致"市场对资源配置的失效"，引发产权矛盾。

"官""商""民"三者是影响历史地区城市设计成效的关键力量，他们之间的平衡往往决定了城市设计运作的最终走向。

未来，将会迎来历史地区城市设计的主体泛化阶段，实现规划主体从一元到多元的转变，走向"官""商""民"三方协调的过程。这种转变是一个需要多方协调的复杂过程，NPO 等其他社会组织机构等作为中立立场的第四方，可以在其中发挥重要作用，共同构成多元主体。

NPO（Non-profit Organization）是指非营利组织，这一概念引自西方，又称公民社会、第三部门或非政府组织，美国著名学者莱斯特·萨拉蒙总结出组织性、民间性、非营利性、自治性和志愿性五大特征。非营利组织是在公共管理领域作用日益重要的新兴组织形式。我国台湾省地区 NPO 组织发展较为成熟，非营利组织已发挥了公益服务、政策参与、社区营造等一系列重要作用，对大陆有借鉴意义。台湾地区 NPO 组织发展历程可以分为三个阶段：20 世纪 70 年代前威权统治时期，由于城市更新问题的边缘化和民间资本的不足，缺乏 NPO 组织的发展条件；20 世纪 80 年代到 20 世纪 90 年代，政府权力的削减和社会力量的壮大，大量 NPO 组织涌现，如"都市改革组织"和"崔妈妈基金会"等；20 世纪 90 年代中期以后，NPO 组织得到更好发展，如台北市城市更新学会、松烟公园催生联盟、社会住宅推动联盟等，在城市更新中发挥着重要作用。在公益服务方面，NPO 组织的作用包括信息传递、信息咨询以及保护弱势群体等方面；在政策参与方面，NPO 组织在其中发挥的主要作用是推动议程设定、政策建议与论证、政策执行、政策评估以及全程的政策监督；在社区营造方面，NPO 组织扮演着重要角色，包括公民教育、沟通中介以及利益整合工作。通过 NPO 组织的中介作用，正在逐渐走向政府、市场与社会多元平衡的格局（图 7-3），应充分发挥多元主体各自应有的功

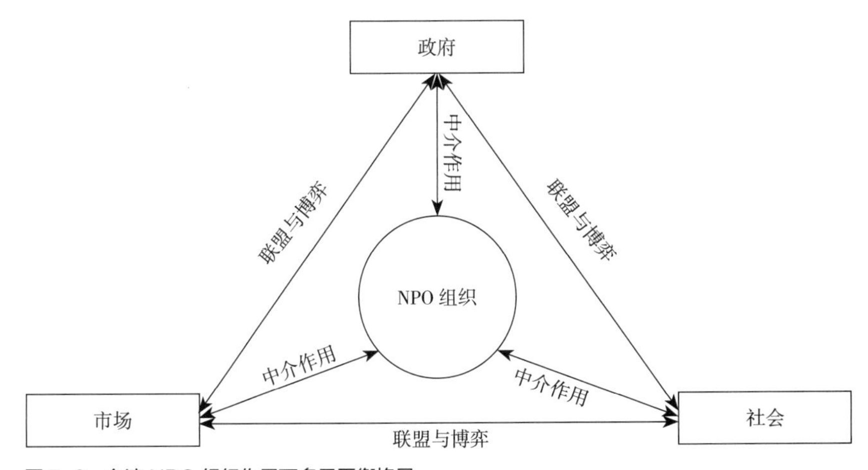

图 7-3　台湾 NPO 组织作用下多元平衡格局

能和作用，使多元主体良性互动。

当前，我国大陆地区在历史地区城市设计中发挥作用的NPO组织主要是一些城市规划、城市建筑类的学会和相关行业协会，如中国城市规划协会、上海城市规划行业协会等，主要发挥着促进学术交流与行业发展、政策参与、政策建议与评估等方面的作用。同时，也在相关学会及规划部门的帮助下逐渐发展起来一些自发成长的非营利组织。如2014年成立的北京市东城区史家胡同风貌保护协会，是在北京市规划设计研究院和街道达成共识的情况下，由街道推动注册成立的北京第一家自下而上由居民自发成立的胡同保护社会组织。史家胡同位于北京33片文保区之一的东四南历史文化街区，自元代形成现有空间肌理，是北京最典型的胡同街区之一。该NPO组织以协会为平台引入6家志愿服务的设计机构，与居民共同在东四南历史文化街区开展参与式城市设计。其中，协会成员包括各院的居民代表，红墙酒店、史家小学等辖区单位，公安部、外交部等产权单位，房屋管理部门等。专家顾问中包括侯仁之先生弟子朱祖希先生，胡同画家郑希成先生，北京市城市规划学会责任规划师专委会主任冯斐菲女士，以及中国文化遗产保护中心创始人何戍中先生等。随着社会参与队伍不断壮大，开始只是规划师、建筑师在推动，目前传媒、人类学、社会学等各专业人士，包括艺术家、文创工作者都参与进来。居民也开始真正参与到社区保护更新中，并开始主动认识自己的社区、参与社区事务的决策，从自身做起，约束行为。未来，多元主体间的关系将会更加复杂化，多元主体相互融合成为历史文化街区城市设计发展的新趋势（图7–4）。

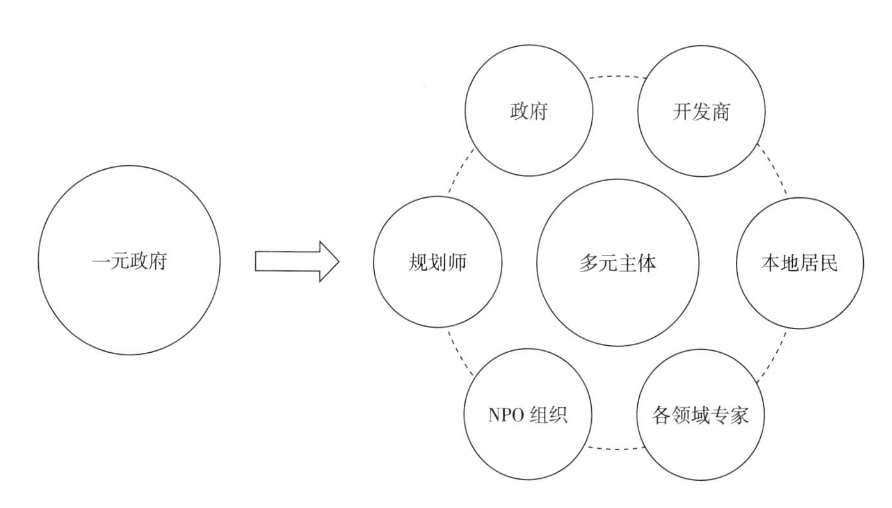

图7–4 从“一元政府”到“多元参与”

7.1.2　社区规划师的介入与推动

历史地区城市设计中多元主体间互为关联，同时也存在一些利益冲突。权力关系不对等，使“商”与“民”之间存在交易性冲突；利益分配的不均衡，导致“官”与“民”之间的分配性冲突；而开发规则和开发条件的博弈，则引发“官”与“商”之间制度方面的矛盾。因此，城市设计主体多元化的背景下，由此诞生一个重要的催化者与推动者——社区规划师应运而生。“社区规划师”是 20 世纪 60 年代伴随欧美社区规划的兴起而产生的角色。社区规划师的目的就是作为城市设计中的中介者，平衡多元主体间的关系，推动多元主体融合。台北市政府 1999 年创设“社区规划师制度”，其目的是提供专业咨询和地区环境整治的规划设计服务。台北都市发展局在 2001 年将“社区规划师”定义为“一群具有高度热情且走入社区的空间专业者，如同地区环境的医生一样，主要借由在地化社区规划师工作室坐落在各社区中，就近为社区环境进行诊断工作，并协助社区民众提供有关建筑与公共环境议题方面的专业咨询，亦可协同社区制订推动地区环境改造与发展的策略，以提升社区的公共空间品质与环境景观”。社区规划师通过设置社区规划师工作室、参与地区环境改造、负责“社区规划师”网站维护、参与政府有关都市更新的会议、协助社区事务、参与社区规划师交流与教育等工作，充分调动各方主体的积极性，促进城市设计的持续、和谐与健康发展。目前，在台湾白米社区（1993 年至今）、桃米社区（1999 年至今）案例中均取得很好成效。

目前，我国大陆诸多学者也提出应尽快建立社区规划师制度，并将社区规划纳入城市规划编制体系。2018 年 1 月 11 日，上海杨浦区正式推出“社区规划师”制度，邀请了 12 位大学教授作为社区规划师，并让每位社区规划师与杨浦区的一个街道（镇）结对，为该街道（镇）社区更新工作提供长期跟踪指导和咨询。社区规划师的主要职责是对公共空间微更新、“里子工程”、睦邻家园等社区更新项目的设计质量进行把控，全过程指导项目实施，对公共空间微更新等项目的设计质量进行把控，参与问题调研、方案建议、政策理念宣传、群众动员和协调、监督实施、活动组织以及项目长期运维等各个阶段的工作。这种“社区规划师”可以是高校中研究城市设计、建筑学的教授，也可以是市场化设计院中的建筑师或政府部门的规划人员，综合来看关键是综合具备三个身份特征：一是“服务性”，是指社区规划师要有充足的爱心和热情来服务社区；二是“公共性”，是指社区规划师介于政府和居民之间，需要有坚定的专业操守；三是“当地性”，要求聘任的社区规划师“最好是本社区土生土长”，或者至少也是“在社区居住了很多年”的规划师或建筑师（图 7–5）。此外，要在历史地区城市设计过程中顺利推进“社区规划师”

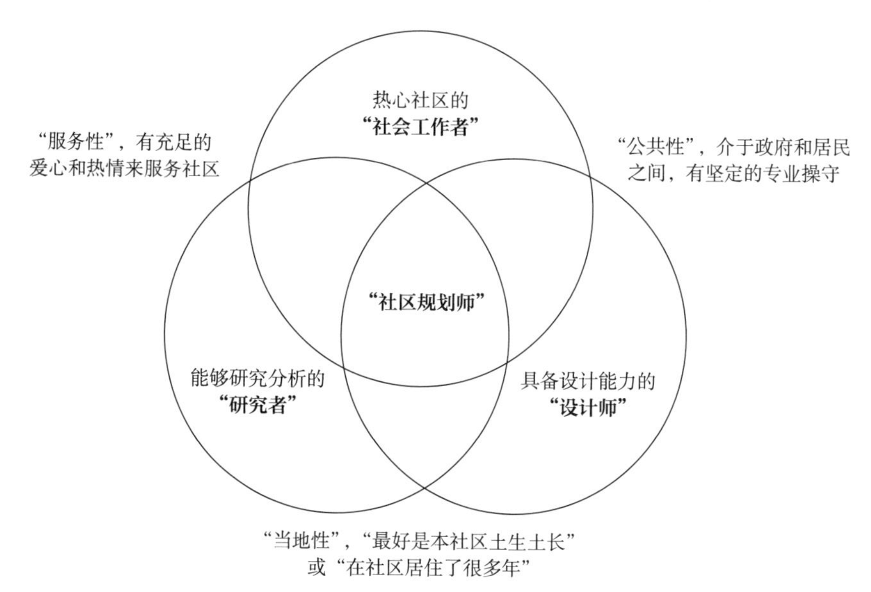

图 7-5　社区规划师身份特征

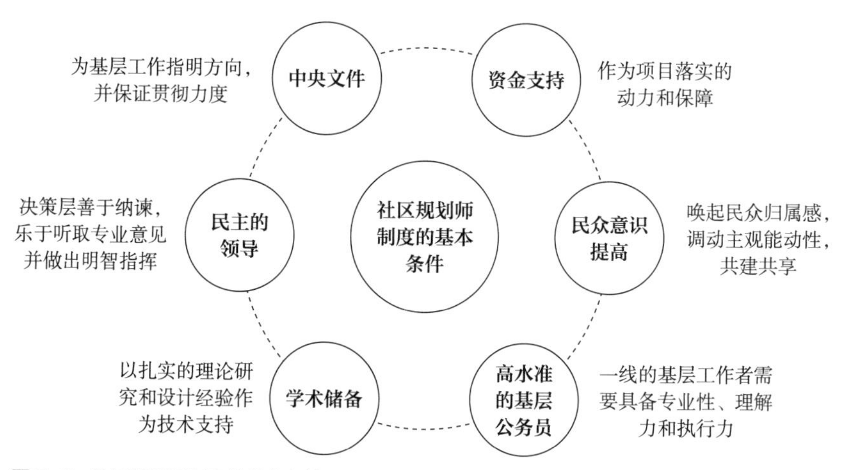

图 7-6　社区规划师制度的基本条件

制度还需要满足六个条件（图 7-6）：一是中央文件，为基层工作指明方向，并保证贯彻力度；二是民主的领导，即决策层善于纳谏，乐于听取专业意见并做出明智指挥；三是学术储备，以扎实的理论研究和设计经验作为技术支持；四是高水平的基层公务员，一线的基层工作者具有很强的专业性、理解力和执行力；五是民众意识的提高，唤起民众归属感，调动主观能动性，共建共享；六是资金支持，作为项目落实的动力和保障。在此背景下，社区规划师与其他社会工作者一起，鼓励多元主体广泛参与、充分对话、友好协商、平等沟通和渐进决策，实现包容性发展。

7.1.3　历史地区城市设计中的多维价值整合

目前我国历史地区城市设计现状呈多元维度发展，多元维度包含环境维度、社会维度、经济维度以及文化维度。党的十九大报告提出“打造共建共治共享的社会治理格局”，在历史地区城市设计过程中，社区规划师以及多元主体的参与，应基于“共建共治共享”的理念，对城市设计中的多维价值进行整合，从而实现城市设计多元化、综合化的治理内涵。

“共建”体现在多元主体共同参与社会建设。共建包括三个方面：社会事业建设、社会法治建设以及社会力量建设。其中，社会事业建设方面要本着政府主导和政社合作的原则为包括社会组织在内的多元主体，在教育、就业、医疗、卫生、社保等社会服务方面提供条件；社会法治建设方面主要指在制定包括权力制度、财政制度、分配制度、社保制度等相关制度及政策的过程中做到多元主体的民主参与；社会力量建设方面是指发展多元主体成为社会组织力量，不仅要求社会组织具备主动性以及社会建设和社会治理责任意识，而且政府也应给予其更多的信任与支持。

“共治”即“多元共治”，体现在共同参与社会治理。目前，人民对于民主、法治、公平、正义和个人价值实现的愿望日益凸显。因此，应为包括政府、企事业单位、社会组织、社区以及个人等“多元主体”，提供一个合作治理的模式，通过平等的合作型伙伴关系，依法对社会事务、社会组织和社会生活进行规范和治理，以求实现公共利益最大化。第一是要多元治理，推进社会治理社会化，通过发挥社会组织等多元社会力量的作用，形成政府治理、社会调节以及居民自治等多元主体之间的良性互动；第二是支持多元主体构成的社会力量在供给侧发力，在公共事务、社会事业以及社会服务过程中，采用政府购买服务等方式形成稳定的政社合作关系，让社会组织有机会有更多的担当；第三是在基层社会治理中发展基层自治能力，建设基层群众自治制度，实行民主选举、民主决策、民主管理以及民主监督，切实保障公民的共治参与权利。

“共享”则体现在“利益博弈时代”背景下，多元主体间的“利益共享”。而基于利益共享的利益共同体模式的建立，在未来历史地区的城市设计中更具可行性。习近平总书记强调：“我们追求的发展是造福人民的发展，我们追求的富裕是全体人民共同富裕。”[①]因此，应加强共享的制度保障，使得幼有所育、学有所教、劳有所得、病有所医、老有所养、住有所居、弱有所扶。

目前，我国历史地区的城市设计正在面临从单一的物质改善或民生

---

① 中共中央在 2015 年 8 月 21 日在中南海召开党外人士座谈会。习近平：我们追求的富裕是全体人民共同富裕 [N]. 人民日报，2015-10-31.

改善的目标，走向集合经济、社会、文化、环境等多种因素的多元化、综合性目标，“共建、共治、共享”的理念已逐渐成为城市发展的关键议题。因此，基于多维价值融合的背景下，将理念运用到历史地区的城市设计过程中，推动城市公共服务设施走向社会共建，推动多元主体走向社会共治，推动土地存量价值走向社会共享，是未来城市设计发展的可能趋势。

7.2 历史地区城市设计中的多元机制

7.2.1 面向规划体系构建的城市设计规划机制

随着历史地区的城市建设活动从“零星改造”到“系统更新”，城市设计应与现有城市规划编制体系相衔接，强化其法律地位。在规划机制方面，我国国土空间规划采用“五级三类”的规划体系，“五级”对应我国的行政管理体系，分国家级、省级、市级、县级、乡镇级五个层级，“三类”分为总体规划、详细规划以及相关的专项规划（表 7–3）。《城市设计管理办法》中明确了城市设计应贯穿于城市规划建设管理全过程。因此，城市设计在城市规划建设中扮演着辅助规划的重要角色，一方面对上一级控制性详细规划提出优化与修正依据，另一方面对下一层级的片区与重点地段城市设计提供控制与引导。对此，历史地区的城市设计应设立完整的“控制性详细规划——城市设计导则”的规划体系，以此加强和引导历史地区的建设管理（图 7–7）。

表 7–3 “五级三类”规划体系

<table>
<tr><th>总体规划</th><th colspan="2">详细规划</th><th>相关专项规划</th></tr>
<tr><td>全国国土空间规划</td><td colspan="2"></td><td>专项规划</td></tr>
<tr><td>省级国土空间规划</td><td colspan="2"></td><td>专项规划</td></tr>
<tr><td>市国土空间规划</td><td rowspan="3">（边界内）详细规划</td><td rowspan="3">（边界外）详细规划</td><td rowspan="2">专项规划</td></tr>
<tr><td>县国土空间规划</td></tr>
<tr><td>镇（乡）国土空间规划</td><td></td></tr>
</table>

目前，天津市已实行“一控规、两导则”（控制性详细规划、土地细分导则、城市设计导则）的规划设计体系，以规划局为主体，相关委办局共同参与，市与区县两级联动，建立了一种集中、高效的规划编制和审查的创新形式，并取得良好效果。通过系统化的分类、分级、分区，控制引导历史地区城市设计建设项目的实施，为方案设计、审查、实施及

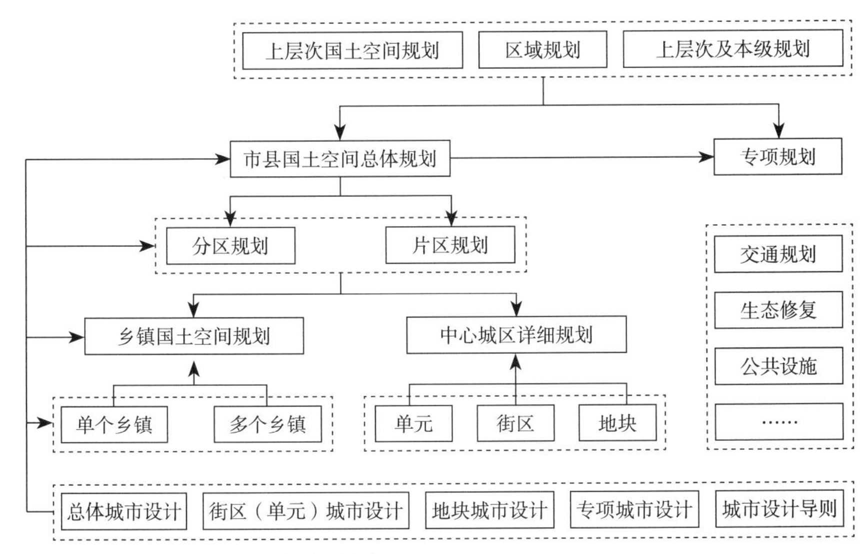

图 7-7　多层次的城市设计规划体系构建

监督等各个环节提供引导，确保城市设计意图符合城市规划的要求。规划管理部门将城市设计成果转化为导则，分总则和分则两个层次，从整体风格、空间意象、街道类型、开敞空间、建筑形态等五个方面、共十五个要素提出了具体的控制方向和规划要求以及明确、详细的引导，优化调整了城市空间形态、功能布局，规范控制了建筑风格等城市细节，实现中心城区与控规单元相对应的城市设计导则全覆盖。同时，为了加强建设项目规划管理，还细化管理规程，将城市设计要求纳入规划条件，在规划方案、建筑方案等审批阶段，明确审查审批要求。在规划条件阶段，结合城市设计提出空间关系、建筑体量等控制要求；在规划方案阶段，结合城市设计审查规划布局，重点审核功能布局、空间组织、开敞空间、绿地系统控制和建筑尺度；在建筑方案阶段，结合城市设计审查建筑形式，重点审核建筑风格、色彩、高度、顶部、材质、配套设施及夜景灯光效果。从总体到局部、从宏观到微观，保证规划的连贯性、空间布局的整体性、用地功能的合理性和环境设计的科学性。

因此，探索和构建一套多层次的历史地区城市设计体系，将城市设计成果转化为可辨识、系统化、法律化的管理工具，可以让城市设计落地更具实效。

7.2.2　基于制度设计的城市设计实施机制

目前，我国的城市规划正在经历从增量到存量的发展转型，增量规划的成功源于土地财政，在土地财政大幅下降的今天，存量规划成为趋势。存量规划的核心，就是设计出必要制度，将提供新的公共服务所必须的交易成本，减少到新增公共服务所带来的收益之下。因此，在更新实施机制方面，利用制度设计取代传统工程设计。城市建设发展精细化、服务供给精准化的实际诉求，需要制度化的创新和保障。上升到制度的创新以后，才能有长久的发展。这需要政府真正找到适合历史地区的城市设计道路，制定相应政策去规范引导。

作为制度制定方，规划管理部门在面对历史地区城市更新过程中产生的"涨价归私""负外部性补偿"等问题时，应加强协商与回馈机制，实现土地存量价值共享，比如将部分面积用于公共服务设施或其他公益类项目建设；整治公共空间，美化景观环境；缴纳管理费用，作为组织协商、公众参与的费用等。一方面有效维护公众利益，另一方面也提供了更多协商机会，让多元利益主体更多地行使参与权和决策权。同时，制度设计还应具备可实施性，政策的制定不仅仅考虑单一地块的经济效益，而是达成社会整体效益的最优。通过建立三权分置的手段，可以解决城市土地功能的长期锁定；通过建立以房产税为基础的存量管理制度，盘活公房资源，促进公房的改造提升；通过建立"税费反哺"等扶持制度，形成"社区更新维护基金"，保障社区基础设施和公共环境的持续改善；通过制度保留原土地权属和产权关系，可以留住原住民，留住场所精神。因此，通过制度设计的角度来思考城市设计，使城市能"自动"完成从低效益用途转向高效益用途，从低效率使用者向高效率使用者的转换，最终实现公共服务的不断提升，促进城市发展。

7.2.3 自下而上与自上而下相结合的城市设计管理机制

在历史地区城市设计管理机制方面，我国经历了单一的"自上而下"与"自下而上"的城市设计管理阶段。

"自上而下"的城市设计由政府等行政机构或开发团队主导，项目提出、设计到实施的整个过程，都由政府组织专家团、设计院和实施单位来完成，通常以一种法定的规划设计准则进行设计与建设。这种政府单方面的垄断性规划决策行为容易激化各方利益冲突，公众仅仅在前期调查中有所参与，在方案公示的过程中被告知其所居住的历史地区即将实施城市设计项目，整个参与过程是被动的、初级的和形式化的。这种命令式的城市设计管理方式造成了城市传统风貌消失、大规模拆迁造成低收入群体的利益损失等一系列不良后果。

而"自下而上"的民间资本自行运作模式的城市设计，是一种在非保护体制和机制中的，以个体契约和以市场为主导的小规模、多元化、渐进式更新模式，短期带来经济效益，但难以实现社会、环境、文化等方面的整体提升，同时也会带来土地功能转化无法律依据、产权关系不清、租金失控、业态趋同、自我更新能力不足、原住民流失等诸多问题。

目前，我国吸取了单一自上而下模式下政府单方面垄断规划的教训，认识到自下而上模式下自我更新能力的不足，采用自上而下到自下而上和自上而下双轨结合的政府主导、多方协作的运作机制。现代城市本质上越来越倾向于从主观到客观、从一元到多元、从单一性到复合性的发展过程，越来越多地融合了大量的“自下而上”的发展模式，是以一种小规模的方式逐渐生长出来的，而非大规模一次性建造出来的。因此，在历史地区的城市设计中应提倡小规模渐进式的改造，通过转变政府职能，建立“公共服务型政府”，开展“自上而下”引导工作的同时，在各方面为多元主体参与的“自下而上”模式预留弹性空间。正如上文提到的天津五大道、厦门沙坡尾以及北京白塔寺等历史地区均采用的是自下而上与自上而下相结合的弹性方式。政府负责统合各方资源，制定规划导则与制度设计，宏观把控各主体利益平衡。由规划师及 NGO 等其他社会组织作为政府与居民的媒介，对接政府的政策与居民实际需求，鼓励居民公众参与，公众享有知情、参与、决策权力。其中，公众参与程度的提出和完善都是为了保护、尊重公众利益和有效限制行政部门过多的权力，从而体现城市设计的合理与公正，也就是公众参与所追求的“有限的政府权力与有效的公众责任”。在历史地区的城市设计过程中，开展公众参与的目的在于，通过多元主体的参与，使城市设计过程民主化、方案合理化，对城市设计的决策和管理起到积极作用。最终实现自上而下的层级治理和自下而上的自组织治理平衡的共赢局面。

7.3　历史地区城市设计中的新技术方法

目前，我国城市传统的城市规划设计经历了蓝图式规划向多元价值融合和多元主体参与导向的转变，正在经历传统城市设计向智慧城市建设的转变。随着大数据、数据云计算等概念的提出，人类进入全新的信息时代，利用新的数据获取方式与分析方式来研究、解决问题的新思路逐渐渗透到社会各个方面。城市是经济、社会、生态复杂耦合的巨系统，单一领域的科学研究不能妥善解决城市问题；城市自然、社会与虚拟空间的不间断地观测和记录累积了大量数据，数据的极大丰富提升了人们认识城市的能力，帮助统筹解决城市问题。目前大数据与人工智能的概念逐步兴起，已经呈现出以数字化为方法工具特征的发展新趋势。

7.3.1　数据环境下的大数据平台建设与数字化城市设计研究

近年来，随着信息技术和互联网技术的不断发展，智能终端等装置产生的数据量逐渐增多；同时，各类网站、社交平台、搜索引擎产生的庞大、快速、多样的大数据也成为各行业的热门研究对象，另外各种开放数据，如政府数据、商业数据等也不断加入到庞大的数据库中，厚数据、大数据、开放数据这三类数据共同构成新数据环境。杨俊宴等提出新数据环境下的多源数据具有动态、静态、显性、隐性四种特征。其中，动态特征数据带有精细的时间信息，是物质层面中的流动要素，包括人群行为数据和交通流量数据；静态特征数据带有相对稳定的物质空间信息，是物质层面的基准载体，包括街区建筑数据和空间质量数据；显性特征数据是主体对城市的纯主观认知，是城市形态的外在表现，包括场所感受数据和公众参与数据；隐性特征数据是客观而不可见的数据，是城市形态内在运行的关键机制，主要包括生产生活信息数据。

自 2008 年智慧地球概念提出后，世界各国给予了广泛关注，并聚焦经济发展最活跃、信息化程度最高、人口居住最集中、社会管理难度最大的城市区域，先后启动了智慧城市相关计划。我国也高度重视智慧城市建设，2014 年，经国务院同意，国家发展和改革委员会等八部门联合出台的《关于促进智慧城市健康发展的指导意见》（发改高技［2014］1770 号）提出“智慧城市是运用物联网、云计算、大数据、地理信息集成等新一代信息技术，促进城市规划、建设、管理和服务智慧化的新理念和新模式。建设智慧城市，对加快工业化、信息化、城镇化、农业现代化融合，提升城市可持续发展能力具有重要意义。”在此背景下，王建国院士提出，城市设计在经历了传统城市设计、现代主义城市设计、绿色城市设计这三个阶段之后，目前已经呈现出以数字化为方法工具特征的城市设计发展新趋势。其发展历程主要分为三个阶段：2005—2015 年是数字采集阶段，主要为学术成果中的基础大数据集成和采集；2015—2018 年是企业化、产品化的实践项目阶段，《城市设计数字化平台白皮书》于 2017 年发布，威海市、贵阳市也相继搭建城市设计数字化平台；现阶段，我国正处于数字设计阶段，信息技术对数字化城市设计的支持可以被简述为数字化描述、数字化解释、数字化预测三方面，数据库成为城市设计的基本成果形式；而未来，数字化城市设计将呈现“从数字采集到数字设计，再到数字管理”的趋势。基于空间数据、业态数据、活动数据、历史数据、物理环境数据、景观数据以及能耗数据等多源数据集取，将广泛运用在数字化城市设计中。

智慧城市时空大数据平台作为智慧城市的重要组成，自 2012 年启动试点工作以来，已经在智慧城市建设和城市运行管理中得到了广泛深入应用（图 7-8），既是智慧城市不可或缺的、基础性的信息资源，又是其他信息交换共享与协同应用的载体，为其他信息在三维空间和时间交织构成的四维环境中提供时空基础，实现基于统一时空基础下的规划、布

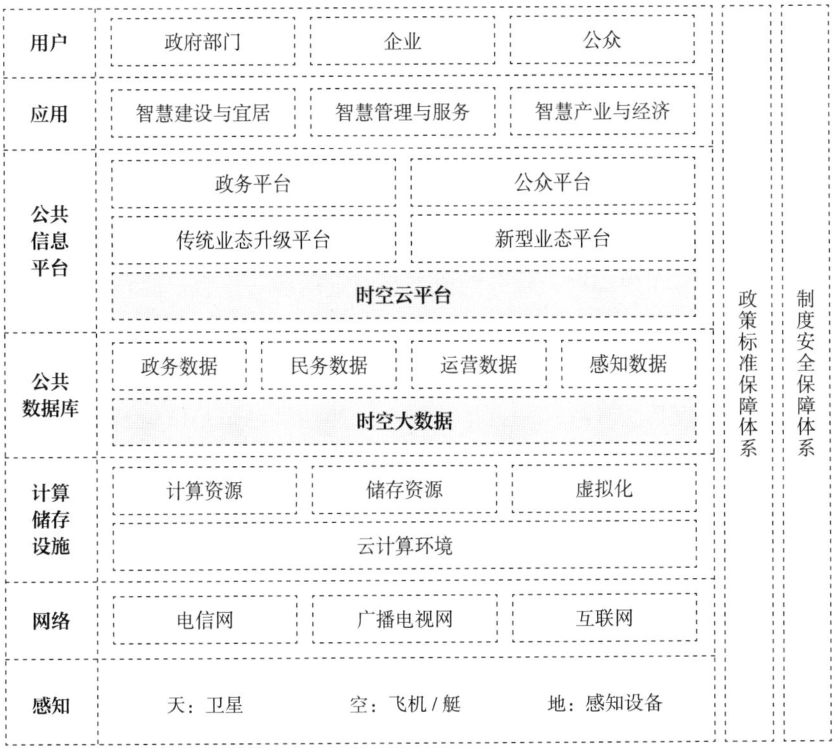

层级	内容				保障	
用户	政府部门	企业	公众		政策标准保障体系	制度安全保障体系
应用	智慧建设与宜居	智慧管理与服务	智慧产业与经济			
公共信息平台	政务平台	公众平台				
	传统业态升级平台	新型业态平台				
	时空云平台					
公共数据库	政务数据	民务数据	运营数据	感知数据		
	时空大数据					
计算储存设施	计算资源	储存资源	虚拟化			
	云计算环境					
网络	电信网	广播电视网	互联网			
感知	天：卫星	空：飞机 / 艇	地：感知设备			

图 7-8　智慧城市典型结构

局、分析和决策。其中，时空大数据平台构成主要包括时空大数据以及云平台两部分：

大数据分析与数据库建构给城市设计提供措施抉择的理性依据，可以更方便地关注城市设计的过程，优化城市空间生长。随着社会治理的精细化发展，社会各界各部门对测绘的要求越来越高、需求越来越迫切，测绘技术与互联网、大数据、云计算等高新技术不断融合发展，无尺度地理要素数据（NSF）、空地一体测绘、网络信息抓取等测绘新技术不断涌现，信息化测绘体系和新型基础测绘体系逐步形成。其中，时空大数据主要包括基础时空数据、公共专题数据、物联网实时感知数据、互联网在线抓取数据以及其驱动的数据引擎和多节点分布式大数据管理系统。依托基础时空数据，采用全空间信息模型形成全空间的时空化公共专题数据、物联网实时感知数据、互联网在线抓取数据，通过管理系统经数据引擎实现一体化管理。在完成四类数据的基础上，根据实际情况，各地可扩展示范应用建设所需要的其他专题数据，其范围和数量可根据本地的信息化基础、应用需求和智慧城市顶层设计逐步丰富，其步骤可以概括为资源汇聚、空间处理、数据引擎和分布式管理系统开发。

而在此基础上构建的时空大数据云平台，则面向两种不同应用场景，构建桌面平台和移动平台。两类平台均以云中心为基础，分别根据运行网络和硬件环境，开发构建相应的桌面端和移动端服务系统及功能。其中，云中心包括服务资源池、服务引擎、地名地址引擎、业务流引擎、知识引擎和云端管理系统等六部分，以计算存储、数据、功能、接口和知识服务为核心，连同时空大数据的数据引擎，通过云端管理系统进行运维管理，为桌面平台和移动平台提供大数据支撑和各类服务。桌面平台是依托云中心提供的各类服务和引擎，面向笔记本、台式机等桌面终端设备，运行在内部网、政务网或互联网上的服务平台。除包括原有地理信息公共平台的桌面服务系统的基础功能外，还包括新增扩展任务解析模块、物联网实时感知模块、互联网在线抓取模块和可共享接口聚合模块等，体现系统开放性和自学习能力。移动平台则是依托云中心提供的服务，以移动应用程序或软件形式部署在移动终端设备，运行在移动网或无线网上的服务平台。

综上所述，新数据环境下的大数据平台建设可以将社会、文化、经济和环境等不同维度的多元城市基础信息整合共享，以多部门协同管理为平台运作方式，提供空间需求信息反馈的渠道，过程式参与接受公众监督，促进多元主体间的交互与沟通。同时还可以克服以往城市设计中主观决断和实施失效的危机，有效提高城市设计的效率，并为数字化城市设计提供更多元的价值判断视角。

7.3.2 人工智能在历史地区城市设计中的运用

人工智能是通过一系列以计算机科学为基础的技能组合，达到对人类智力与能力的延伸的前沿学科。随着围棋人工智能 AlphaGo 在对阵世界最强人类围棋选手的成功，人工智能技术相继出现在设计、建筑相关领域。阿里集团 UCAN2017 年度设计师大会正式公开人工智能设计系统“鲁班”；小库科技则研发世界上第一个人工智能建筑师小库，将人工智能技术应用于建筑设计行业。在现阶段历史地区的城市设计过程中，人工智能作为专业人士的智能设计助手，融合了设计算法、机器学习和云端引擎技术。人工智能的技术将解决城市规划设计中大量过去没法解决的问题。通过人工智能技术学习和把握城市规律，不仅仅能看到城市今天的问题，更能看到明天的问题，从而帮助规划师遵循城市发展规律，以最小干预原则来进行城市设计。目前，人工智能技术在城市规划领域常用于智能捕捉数据、用地功能智能配置以及城市形态智能设计。在城市设计初期，人工智能可以替代人完成大量繁琐、重复的工作，例如雄安新区在做理想模型的时候曾利用人工智能进行城市设计过程的算法推演。在设计阶段，人工智能技术的应用，可以通过空间模拟和使用体验，可以从平面的图纸空间进入到三维乃至四维的使用空间。可以说，人工智能的运用实现了智慧城市中顶层设计和落地产品之间的联动。

与此同时，在组成人工智能的计算机技术中，还包括了机器学习、计算机视觉这样的学科。其中，机器学习是人工智能中重要的组成部分。近年来，随着类神经网络、数据挖掘、物联网、大数据分析、人工智能技术不断的发展与强化，许多智能化的方法可用于数据分析。对于城市设计过程中经常用到的 GIS 空间分析，机器学习一直是 GIS 空间分析的核心组成部分。将机器学习算法与 GIS 集成可在更短的时间内提供更好、更优的结果，其应用包括图像分类、对象识别、语义分割、实例分割以及通过自动提取道路网络和捕捉边界来深入学习绘图等。机器学习不仅可以应用于图像和计算机视觉，还用于处理大量结构化数据。目前，机器学习是一个快速发展的领域，Python 已经成为深度学习世界的通用语言。未来，机器学习的思维将逐渐贯穿到城市规划、建设、运营、管理等各个环节中。

但是从另一角度来讲，当前城市设计中的人工智能不具备自我意识，运算结果缺乏伦理性和价值评判，远不能胜任城市设计这类创造性工作。由于现实社会是一个基于多元立场、多主体决策的系统，历史地区的城市设计需要根据不同历史地区的不同社会、经济、文化维度和多元主体的不同需求进行特殊设计。而人工智能关于社会、人文属性方面的研究尚有待深入，并且对空间的秩序、等级、行为、色彩等环境的认知、识别等仍然需要完善、充实和进一步地探索。因此，实现与人的交互、探究人的主观意图、强化人工智能是下一步重要的技术突破方向。

小结

在当前物质、经济、社会、文化多元化发展的背景下，历史地区的城市设计越来越趋于多元化。因此，未来在历史地区开展城市设计研究，应契合当前多元主体发展背景，实现共建共治共享等多维价值的整合，并从规划机制、实施机制、管理机制等多元机制角度展开工作，同时也要考虑新数据环境下大数据、人工智能等新技术方法的运用，从而实现城市设计的多元化、综合化发展。

思考题

1. 面对增存并行的城市建设背景，历史地区的城市设计将有哪些发展趋势？
2. 智能技术的广泛应用与发展对历史地区的城市设计将会产生什么影响？

主要参考文献

[1] 张翀，宗敏丽，陈星. 多方参与的综合性城市更新策略与机制探索 [J]. 规划师，2017，33（10）：76-81.

[2] 黄健荣. 公共管理新论 [M]. 北京：社会科学文献出版社，2005.

[3] 邵任薇，徐李丹．台湾城市更新中非营利组织的作用及其启示 [J]．战略决策研究，2015，6（1）：67–78.

[4] 丘昌泰，陈钦春．台湾实践社区主义的陷阱与愿景：从“抗争型”到“自觉型”社区 [J]．行政暨政策学报，2001（3）：1–43.

[5] 杨芙蓉，黄应霖．我国台湾地区社区规划师制度的形成与发展历程探究 [J]．规划师，2013，29（9）：31–35+40.

[6] 张婷婷，麦贤敏，周智翔．我国台湾地区社区营造政策及其启示 [J]．规划师，2015，31（S1）：62–66.

[7] 赵民，赵蔚．关注城市规划的社会性——兼论城市社区发展规划 [J]．上海城市规划，2006（6）：8–11.

[8] 姜劲松，林炳耀．对我国城市社区规划建设理论、方法和制度的思考 [J]．城市规划汇刊，2004（3）：57–59.

[9] 余颖．城市社区规划与管理创新 [J]．规划师，2013（3）：5–10.

[10] 杨贵庆．社会管理创新视角下的特大城市社区规划 [J]．规划师，2013（3）：11–17.

[11] 黄瓴，许剑峰．城市社区规划师制度的价值基础和角色建构研究 [J]．规划师，2013，29（9）：11–16.

[12] 黄颖．基层社会治理创新的实现路径—基于舟山市“网格化管理、组团式服务”的分析 [J]．经营管理氮，2014（8）：301.

[13] 马庆钰．共建共治共享社会治理格局的意涵解读 [J]．行政管理改革，2018（3）：34–38.

[14] 王岳．重庆市主城区城市更新规划体系研究．重庆市规划设计研究院，2017.

[15] 陈天，石川森，崔玉昆．我国城市设计精细化管理再思考 [J]．西部人居环境学刊，2018，33（2）：7–13.

[16] 曾舒怀．制度经济学视角下的内生型城市更新规划——以上海新曹杨集团更新规划为例 [J]．江苏城市规划，2016（2）：16–19.

[17] 赵燕菁．价值创造：面向存量的规划与设计 [J]．城市环境设计，2016（2）：10–11.

[18] 赵燕菁．存量规划：理论与实践 [J]．北京规划建设，2014（4）：153–156.

[19] 黄卫东，唐怡．市场主导下的快速城市化地区更新规划初探——以深圳市香蜜湖为例 [C]// 中国城市规划学会，重庆市人民政府．规划创新——2010 中国城市规划年会论文集，2010：8.

[20] 陆非，陈锦富．多元共治的城市更新规划探究——基于中西方对比视角 [C]// 中国城市规划学会．城乡治理与规划改革——2014 中国城市规划年会论文集，2014：13.

图片来源

第1章

图 1-1、图 1-2　作者自摄.

图 1-3 《北京市总体规划（2016—2035 年）》.

图 1-4 《天津市总体规划（2005—2020 年）》.

图 1-5 ~ 图 1-8　作者自摄.

图 1-9、图 1-10（a）曹紫佳自绘.

图 1-10（b）天津大学城市规划设计研究院有限公司编制.

图 1-11、图 1-12、图 1-13（b）（c）　作者自摄.

图 1-13（a）南宁市城乡规划设计院编制并提供.

图 1-14 《北京市总体规划（2016—2035 年）》.

图 1-15 《福州市三坊七巷历史文化街区保护规划》.

图 1-16　曹紫佳绘制.

图 1-17　张天洁摄.

图 1-18　郑颖摄.

图 1-19　蹇庆鸣摄.

图 1-20　曹紫佳摄.

图 1-21、图 1-22（b）作者自摄.

图 1-22（a）作者摄于当地旅游导视图.

图 1-23　朱雪梅. 中国天津五大道历史文化街区保护与更新规划研究 [M]. 南京：江苏科技出版社，2013.

第2章

图 2-1、图 2-2　作者自绘.

图 2-3　Donald Waston. Time-Saver Standards for Urban Design[M]. New York: McGraw-Hill Professional, 2003.

图 2-4、图 2-5　作者改绘.

图 2-6、图 2-7　Donald Waston. Time-Saver Standards for Urban Design[M]. New York: McGraw-Hill Professional, 2003.

图 2-8　清华大学建筑与城市研究所.

图 2-9　王建国. 21 世纪初中国城市设计发展再探 [J]. 城市规划学刊，2012（1）: 1-8.

表 2-1 ~ 表 2-4　作者自绘

第3章

图 3-1　作者自绘.

图 3-2　作者自摄.

图 3-3 ~ 图 3-5　Google Earth.

图 3-6　天津规划和国土资源局提供.

图 3-7 作者自绘.

图 3-8、图 3-9 https://www. stadtentwicklung. berlin. de/.

图 3-10 （日）西村幸夫，历史街区研究会. 城市风景规划——欧美景观控制方法与实务 [M]. 张松，蔡敦达，译. 上海：上海科学技术出版社，2005：52.

图 3-11 周俭，张恺. 在城市上建造城市——法国城市历史遗产保护实践 [M]. 北京：中国建筑工业出版社，2003：156.

图 3-12、图 3-13 （日）西村幸夫，历史街区研究会. 城市风景规划——欧美景观控制方法与实务 [M]. 张松，蔡敦达，译. 上海：上海科学技术出版社，2005：22，51.

图 3-14、图 3-15 李雄飞. 城市规划与古建筑保护 [M]. 天津：天津科学技术出版社，1989：61、62.

图 3-16、图 3-17 作者自摄.

图 3-18 The Urban Design Plan for the Comprehensive Plan of San Francisco: The Department of City Planning, 1971: 80.

图 3-19 王建国. 现代城市设计理论和方法 [M]. 南京：东南大学出版社，2001：77.

图 3-20 天津规划和国土资源局提供.

图 3-21 史蒂文蒂耶斯德尔，蒂姆·希思，塔内尔·厄奇. 历史街区的复兴 [M]. 张玫英，董卫，译. 北京：中国建筑工业出版社，2006：52.

图 3-22 周俭，张恺. 在城市上建造城市——法国城市历史遗产保护实践 [M]. 北京：中国建筑工业出版社，2003：213.

图 3-23 https://ja. wikipedia. org/wiki/%E3%83%95%E3%82%A1%E3%82%A4%E3%83%AB:Edo_ 1844-1848_Map. jpg.

图 3-24 作者提供，根据 Google 航拍图片绘制.

图 3-25 作者提供，根据 http://www. aurora. dti. ne. jp/~ppp/guideline/pdf/guideline_2014. pdf 图纸绘制.

图 3-26 作者提供，根据 Land Use and Urban Design Guidelines-Fenway Special Study Areas Final Report 改绘.

图 3-27 Serge Salat. 城市与形态——关于可持续城市化的研究 [M]. 中国：香港国际文化出版有限公司，2013：437.

图 3-28 作者自摄.

图 3-29 梁雪，肖连望. 城市空间设计 [M]. 天津：天津大学出版社，2000：48.

图 3-30 李雄飞. 城市规划与古建筑保护 [M]. 天津：天津科学技术出版社，1989：65.

图 3-31 周俭，张恺. 在城市上建造城市——法国城市历史遗产保护实践 [M]. 北京：中国建筑工业出版社，2003：191.

图 3-32 作者自摄.

图 3-33 （日）西村幸夫，历史街区研究会. 城市风景规划——欧美景观控制方法与实务 [M]. 张松，蔡敦达，译. 上海：上海科学技术出版社，2005：184.

图 3-34 作者自摄.

图 3-35 作者提供，根据 http://www. aurora. dti. ne. jp/~ppp/guideline/pdf/guideline_2014. pdf 图纸绘制.

图 3-36 作者自摄.

图 3-37 Tom Turner. Open space planning in London: From standards per 1000 to green strategy[M]. London: The Town Planning Review. 1992: 369.

图 3-38 根据 Google 航拍图片绘制.

图 3-39 ~ 图 3-41 作者提供.

图 3-42 作者自摄.

图 3-43 URA，Singapore River Planning Area，Planning Report[R]，1994.

图 3-44 ~ 图 3-49 作者自摄.

图 3-50 ~ 图 3-52 The Urban Design Plan for the Comprehensive Plan of San Francisco: The Department of City Planning, 1971: 94, 57, 57.

图 3-53 作者提供.

图 3-54 作者自摄.

图 3-55 史蒂文蒂耶斯德尔，蒂姆·希思，塔内尔·厄奇. 历史街区的复兴 [M]. 张玫英，董卫，译. 北京：中国建筑工业出版社，2006：133，124.

图 3–56 作者自摄.

图 3–57 王彦辉. 走向新社区——城市居住社区整体营造理论与方法 [M]. 南京：东南大学出版社，2003：157.

图 3–58 作者自摄.

表 3–1 ~ 表 3–3 作者自绘.

第 4 章

图 4–1 根据 Google Map 改绘.

图 4–2、图 4–3 改绘自 奚文沁. 历史地区整体空间格局保护导向下的城市设计方法探索——以上海中心城为例 [J]. 上海城市规划，2016（5）：9–18.

图 4–4、图 4–5 侯鑫摄.

图 4–6 改绘自 奚文沁. 历史地区整体空间格局保护导向下的城市设计方法探索——以上海中心城为例 [J]. 上海城市规划，2016（5）：9–18.

图 4–7、图 4–8 根据 Google Map 改绘.

图 4–9、图 4–10 于力群摄.

图 4–11 ~ 图 4–15 作者自绘.

图 4–16 根据 Google Map 改绘.

图 4–17、图 4–18 侯鑫摄.

图 4–19 孔孝云，董卫. 历史城市中心区的演变过程及其空间整合研究——以杭州市武林广场及周边地区概念性城市设计为例 [J]. 城市建筑，2006（12）：42–45.

表 4–1 ~ 表 4–5 作者自绘.

第 5 章

图 5–1 丁梦怡摄.

图 5–2 赵蕊蕊摄.

图 5–3 张若杉摄.

图 5–4 上海市徐汇区人民政府《上海市徐家汇体育公园控制性详细规划局部调整及附加图则编制（公众参与规划草案）》结果公告.

图 5–5 《上海市控制性详细规划技术准则》.

图 5–6 ~ 图 5–9 朱雪梅. 中国·天津·五大道：历史文化街区保护与更新规划研究 [M]. 南京：江苏科学技术出版社，2013.

图 5–10 《老市场片区邻里规划》（2013 年）.

图 5–11 作者自绘.

图 5–12 吕斌. 国外城市设计制度与城市设计总体规划 [J]. 国外城市规划，1998（4）：2–9.

图 5–13 石春晖，赵星烁，宋峰. 基于规划委员会制度建设的城市设计实施路径探索 [J]. 规划师，2017，33（8）：44–50.

表 5–1 ~ 表 5–4 作者自绘.

第 6 章

图 6–1 作者自绘.

图 6–2 http://512.china–up.com/newsdisplay.php?id=1441692&sib=1.

图 6–3 ~ 图 6–9 天津市城市规划设计研究院提供.

图 6–10 https://720yun.com/t/259jOsmuum6?scene_id=2886840.

图 6–11 天津市城市规划设计研究院提供.

图 6–12 http://5b0988e595225.cdn.sohucs.com/images/20190726/e9a05808d5fc4dd8a1a46a8c85c8efe5.jpeg.

图 6–13 ~ 图 6–16　作者自摄.
图 6–17　https://ss1. baidu. com/6ON1bjeh1BF3odCf/it/u=78377299,3574183442&fm=27&gp=0. jpg.
图 6–18、图 6–20　作者自摄.
图 6–19　作者自绘.
图 6–21 ~ 图 6–26　沙坡尾社区环境现状天津市城市规划设计研究院提供.
图 6–27　https://www.sohu.com/a/225102105_100104190.
图 6–28　https://mp.weixin.qq.com/s/78–OCIVtg2uhLM_lyE_O5w.
https://mp.weixin.qq.com/s/TC23HAtw9sHoKADwS7t20w.
图 6–29　https://mp.weixin.qq.com/s/xQAx2hK–HmnyT0wSXiBzuQ.
图 6–30、图 6–31　作者自摄.
图 6–32、图 6–33　作者自绘.
图 6–34 ~ 图 6–38　天津市城市规划设计研究院提供.
图 6–39　根据 Google Map 改绘.
图 6–40 ~ 图 6–46　作者自摄.
图 6–47 ~ 图 6–54　郑学森摄.
图 6–55　根据 Google Map 改绘.
图 6–56　https://www.rct.uk/collection/2002634/the–council–house–and–old–market–square–nottingham–dressed–for–the–coronation.
图 6–57　http://www.gp–b.com/old–market–square/.
图 6–58　作者自摄.
图 6–59　Cheshmehzangi A, Heat T. Urban identities: Influences on socio–environmental values and spatial inter–relations[J]. Procedia–Social and Behavioral Sciences, 2012, 36: 253–264.
图 6–60 ~ 图 6–64　作者自摄.
图 6–65　https://www.liverpoolmuseums.org.uk/construction–heyday–and–decline–of–albert–dock
图 6–66　https://www.liverpoolecho.co.uk/news/liverpool–news/what–next–albert–dock–hard–12943480.
图 6–67 ~ 图 6–69　https://albertdock.com/history.
图 6–70　https://albertdock.com/whats–on/the–river–festival.
图 6–71、图 6–72　根据 Google Map 改绘.
图 6–73　基于 Google Map 绘制.
图 6–74、图 6–75　作者自摄.
图 6–76　Christiian.LOUET[EB/CD].Présentation de Paris Rive Gauche，2000.
图 6–77　SEMAPA Paris Rive Gauche 宣传册.
图 6–78、图 6–79　SEMAPA 官网：http://www.parisrivegauche.com.
图 6–80　SEMAPA Paris Rive Gauche 宣传册.
图 6–81　SEMAPA 官网：http://www.parisrivegauche.com.
图 6–82　作者自摄.
图 6–83 ~ 图 6–87　SEMAPA 官网：http://www.parisrivegauche.com.

第 7 章

图 7–1 ~ 图 7–7　作者自绘.
图 7–8　作者根据《智慧城市时空大数据平台建设技术大纲（2019 年版）》内容绘制.
表 7–1、表 7–2　作者自绘.
表 7–3　作者根据《关于建立国土空间规划体系并监督实施的若干意见》内容绘制.

后记

近年来，国内建筑与规划院校越来越重视城市设计的教学内容。作为本科和硕士课程的重要组成部分，城市设计的教学体系起步较晚，各院校对教育的目标和形式、培养定位和技能培训存在不同的认识和观念。2016年底，在王建国院士等教育界专家的带领下，教育部高等学校建筑类专业教学指导委员会组织了建筑与规划院校教师共同商讨出版城市设计课程系列教材，本教材经选题讨论确认在列。

历经三年半的组织和编写，《历史地区城市设计》一书终于要面世了。编委会成员在这里诚挚地感谢在本书近四年的编写过程中，提供众多支持和帮助的建筑与城乡规划界同仁们。

感谢高等学校土建类专业课程教材与教学资源专家委员会（筹）和中国建筑工业出版社的各位专家、学者和编辑们！在历次编写工作会议上，他们对本教材的结构、内容等都提出了宝贵的建议，使这本教材的框架更趋合理完善，内容更能贴近读者和学生的需求。

感谢天津市城市规划设计研究总院有限公司朱雪梅总规划师以及张娜、冯天甲、李晨等规划师们提供了大量实践案例和素材，使本教材的内容更生动、通俗易懂。

感谢天津大学城市规划设计研究院有限公司的曹紫佳等规划师。感谢天津大学丁梦怡、于力群、仝存平、牟彤、吴昕瑶、李罂、杨婧、张若彤、武润宇、岳阳、赵佳、赵炜瑾、赵蕊蕊、侯英裕、郭晓君、崔建强、湛玉赛、廖钰琪（按姓氏笔画为序）等同学们在本书编写工作中承担的文献整理、插图绘制等工作。

特别致谢在本书编写过程中参考的大量国内外专著、文献等资料的编著者。

特别致谢本教材的主审老师——北京工业大学的杨昌鸣教授。

最后，再次对所有为本书提供了无私帮助和贡献的专家、学者、同仁、师生，表示由衷的感谢！